应用技术型高等教育"十二五"规划教材

Office 高级应用实践教程
（Windows 7+Office 2010 版）

主 编 雷运发

中国水利水电出版社
www.waterpub.com.cn

内 容 提 要

本书根据"注重实践、突出应用"的指导思想编写，主要内容包括信息处理基础、Word 2010 高级应用、Excel 2010 高级应用、PowerPoint 2010 高级应用以及 Outlook 与 VBA 应用。每章中都安排了具体案例，通过详细的案例操作帮助读者掌握相关知识和培养相关技能。

本书可作为应用型本科院校和职业院校计算机公共课教材，也可作为各类培训机构的培训教材和自学者参考书。

本书配有免费电子教案和素材文件，读者可以从中国水利水电出版社网站以及万水书苑下载，网址为：**http://www.waterpub.com.cn/softdown/**或 **http://www.wsbookshow.com**。

图书在版编目（ＣＩＰ）数据

Office高级应用实践教程 : Windows 7+Office 2010
版 / 雷运发主编. -- 北京 : 中国水利水电出版社,
2015.3
应用技术型高等教育"十二五"规划教材
ISBN 978-7-5170-3014-0

Ⅰ. ①0… Ⅱ. ①雷… Ⅲ. ①Windows操作系统－高等
学校－教材②办公自动化－应用软件－高等学校－教材
Ⅳ. ①TP316.7②TP317.1

中国版本图书馆CIP数据核字(2015)第043384号

策划编辑：雷顺加　　责任编辑：宋俊娥　　加工编辑：谌艳艳　　封面设计：李　佳

书　　名	应用技术型高等教育"十二五"规划教材 Office 高级应用实践教程（Windows 7+Office 2010 版）	
作　　者	主　编　雷运发	
出版发行	中国水利水电出版社 （北京市海淀区玉渊潭南路 1 号 D 座　100038） 网址：www.waterpub.com.cn E-mail: mchannel@263.net（万水） 　　　　sales@waterpub.com.cn 电话：（010）68367658（发行部）、82562819（万水）	
经　　售	北京科水图书销售中心（零售） 电话：（010）88383994、63202643、68545874 全国各地新华书店和相关出版物销售网点	
排　　版	北京万水电子信息有限公司	
印　　刷	三河市铭浩彩色印刷有限公司	
规　　格	184mm×260mm　　16 开本　　23 印张　　576 千字	
版　　次	2015 年 3 月第 1 版　　2015 年 3 月第 1 次印刷	
印　　数	0001—3000 册	
定　　价	45.00 元	

前　　言

随着计算机技术日新月异的发展，计算机办公软件的应用已经融入到我们日常工作、学习和生活中。目前应用型高校大多数都开设了与办公软件应用相关的课程，"Office 高级应用"已成为许多高校计算机公共课的热门课程之一。本书根据"注重实践、突出应用"的指导思想，采用案例和项目式教学的形式编写，其目的是让学生在实践操作中掌握 Office 应用技术。

全书分 5 篇，共 17 章。第一篇为信息处理基础，内容包括：第 1 章计算机基础知识和第 2 章 Windows 7 中文版操作系统；第二篇为 Word 2010 高级应用，内容包括：第 3 章 Word 2010 基本操作、第 4 章编辑文档格式、第 5 章 Word 图形和表格处理、第 6 章 Word 2010 文档排版、第 7 章 Word 长文档编辑排版和第 8 章制作批量处理文档；第三篇为 Excel 2010 高级应用，内容包括：第 9 章 Excel 2010 基本操作、第 10 章编辑表格数据、第 11 章 Excel 数据计算与管理和第 12 章 Excel 图表分析；第四篇为 PowerPoint 2010 高级应用，内容包括：第 13 章 PowerPoint 2010 基本操作、第 14 章形式多样的幻灯片和第 15 章演示文稿的动态效果与放映输出；第五篇为 Outlook 与 VBA 应用，内容包括：第 16 章 Outlook 2010 应用和第 17 章 VBA 应用。全书每个章节讲解相关的知识和技能，接着以实例为主线进行任务实施和总结。

本书提供电子教案（用 PowerPoint 制作，可以修改），并给出了书中所有案例及相关素材文档，这些资源均可以从中国水利水电出版社网站和万水书苑下载，网址为：http://www.waterpub. com.cn/softdown/和 http://www. wsbookshow.com。

本书可作为高校各专业计算机公共课的教材，也可作为企事业单位和各类培训机构的培训用书。

本书由浙江科技学院雷运发主编，并负责全书的规划、统稿及各章的修改与部分章节的编写工作，朱梅完成第 1 章和第 2 章的编写工作，龚婷完成第 3 章和第 6 章的编写工作，琚洁慧完成第 4 章、第 5 章和第 8 章的编写工作，张银南完成第 9 章至第 12 章的编写工作，马杨珲完成第 13 章至第 15 章的编写工作，内蒙古民族大学的张鹏完成第 7 章、第 16 章和第 17 章的编写工作，参加本书编写工作的还有内蒙古民族大学的于洪涛等。

由于时间仓促，书中难免存在疏漏之处，我们真诚希望得到广大读者的批评指正。

编　者
2015 年 1 月

目　　录

前言

第一篇　信息处理基础

第1章　计算机基础知识·············2

1.1　计算机概述·····················2

　1.1.1　计算机的特点与发展简史·····2

　1.1.2　计算机的主要应用领域及发展趋势···4

1.2　信息化社会与计算机文化·········5

　1.2.1　信息化社会·················5

　1.2.2　计算机文化·················5

　1.2.3　信息素养和计算思维的培养·····5

1.3　计算机信息的表示、存储·········6

　1.3.1　信息与数据·················6

　1.3.2　数制和信息的存储单位·······6

　1.3.3　指令、指令系统、程序和源程序···9

　1.3.4　ASCII 码和汉字············10

1.4　微型计算机系统结构············11

　1.4.1　计算机系统组成············11

　1.4.2　计算机的硬件系统··········12

　1.4.3　微型计算机的硬件构成······13

　1.4.4　计算机的主要性能指标······17

　1.4.5　计算机的软件系统··········18

　1.4.6　操作系统基本知识··········19

　1.4.7　用户与计算机软件系统和硬件系统

　　　　的层次关系·················21

1.5　计算机的安全使用知识··········21

　1.5.1　计算机的环境要求··········21

　1.5.2　计算机使用的注意事项······22

　1.5.3　计算机病毒及其防治········23

1.6　计算机网络的基本概念··········24

　1.6.1　Internet 基础··············24

　1.6.2　Internet 应用··············26

本章小结···························26

疑难解析（问与答）·················26

习题一·····························27

第2章　Windows 7 中文版操作系统·······28

2.1　Windows 7 的基本概念和基本操作···28

　2.1.1　鼠标的操作方法和鼠标指针的

　　　　不同形状·················29

　2.1.2　桌面有关的概念与桌面的基本操作···29

　2.1.3　图标及其基本操作··········31

　2.1.4　窗口及其基本操作··········31

　2.1.5　菜单的分类、说明与基本操作···32

　2.1.6　对话框及其操作············33

　2.1.7　剪贴板与对象链接和嵌入技术···34

　2.1.8　获取系统的帮助信息········34

　2.1.9　DOS 命令在 Windows 7 中的应用···35

2.2　文件与文件夹的管理············36

　2.2.1　文件的概念、命名、类型及

　　　　文件夹结构·················36

　2.2.2　资源管理器················37

　2.2.3　文件与文件夹的操作········38

2.3　磁盘管理及应用程序管理········39

　2.3.1　磁盘管理··················39

　2.3.2　任务管理器················40

　2.3.3　应用程序的安装与卸载······40

2.4　控制面板与系统设置···········41

　2.4.1　控制面板··················41

　2.4.2　设置显示属性··············42

　2.4.3　设备管理器················42

　2.4.4　设置系统日期和时间········43

　2.4.5　设置用户账户··············43

2.5　Windows 7 的系统维护与安全······44

　2.5.1　文件及系统的备份与还原····44

　2.5.2　Windows 7 防火墙的使用······46

　2.5.3　系统的自动更新············46

2.6　应用案例······················47

2.6.1　案例一：操作和管理文件……………47
2.6.2　案例二：个性化设置…………………49
本章小结……………………………………51

疑难解析（问与答）………………………51
习题二………………………………………51

第二篇　Word 2010 高级应用

第3章　Word 2010 基本操作……………54
3.1　新建"西泠文学社招新通知"文档………58
3.1.1　新建空白文档…………………………59
3.1.2　保存文档………………………………60
3.1.3　关闭与打开文档………………………60
3.1.4　保护文档………………………………61
3.2　根据模板创建"求职简历"文档…………65
3.2.1　根据模板创建文档……………………66
3.2.2　输入文本………………………………67
3.2.3　删除文本………………………………67
3.2.4　查找和替换文本………………………67
3.2.5　撤消与恢复操作………………………69
3.3　综合实践——制作"档案管理制度"
　　　文档……………………………………70
3.3.1　学习任务………………………………70
3.3.2　知识点（目标）………………………70
3.3.3　操作思路及实施步骤…………………70
3.3.4　任务总结………………………………71
本章小结……………………………………71
疑难解析（问与答）………………………71
习题三………………………………………71

第4章　编辑文档格式……………………74
4.1　编辑"招聘启事"文档……………………75
4.1.1　设置字符格式…………………………75
4.1.2　设置段落格式…………………………77
4.1.3　利用格式刷复制格式…………………77
4.1.4　设置项目符号和编号…………………78
4.2　制作"产品说明书"文档…………………79
4.2.1　设置边框和底纹………………………79
4.2.2　设置分栏………………………………81
4.2.3　使用制表位对齐文本…………………82
4.3　综合实践——编辑"合作协议书"文档…84
4.3.1　学习任务………………………………84
4.3.2　知识点（目标）………………………84

4.3.3　操作思路及实施步骤…………………85
4.3.4　任务总结………………………………86
本章小结……………………………………86
疑难解析（问与答）………………………86
习题四………………………………………86

第5章　Word 图形和表格处理……………89
5.1　制作"产品介绍"文档……………………90
5.1.1　插入和编辑文本框……………………91
5.1.2　插入和编辑图片………………………94
5.1.3　插入和编辑艺术字……………………97
5.2　制作"面试流程指南"文档………………98
5.2.1　绘制自选图形…………………………99
5.2.2　编辑图形对象…………………………100
5.2.3　美化图形对象…………………………101
5.2.4　使用 SmartArt 图示功能………………102
5.3　制作"职工工资表"文档…………………105
5.3.1　创建与编辑表格………………………105
5.3.2　表格中文本的输入及编辑……………107
5.3.3　设置表格的边框和底纹………………108
5.3.4　表格中数据的计算……………………109
5.4　综合实践——制作"电子小报"文档……110
5.4.1　学习任务………………………………110
5.4.2　知识点（目标）………………………111
5.4.3　操作思路及实施步骤…………………111
5.4.4　任务总结………………………………112
本章小结……………………………………112
疑难解析（问与答）………………………113
习题五………………………………………113

第6章　Word 2010 文档排版……………115
6.1　制作"新网站推广方案"文档……………117
6.1.1　设置页面大小和页边距………………118
6.1.2　设置页面背景…………………………119
6.1.3　设置首字下沉…………………………121
6.1.4　审阅文档………………………………122

6.2 排版和打印"房地产市场调查分析"
文档 ······ 124
6.2.1 套用内置样式编排文档 ······ 125
6.2.2 创建新样式 ······ 127
6.2.3 打印文档 ······ 130
6.3 综合实践——编辑排版"财务部
工作计划"文档 ······ 132
6.3.1 学习任务 ······ 132
6.3.2 知识点（目标） ······ 132
6.3.3 操作思路及实施步骤 ······ 133
6.3.4 任务总结 ······ 134
本章小结 ······ 134
疑难解析（问与答） ······ 134
习题六 ······ 135

第7章 Word长文档编辑排版 ······ 137
7.1 编排"学生手册"长文档 ······ 138
7.1.1 使用文档结构图 ······ 138
7.1.2 使用大纲视图 ······ 139
7.1.3 使用超链接 ······ 140
7.1.4 使用脚注和尾注 ······ 141
7.1.5 使用书签快速定位 ······ 142
7.2 编排和审校"毕业论文"长文档 ······ 143
7.2.1 设置大纲级别与多级编号 ······ 143
7.2.2 插入并设置页眉和页脚 ······ 145
7.2.3 插入分隔符 ······ 146
7.2.4 使用域插入文档名称 ······ 148
7.2.5 插入目录 ······ 149

7.2.6 添加批注 ······ 150
7.2.7 拼写和语法检查 ······ 151
7.3 综合实践——编辑"个人信贷业务
岗位培训教材"文档 ······ 152
7.3.1 学习任务 ······ 152
7.3.2 知识点（目标） ······ 152
7.3.3 操作思路及实施步骤 ······ 153
7.3.4 任务总结 ······ 156
本章小结 ······ 156
疑难解析（问与答） ······ 157
习题七 ······ 157

第8章 制作批量处理文档 ······ 162
8.1 制作邀请函 ······ 162
8.1.1 编辑主文档与数据源 ······ 163
8.1.2 完成邮件合并 ······ 164
8.2 制作信封 ······ 165
8.2.1 数据预处理 ······ 165
8.2.2 制作信封 ······ 166
8.3 综合实践——制作并发送"成绩单"
邮件 ······ 167
8.3.1 学习任务 ······ 167
8.3.2 知识点（目标） ······ 167
8.3.3 操作思路及实施步骤 ······ 167
8.3.4 任务总结 ······ 168
本章小结 ······ 168
疑难解析（问与答） ······ 168
习题八 ······ 169

第三篇 Excel 2010 高级应用

第9章 Excel 2010基本操作 ······ 172
9.1 创建"年级周考勤表"工作簿 ······ 174
9.1.1 新建工作簿 ······ 174
9.1.2 保存工作簿 ······ 175
9.1.3 关闭与打开工作簿 ······ 176
9.1.4 插入和重命名工作表 ······ 176
9.1.5 移动、复制和删除工作表 ······ 177
9.1.6 设置工作表标签颜色 ······ 178
9.2 制作"客户资料表"电子表格 ······ 179
9.2.1 输入表格数据 ······ 179

9.2.2 合并单元格 ······ 180
9.2.3 拆分与冻结窗口 ······ 181
9.2.4 保护工作表 ······ 182
9.3 打印"生产记录表" ······ 182
9.3.1 打印设置 ······ 183
9.3.2 设置打印标题 ······ 184
9.4 综合实践——创建"人事档案表" ······ 185
9.4.1 学习任务 ······ 185
9.4.2 知识点（目标） ······ 185
9.4.3 操作思路及实施步骤 ······ 185

9.4.4　任务总结 ················· 186

本章小结 ·························· 188

疑难解析（问与答） ··············· 188

习题九 ···························· 189

第10章　编辑表格数据 ············ 191

10.1　制作"学生入学信息表" ········ 193

10.1.1　输入和修改表格数据 ····· 194

10.1.2　快速填充数据 ··········· 194

10.1.3　数据有效性设置 ········· 194

10.1.4　日期的输入 ············· 196

10.1.5　移动和复制数据 ········· 196

10.1.6　查找和替换数据 ········· 197

10.2　美化"课程表" ··············· 198

10.2.1　设置字体格式 ··········· 198

10.2.2　设置行高和列宽 ········· 198

10.2.3　设置对齐方式 ··········· 199

10.2.4　设置单元格边框和底纹 ··· 199

10.2.5　设置工作表背景 ········· 200

10.3　编辑"采购记录表" ············ 200

10.3.1　插入艺术字 ············· 201

10.3.2　插入图片 ··············· 201

10.3.3　自动套用表格格式 ······· 202

10.3.4　设置条件格式 ··········· 203

10.4　综合实践——制作"蔬菜销售表" ···· 204

10.4.1　学习任务 ··············· 204

10.4.2　知识点（目标） ········· 204

10.4.3　操作思路及实施步骤 ····· 205

10.4.4　任务总结 ··············· 206

本章小结 ·························· 207

疑难解析（问与答） ··············· 207

习题十 ···························· 208

第11章　Excel数据计算与管理 ····· 210

11.1　计算"成绩总评分数"表格数据 ···· 215

11.1.1　公式的使用 ············· 216

11.1.2　单元格的引用 ··········· 216

11.1.3　使用"选择性粘贴"只保留公式的
　　　　计算结果 ··············· 217

11.2　计算"比赛打分成绩表"表格数据 ···· 218

11.2.1　使用SUM函数求和 ······ 218

11.2.2　计算最大值和最小值 ····· 220

11.2.3　计算最终分数、平均分 ··· 221

11.2.4　计算名次 ··············· 221

11.2.5　使用嵌套函数计算获奖等级 ···· 222

11.3　管理"足球出线的确认"数据 ···· 223

11.3.1　使用记录单添加数据 ····· 223

11.3.2　计算积分 ··············· 225

11.3.3　排序数据 ··············· 225

11.3.4　筛选数据 ··············· 226

11.3.5　数据的分类汇总 ········· 227

11.3.6　小组名次排定 ··········· 228

11.4　综合实践——计算和管理
　　　"学生成绩登记表" ··········· 228

11.4.1　任务描述 ··············· 228

11.4.2　知识点（目标） ········· 229

11.4.3　操作思路及实施步骤 ····· 229

11.4.4　任务总结 ··············· 236

本章小结 ·························· 237

疑难解析（问与答） ··············· 237

习题十一 ·························· 238

第12章　Excel图表分析 ··········· 243

12.1　制作"房产销售业绩表"图表 ···· 244

12.1.1　创建图表 ··············· 244

12.1.2　编辑图表 ··············· 245

12.1.3　更改图表类型 ··········· 247

12.2　分析"职工业绩考核"表格 ···· 248

12.2.1　创建数据透视表 ········· 248

12.2.2　创建数据透视图 ········· 250

12.2.3　使用数据透视表分析数据 ···· 251

12.3　综合实践（一）——用图表分析
　　　"学生期末成绩表" ··········· 251

12.3.1　任务描述 ··············· 251

12.3.2　知识点（目标） ········· 252

12.3.3　操作思路及实施步骤 ····· 252

12.3.4　任务总结 ··············· 256

12.4　综合实践（二）——用图表分析
　　　"停车情况记录表" ··········· 257

12.4.1　任务描述 ··············· 257

12.4.2　知识点（目标） ········· 258

12.4.3 操作思路及实施步骤·············258
12.4.4 任务总结·······················263
本章小结································264

疑难解析（问与答）··················264
习题十二·······························264

第四篇　PowerPoint 2010 高级应用

第 13 章　PowerPoint 2010 基本操作·······272
13.1　创建"项目报告"演示文稿·······273
13.1.1　利用样本模板创建演示文稿·····273
13.1.2　保存、关闭与打开演示文稿·····275
13.1.3　幻灯片的基本操作·············276
13.1.4　幻灯片中文本的输入···········278
13.2　编辑"电子通知"演示文稿·······278
13.2.1　设计演示文稿主题风格·········279
13.2.2　利用母版进行布局·············280
13.2.3　设置幻灯片文本格式···········281
13.2.4　设置幻灯片页眉页脚···········281
13.3　综合实践——制作"课程简介"
　　　演示文稿·······················282
13.3.1　学习任务·····················282
13.3.2　知识点（目标）···············282
13.3.3　操作思路及实施步骤···········282
13.3.4　任务总结·····················283
本章小结································283
疑难解析（问与答）··················283
习题十三·······························283

第 14 章　形式多样的幻灯片·············285
14.1　编辑"公司会议"演示文稿·······285
14.1.1　插入图片和剪贴画·············286
14.1.2　插入组织结构图···············287
14.1.3　插入图表和表格···············288
14.2　制作"生日贺卡"演示文稿·······289
14.2.1　插入 gif 文件和艺术字·········289
14.2.2　插入声音和视频···············290
14.2.3　插入嵌入对象·················291
14.3　综合实践——制作"活动汇报"
　　　演示文稿·······················292
14.3.1　学习任务·····················292
14.3.2　知识点（目标）···············292

14.3.3　操作思路及实施步骤···········293
14.3.4　任务总结·····················293
本章小结································293
疑难解析（问与答）··················293
习题十四·······························294

第 15 章　演示文稿的动态效果与放映输出···295
15.1　制作"学唐诗"演示文稿·········295
15.1.1　设置对象动画效果·············296
15.1.2　设置动画效果选项·············296
15.1.3　添加不同类型的动画效果·······297
15.1.4　合理安排多种动画效果·········299
15.1.5　创建交互式效果···············299
15.2　编辑"电子相册"演示文稿·······301
15.2.1　设置幻灯片切换效果···········301
15.2.2　排练计时和录制旁白···········301
15.2.3　设置幻灯片放映方式···········303
15.2.4　输出演示文稿·················304
15.3　综合实践（一）——制作"浪漫婚礼"
　　　演示文稿·······················305
15.3.1　学习任务·····················305
15.3.2　知识点（目标）···············305
15.3.3　操作思路及实施步骤···········305
15.3.4　任务总结·····················306
15.4　综合实践（二）——制作"微课件"
　　　演示文稿·······················306
15.4.1　学习任务·····················306
15.4.2　知识点（目标）···············307
15.4.3　操作思路及实施步骤···········307
15.4.4　任务总结·····················310
本章小结································310
疑难解析（问与答）··················310
习题十五·······························310

第五篇　Outlook 与 VBA 应用

第 16 章　Outlook 2010 应用·············313

16.1　Outlook 2010 的配置及其基本功能·······313

16.1.1　Outlook 2010 的账户配置·············314

16.1.2　Outlook 2010 的基本功能·············319

16.2　Outlook 的日常事务管理·············327

16.2.1　定制个人的周计划·············327

16.2.2　安排考试任务·············330

16.3　邮件合并·············333

16.3.1　邮件合并的功能·············333

16.3.2　制作会议邀请函·············333

本章小结·············336

疑难解析（问与答）·············336

习题十六·············336

第 17 章　VBA 应用·············340

17.1　Office 2010 宏的基本操作·············341

17.1.1　宏的概念·············341

17.1.2　第一个简单的宏·············341

17.2　使用 VBA 编辑宏·············343

17.2.1　VBA 简介·············343

17.2.2　高手制作课程表·············344

17.3　宏的简单应用·············346

17.3.1　按单元格内容生成文件夹·············346

17.3.2　按列内容不同插入分页符·············348

17.4　宏安全性及宏病毒·············351

17.4.1　宏安全性·············351

17.4.2　宏病毒·············352

本章小结·············353

疑难解析（问与答）·············353

习题十七·············354

参考文献·············356

第一篇　信息处理基础

第 1 章　计算机基础知识

第 2 章　Windows 7 中文版操作系统

第 1 章　计算机基础知识

学习办公软件的应用实际上就是学习一种信息处理技术，人们对信息的收集、识别、存储、提取、加工、变换、传递、整理、检索、检测、分析、发布等一系列活动称为信息处理。掌握以计算机为核心的信息技术基础知识和应用是信息社会中的人员必备的基本素质。本章主要介绍计算机的基本知识。

1.1　计算机概述

1.1.1　计算机的特点与发展简史

1. 计算机的特点

最初，计算机主要用来进行科学计算，所以叫"计算机"。后来随着计算机处理对象的扩大，计算机的功能已远远超出了计算的范畴，它可以通过各种输入设备接收要处理的字符、数字、声音、图片和动画等数据，由中央处理器进行文档编辑、计算、统计、逻辑判断、图形变化和色彩配置等处理，再通过相应的输出设备显示、播放，并由存储器将处理后的数据存储以备后用。概括地说，计算机有如下特点：

（1）运算速度快。

计算机处理数据的部件是集成度很高的电子元件，所以运算速度快。世界上第一台电子计算机的运算速度是 5000 次/秒，现在可以达到千万亿次/秒、亿亿次/秒。

（2）运算精度高。

计算机采用的是二进制数制的运算，通过改进表示数字的设备和编程技巧，计算机的运算精度也越来越高，像圆周率的精度可以达到小数点后几百万位。

（3）具有智能性。

计算机内部可以通过逻辑运算模拟思维，将逻辑判断的结果作为计算机处理数据的一种方式。随着技术的进步，计算机人工智能的水平越来越高，可以直接进行人机对话。

（4）具有记忆性。

计算机内的存储器是专门用来存放计算机要处理和已经处理的各种数据，存储器不仅种类繁多，而且容量也相当惊人，可以存放海量信息，使得计算机具有"记忆"功能。

（5）具有自动控制性。

计算机在进行计算、信息处理时，不需要人工干预，只需将事先编好的程序输入计算机，发布指令，计算机就会自动完成。

（6）通用性强。

现代计算机表现出很强的通用性，它不仅可以进行数值计算，还可以进行信息检索、图像处理、文档编辑等，通过连接不同的设备、安装不同的软件，就能完成不同的任务，适用于社会的各个领域。

2. 计算机的发展简史

从 1946 年在美国宾夕法尼亚大学诞生第一台电子计算机 ENIAC 起，计算机在这短短的 60 多年的时间里迅猛发展。从最初单纯的科学计算应用，发展到现在各行各业都离不开计算机的应用，可以说计算机对社会的进步影响深远。

（1）第一代计算机：电子管计算机（1946～1957）。

这一代计算机主要采用电子管作为逻辑元件，以磁鼓、纸带、卡片作为外存储器。因受电子技术的限制，所以运算速度低，大约为每秒 5000 到 1 万次，内存储容量也非常小（只有几千字节）。没有操作系统，采用最低级的机器语言编写程序，操作机器非常困难。由于这一代计算机体积庞大、耗电量大、运算速度低、价格昂贵，一般多作军事研究和科学计算之用。图 1-1 所示为在美国宾夕法尼亚大学研制成功的世界上第一台电子计算机。

图 1-1　世界上第一台电子计算机

（2）第二代计算机：晶体管计算机（1958～1964）。

这一代计算机以晶体管代替电子管，体积变小，运算速度提高，可以达到每秒几十万次，成本和耗电量大大降低。内存储器容量扩大到几十万字节，出现磁盘、磁带作为外存储器。开始采用 BASIC、FORTRAN 和 COBOL 程序设计语言编程，大大提高了计算机的工作效率，使用范围也扩展到数据处理和事务管理等领域。

（3）第三代计算机：中小规模集成电路计算机（1965～1970）。

20 世纪 60 年代初出现了集成电路，这一代计算机的逻辑元件就采用了只有几平方毫米却集成了多个电子元器件的集成电路，不仅体积、质量、功耗大为下降，更重要的是运算速度和可靠性进一步提高，可以达到每秒几百万次的运算速度。出现了操作系统，可以使不同用户通过不同终端登录同一台计算机，共享计算机资源。计算机开始应用于社会各个领域。图 1-2 所示为第三代计算机的机型之一（早期的 PC 机）。

（4）第四代计算机：大规模和超大规模集成电路计算机（1971 年至今）。

这一代计算机采用超大规模集成电路作为逻辑元件，运算速度可达每秒上亿次。存储设备也更新换代，存储速度和容量大幅度提高。操作系统和程序设计语言都有很大发展和提高。计算机开始向网络化、智能化、多媒体化等方向发展，深入到了社会的方方面面。图 1-3 所示为某网络中心的计算机机房。

图 1-2　第三代计算机　　　　　图 1-3　第四代计算机——某网络中心的计算机机房

1.1.2　计算机的主要应用领域及发展趋势

随着技术的进步，计算机的应用已渗透到了社会的各行各业，影响和改变着人们的工作、生活和学习。计算机的主要应用领域包括以下几个方面。

1. 科学计算

科学计算也称数值计算，就是利用计算机解决科学研究和工程技术中遇到的各种数学问题。在现代科技领域，尤其是尖端科技（如卫星运行轨迹、气象预报、潮汐规律等）中，都涉及大量复杂的数值计算，利用计算机高速运算、大存储量的特点，可以实现人工计算无法解决的各种科学计算难题。

2. 数据处理

数据处理也称信息处理，就是对字母、符号、表格、声音、图像等各种信息进行收集、存储、整理、分析、统计、加工、传播等处理。使计算机的应用从单纯的数值计算拓展到办公自动化、企事业计算机辅助管理、商业数据分析统计、影视动画设计、情报检索等其他领域，数据处理目前也是计算机的主流应用。

3. 辅助技术

计算机辅助技术包括计算机辅助设计、计算机辅助制造和计算机辅助教学等。

计算机辅助设计是指设计人员利用计算机进行工程或产品的设计，达到最佳设计效果的一种技术。目前广泛应用于汽车、飞机、机械、电子、建筑、轻工业等行业。

计算机辅助制造是利用计算机进行生产设备的管理、控制和操作的过程。

计算机辅助教学是利用计算机系统并辅以课件进行教学，通过形象直观的课件帮助学生理解抽象的知识。在现代教学中，计算机辅助教学发挥着越来越重要的作用。

4. 过程控制

过程控制是指计算机根据实时采集的数据进行检测、处理和判断，对被控制对象实施自动调节和自动控制，无需人工干预，由计算机对某一过程进行最佳调节的自动操作过程。使用计算机进行的自动控制具有相当高的实时性和准确性，对提高生产效率、降低成本、缩短生产周期意义重大，所以广泛应用于操作复杂的钢铁工业、石油化工和医药工业等生产环节。

5. 人工智能

人工智能是指计算机模拟人类的某些智能行为。例如模拟人脑的感知、判断、学习、理解、推理等，使计算机具有一定的"思维能力"。机器人就是计算机在人工智能领域的典型应用，已从最初单一的机械手发展到现在的具有感知和理解力的、能与人交流的智能机器人。人工智能虽是计算机新兴的应用领域，但研究成果和发展十分喜人。

6. 网络应用

计算机网络是现代计算机技术与通信技术密切结合的产物。它利用通信设备和线路将地理位置不同、功能独立的多个计算机系统互连起来，以功能完善的网络软件实现网络中的资源共享和信息传递。计算机网络的建立使单位、地区间以及国与国间的计算机可以相互传递和处理数据，不仅提高了工作和学习的效率，也大大丰富了人们的生活。

自 1946 年世界上第一台电子计算机诞生以来，计算机技术迅猛发展。一方面，传统计算机将向微型化、巨型化、多媒体化、网络化和智能化方向发展；另一方面，传统计算机的性能受到挑战，开始从基本原理上寻找计算机发展的突破口，新型计算机的研发应运而生。未来量子、光子和分子计算机将具有感知、思考、判断、学习以及一定的自然语言能力，使计算机进入人工智能时代。这种新型计算机将推动新一轮计算机技术革命，对人类社会的发展产生深远的影响。

总之，计算机的发展总趋势将是运算速度更快、体积更小、能耗更低、应用更广、使用更简单。

1.2 信息化社会与计算机文化

1.2.1 信息化社会

信息化是指信息技术和信息产业在经济和社会发展中的作用日益加强，并发挥主导作用的动态发展过程。它以信息产业在国民经济中的比重、信息技术在传统产业中的应用程度和信息基础设施建设水平为主要标志。

信息化根据内容分为信息的生产、应用和保障三大方面。信息生产，即信息产业化，要求发展一系列信息技术及产业，涉及信息和数据的采集、处理和存储技术，包括通信设备、计算机、软件和消费类电子产品制造等领域；信息应用，即产业和社会领域的信息化，主要表现在利用信息技术改造和提升农业、制造业、服务业等传统产业，大大提高各种物质和能量资源的利用效率，促使产业结构的调整、转换和升级，促进人类生活方式、社会体系和社会文化发生深刻变革；信息保障，指保障信息传输的基础设施和安全机制，使人类能够可持续地提升获取信息的能力，包括基础设施建设、信息安全保障机制、信息科技创新体系、信息传播途径和信息能力教育等。

1.2.2 计算机文化

计算机文化是指计算机应用深入到人类社会的方方面面，从而创造和形成科学思想、科学方法、科学精神、价值标准等新文化观念。这种崭新的计算机文化加快了人类社会前进的步伐，其产生的思想观念、带来的物质基础条件以及计算机文化教育的普及促进了人类社会的进步和发展。

计算机文化源于计算机技术的兴起和发展，而计算机文化的普及，又反过来促进了计算机技术的进步与计算机应用的扩展。计算机文化正渐渐成为现代社会生活一个重要的组成部分。

1.2.3 信息素养和计算思维的培养

当今社会是信息化的社会，所以信息素养显得尤为重要。区别于传统素养，信息素养强调一种利用大量信息工具和信息源解决问题的能力，包括信息意识、信息能力和信息道德三个内容。现代社会需要的是具有不畏惧信息技术、积极学习操作各种信息工具的态度，具有收集、处理、利用、评价甚至创造新信息的能力，并且能恪守信息道德规范和约定的人才。可以说信息素养是 21 世纪人才必备的基本素质。

计算机技术作为信息技术的主要技术之一，在人才的信息素养的培养和提高过程中有着不可替代的作用。掌握计算机技术的关键是具备计算思维，即运用计算机科学的基础概念进行问题求解、系统设计，以及人类行为理解等涵盖计算机科学之广度的一系列思维活动。计算思维就是通过约简、嵌入、转化和仿真等方法，把看似复杂的问题重新阐释成一个我们知道如何解决的问题。本科教学中的计算机基础课程就是培养大学生计算思维的重要课程，通过理论知识的学习，结合实践训练，使大学生具有利用计算思维解决问题的能力。

1.3　计算机信息的表示、存储

1.3.1　信息与数据

1. 信息

信息由数据的收集、加工、利用三部分组成，即对数据加工处理后得到的有用数据。它是现实世界在人们头脑中的反映，以文字、数据、符号、声音和图像等形式记录下来，进行传递、加工，为生产和管理提供依据。

2. 数据

数据是对客观事物的性质、状态以及相互关系等进行记载的物理符号。这些符号可以是数字、字符、图形和文字等，也可以是可识别的抽象符号。数据的格式一般与计算机系统有关。

3. 信息与数据之间的关系

信息和数据是两个不同的概念，但两者又有密切联系。数据是符号，是物理性的，经过加工处理仍是数据。信息是对数据加工后对决策有影响的数据，具有逻辑性。数据是信息的表现形式，信息是数据有意义的表示。

1.3.2　数制和信息的存储单位

1. 进位计数制

数制也称计数制，是指用一组固定的符号和统一的规则来表示数值的方法。人们把进位计数的数制称为进位计数制。通常使用的是十进制，但计算机中使用二进制，其他常用的还有八进制、十六进制。

（1）十进制。

十进制的基数是十，数码为 0、1、2、3、4、5、6、7、8、9 这 10 个数字，采用"逢十进一"的原则计数。十进制数的大小由 10 个数码以及数码所处的位权来表示。例如十进制数 123.45，按权展开为：

$$123.45 = 1 \times 10^2 + 2 \times 10^1 + 3 \times 10^0 + 4 \times 10^{-1} + 5 \times 10^{-2}$$

其中，10^2、10^1、10^0、10^{-1} 和 10^{-2} 就是每个数码所处位置对应的权。整数部分的权，按从右到左的顺序，依次标记为 0、1、2、3…。以此类推第 N 位的位权是 N-1。小数部分则是从左到右，依次标记为-1、-2…，第 N 位的位权是-N。

（2）二进制。

二进制的基数是二，只有 0 和 1 两个数码，采用"逢二进一"的原则计数。例如二进制数$(1101.1)_2$按权展开为：

$$(1101.1)_2 = 1 \times 2^3 + 1 \times 2^2 + 0 \times 2^1 + 1 \times 2^0 + 1 \times 2^{-1}$$

（3）八进制。

八进制的基数是八，有 0、1、2、3、4、5、6、7 共 8 个数码，采用"逢八进一"的原则计数。例如八进制数$(247.1)_8$按权展开为：

$$(247.1)_8 = 2 \times 8^2 + 4 \times 8^1 + 7 \times 8^0 + 1 \times 8^{-1}$$

（4）十六进制。

十六进制的基数是十六，有 0、1、2、3、4、5、6、7、8、9、A、B、C、D、E、F 共 16 个数码，采用"逢十六进一"的原则计数。例如十六进制数$(3B7.E)_{16}$按权展开为：

$$(3B7.E)_{16} = 3 \times 16^2 + 11 \times 16^1 + 7 \times 16^0 + 14 \times 16^{-1}$$

通常人们习惯使用十进制计数，但为什么计算机内部采用二进制计数呢？主要原因是：

（1）电路实现简单。

计算机是由电子元器件组成的，电子元器件通常只有两种状态：开或关、接通与断开、工作或不工作，这两种状态正好可以由"1"和"0"两个数码表示。若采用十进制，有 10 个不同的数码，这样的电路设计就会变得十分复杂。

（2）提高运算速度。

二进制的运算规则比十进制简单，使得计算机运算器的硬件结构大大简化，不但提高了运算速度，也节约了成本。

（3）适合逻辑运算。

采用二进制可以很方便地进行逻辑判断，用 1 表示逻辑"真"，用 0 表示逻辑"假"。

2. 不同数制之间的转换

人们日常的工作、学习中习惯于十进制的表示，但计算机内部计算采用的是二进制，所以要了解不同数制间的转换原则。

（1）十进制整数转换为二进制整数。

十进制整数转换为二进制整数采用"除 2 倒取余"的方法。就是将已知的十进制数反复除以 2，直到商为 0 为止。每次相除后的余数反排就是对应二进制数从高到低位上的数码。

例如，将十进制数 25 转换为二进制数：$(25)_{10} = (11001)_2$

（2）十进制小数转换为二进制小数。

十进制小数转换为二进制小数采用"乘 2 取整，整数顺排"的原则。即将十进制小数反复乘 2，把每次乘 2 后得到数的整数部分作为二进制数从高到低位上的数码。

例如，将十进制数 0.125 转换为二进制数：

0.125×2=0.25	整数部分为 0
0.25×2=0.5	整数部分为 0
0.5×2=1	整数部分为 1

所得结果为：$(0.125)_{10}=(0.001)_2$

（3）二进制转换为十进制。

只要将二进制数按权展开相加即可。例如：

$$(1101.001)_2=1\times 2^3+1\times 2^2+0\times 2^1+1\times 2^0+0\times 2^{-1}+0\times 2^{-2}+1\times 2^{-3}$$
$$=(13.125)_{10}$$

（4）十进制整数转换为八进制整数。

十进制整数转换为八进制整数的原则类似于二进制的转换。采用"除 8 倒取余"的方法，就是将十进制数反复除 8，每次相除的余数反排后作为八进制数相应位的数码。例如：

$$(67)_{10}=(103)_8$$

（5）十进制整数转换为十六进制整数。

同样采用"除 16 倒取余"的原则。将十进制数反复除 16，每次相除的余数反排后作为十六进制数相应位的数码。例如：

$$(127)_{10}=(7F)_{16}$$

（6）二进制、八进制和十六进制的转换。

因为二进制、八进制和十六进制之间存在着特殊关系，即 $8^1=2^3$，$16^1=2^4$，所以它们之间的转换比较容易，如表 1-1 所示。

表 1-1　二进制、八进制和十六进制之间的转换

二进制	八进制	二进制	十六进制	二进制	十六进制
000	0	0000	0	1000	8
001	1	0001	1	1001	9
010	2	0010	2	1010	A
011	3	0011	3	1011	B
100	4	0100	4	1100	C
101	5	0101	5	1101	D
110	6	0110	6	1110	E
111	7	0111	7	1111	F

二进制转换成八进制的原则是"三位并一位"，即一个三位的二进制数对应一个八进制数，整数部分从右向左按三位一组划分二进制数，高位不足三位的补 0，小数部分按从左到右划分，不足三位的右边补 0。八进制转换二进制则相反。

例如，将$(1000110.10011)_2$转换为八进制的数：

$$(1000110.10011)_2=001,000,110.100,110=(106.46)_8$$

二进制转换成十六进制的原则是"四位并一位"，即一个四位的二进制数对应一个十六进制数，整数部分从右向左按四位一组划分二进制数，高位不足四位的补 0，小数部分按从左到右划分，不足四位的右边补 0。十六进制转换二进制则相反。

例如，将(1101110110.1011)$_2$转换为十六进制：

$$(1101110110.1011)_2=0011,0111,0110.1011=(376.B)_{16}$$

3. 信息的存储单位

计算机都是以二进制数的形式存储信息。信息存储的单位有位、字节和字。

（1）位（bit）。

位是计算机中最小的信息单位，一个二进制数码称一位，记为 bit。

（2）字节（Byte）。

字节是计算机中最小的存储单位。八位二进制数构成一个字节。记为 B。

计算机存储设备的容量也通常以字节的多少来表示。常用的单位有 KB、MB、GB、TB。

- B：（字节），1B=8bit
- KB：（千字节），1KB=2^{10}B=1024B
- MB：（兆字节），1MB=2^{20}B=1024KB
- GB：（千兆字节），1GB=2^{30}B=1024MB
- TB：（兆兆字节），1TB=2^{40}B=1024GB

（3）字（Word）。

字是位的组合，并作为一个独立的信息单位处理。一个字中包含的二进制数的位数称为计算机字长。字的长短取决于计算机的类型、档次等因素。通常字长越长，计算机存储的位数就越多，容量就越大；字长大的计算机处理数据的能力也强。早期的计算机处理的字长只有 8位，现在已经达到 32 位、64 位，使计算机运行的速度、性能得到极大改善。

1.3.3　指令、指令系统、程序和源程序

1. 指令

指令就是使计算机完成一个操作所发出的命令。由于计算机只能识别二进制数，所以指令最终总是以二进制数码来表示。不同的指令使计算机完成不同的动作，但指令的基本格式是一致的。指令由操作码和操作数两部分组成，操作码强调指令所需完成的操作，操作数指明参与的数据或数据所存放的地址。

例如指令：MOV R2,R4，其中 MOV 就是这条指令的操作码，强调这条指令的功能是数据传送，R2 和 R4 是这条指令的操作数，表示将 R4 寄存器中的数据转移到 R2 寄存器中。

2. 指令系统

一台计算机所拥有的指令集合叫做计算机的指令系统。计算机的指令系统描述了计算机内全部的控制信息和"逻辑判断"能力。不同计算机的指令系统包含的指令种类和数目也不同。一般均包含算术运算型、逻辑运算型、数据传送型、判定和控制型、移位操作型、位（位串）操作型、输入和输出型等指令。指令系统是表征一台计算机性能的重要因素，它的格式与功能不仅直接影响机器的硬件结构，而且直接影响系统软件和机器的适用范围。

3. 程序和源程序

程序就是为完成某个任务而制定的一组操作步骤。它由一系列的指令组成，执行程序的过程就是按顺序依次执行程序中的指令，从第一条到最后一条。程序执行完，意味该项任务完成。

一般，程序分为源程序、目标程序和可执行程序。用汇编语言或高级语言编写的程序称为源程序，但源程序不是用 0 或 1 形式的机器码编写的，所以计算机不能识别和执行。需要通

过汇编或编译操作翻译成对应的计算机可识别的目标程序,然后通过连接操作将目标程序连接成可执行程序,运行可执行程序就可得到程序的执行结果了。

1.3.4　ASCII 码和汉字

由于计算机只能识别二进制数,不管哪种形式的信息（文字、图像、声音等）都以二进制码的形式来表示,所以需要按不同的编码规则区分不同的信息。有表示二进制西文字符的编码,有专用于表示汉字的编码,也有针对声音、图像以及数字视频信号的编码。

1.　ASCII 编码

目前,计算机中应用最广的西文字符集及编码是由美国国家标准局制定的 ASCII（American Standard Code for Information Interchange）码,即美国标准信息交换码。ASCII 码采用 7 位二进制编码来表示字符,一共可以表示 128 个字符。包括 34 个控制字符,94 个可显示字符。其中第 48～57 号表示 0 到 9 十个数字字符,第 65～90 号表示 26 个大写英文字符,第 97～122 号表示 26 个小写英文字母。编码集如表 1-2 所示。

表 1-2　ASCII 码表

ASCII 值	字符	ASCII 值	字符	ASCII 值	字符	ASCII 值	字符
0	NUT	32	空格	64	@	96	、
1	SOH	33	!	65	A	97	a
2	STX	34	"	66	B	98	b
3	ETX	35	#	67	C	99	c
4	EOT	36	$	68	D	100	d
5	ENQ	37	%	69	E	101	e
6	ACK	38	&	70	F	102	f
7	BEL	39	,	71	G	103	g
8	BS	40	(	72	H	104	h
9	HT	41	)	73	I	105	i
10	LF 换行	42	*	74	J	106	j
11	VT	43	+	75	K	107	k
12	FF	44	,	76	L	108	l
13	CR 回车	45	-	77	M	109	m
14	SO	46	.	78	N	110	n
15	SI	47	/	79	O	111	o
16	DLE	48	0	80	P	112	p
17	DCI	49	1	81	Q	113	q
18	DC2	50	2	82	R	114	r
19	DC3	51	3	83	X	115	s
20	DC4	52	4	84	T	116	t
21	NAK	53	5	85	U	117	u
22	SYN	54	6	86	V	118	v

续表

ASCII 值	字符	ASCII 值	字符	ASCII 值	字符	ASCII 值	字符
23	TB	55	7	87	W	119	w
24	CAN	56	8	88	X	120	x
25	EM	57	9	89	Y	121	y
26	SUB	58	:	90	Z	122	z
27	ESC	59	;	91	[	123	{
28	FS	60	<	92	/	124		
29	GS	61	=	93	]	125	}
30	RS	62	>	94	^	126	~
31	US	63	?	95	—	127	DEL

通常，一个 7 位二进制编码的西文字符最高位补 0 后占一个字节，不同的字符都以各自对应的 ASCII 码形式存放。

2. 汉字编码

西文字符集中只包含了英文字母、数字和符号，无法表示我们习惯使用的中文字符。汉字种类繁多，字形复杂，所以汉字的编码要比西文字符困难。为了提高计算机处理中文字符的能力，在 20 世纪 80 年代初，成功开发了汉字信息处理系统。根据对汉字处理要求不同，一个完整的汉字处理系统分为输入码、内部码和字形码三种形式。

（1）输入码。

在计算机上输入汉字时使用的编码方式。主要有数字编码、拼音编码和字形编码三种。数字编码在输入汉字时是一串数字，表示该汉字在国标区表中对应的区号和位号，相当于该汉字在国标区表中的横纵坐标，能唯一确定这个汉字。拼音编码是结合汉字发音的输入编码，对掌握了汉语拼音的多数人来说，这种输入法简单易学。字形编码是根据汉字的笔画进行的编码，最有代表性的是五笔字型输入法。

（2）内部码。

内部码是汉字在计算机内进行存储、处理、传输的形式。西文字符简单，数量有限，用一个字节表示就够了。但汉字种类繁多，一个字节最多只能存放 256 个不同汉字，远远满足不了需要，所以一般采用 2 个字节存放一个汉字的内部码，可以区分的汉字就可达到 $2^{16}=65536$ 个，基本满足需求了。为了规范汉字编码，1981 年国家标准局颁布了"信息交换用汉字编码字符集（基本集）"，简称国标码。

（3）字形码。

字形码是计算机显示汉字时的编码。主要采用点阵、矢量函数方式表示。

1.4　微型计算机系统结构

1.4.1　计算机系统组成

计算机是一个整体概念，不论是大型计算机、小型计算机还是微型计算机，一个完整的计算机系统由计算机硬件系统和软件系统两大部分构成。计算机硬件系统是指计算机的所有物理部件的集合，是计算机工作的物质基础；计算机软件是指在硬件设备上运行的各种文档和程序。通常把不装任何软件的计算机称为"裸机"，一台"裸机"是无法正常使用的，自然它的硬件也无法充分发挥作用。良好的硬件设备只有结合优秀的软件才能使计算机正常高效地工作。

现代计算机系统的基本组成如表 1-3 所示。

表 1-3　计算机系统组成

计算机系统										
硬件系统						软件系统				
主机			外部设备			系统软件				应用软件
存储器	运算器	控制器	输入设备	输出设备	外存储器	操作系统	程序设计语言	数据库管理系统	系统辅助处理程序	办公软件管理信息图形处理等
主存			鼠标键盘等	显示器打印机	硬盘光盘等					

1.4.2　计算机的硬件系统

计算机的硬件系统由主机、输入/输出设备组成，用来接收计算机程序，并在程序的控制下完成数据的输入、处理和输出操作。

计算机发展了这么多年，虽然在性能指标、运算速度、应用领域等各方面发生了巨大变化，但基本结构没有改变，仍属于冯·诺依曼计算机。这种存储程序计算机由中央处理器、存储器、输入/输出设备组成。其中，中央处理器由控制器和运算器组成。所以计算机的硬件系统由运算器、控制器、存储器、输入设备和输出设备五大模块构成。

1. 运算器

运算器又称算术逻辑单元（ALU），是完成算术运算和逻辑运算的部件。运算器的核心部分是加法器及其他逻辑部件和各种数据通道，主要用来进行加、减、乘、除四则运算和与、或、非、异或等逻辑运算。另一部分是各种寄存器，用于暂存参与运算的各种数据和结果。通常，运算器依照指令在控制器的指挥下对来自存储器的数据进行算术和逻辑运算，获得的处理结果再送回存储器，或暂时存放在寄存器中。

2. 控制器

控制器是计算机的神经中枢和指挥中心，负责管理操控计算机各个部件协调工作。依照计算机的存储程序控制的工作原理，控制器从存储器中取出指令，翻译、分析后向有关部件发出控制信号，指挥计算机各部件协同工作，完成程序。控制器主要由程序计数器、指令寄存器、指令译码器、时序控制电路等组成。

3. 存储器

存储器是计算机用来保存程序、数据以及在处理数据过程中产生的一些中间结果的记忆装置。存储器有内存储器和外存储器之分。

内存储器与中央处理器组装在一起构成主机，直接接受 CPU 控制。计算机要运行的程序都先存入内存，由 CPU 直接从内存调取执行，同时在程序运行过程中产生的中间结果也暂存于内存，最终 CPU 处理完的数据再通过内存转存于硬盘等外存储器。

外存储器是内存的补充，存储量较大。用来存放当前不在 CPU 中处理的程序和数据。CPU 不能直接存取外存储器中的数据，需要通过内存作为中介才能实现。内存数据在计算机断电后即将丢失，但外存储器在未损坏的情况下，它内部的数据可永久保存。常用的外存储器包括硬盘、光盘、U 盘、各种存储卡等。

4．输入设备

输入设备用来接受用户输入的原始数据和程序。常用的输入设备有键盘、鼠标、扫描仪、摄像头、麦克风等。

5．输出设备

输出设备用于将计算机处理的中间和最终结果传递出来。常用的输出设备有显示器、打印机、绘图仪、音箱等。

6．计算机的工作原理

计算机的工作过程就是由冯·诺依曼提出的"存储程序和程序控制"过程。其工作过程如图 1-4 所示。首先通过输入设备将编写好的程序和原始数据送入存储器。运行程序时，计算机从存储器中逐条取出指令送到中央处理器，在处理器中分析该条指令需完成的操作以及相关数据如何取得，再由控制器产生相应的控制信号，指挥其他部件按顺序完成相应的操作。当一条指令执行完后，就再取下一条指令并继续执行，不断重复进行"取指令－解释指令－执行指令"的过程。最终执行完程序后由输出设备将结果输出并发送到存储器保存。

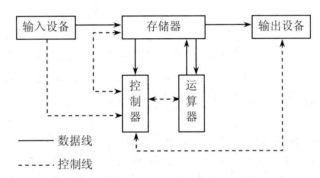

图 1-4　计算机工作过程

1.4.3　微型计算机的硬件构成

微型计算机也称 PC 机，是由大规模集成电路组成的、体积较小的电子计算机。它以微处理器为基础，配以内存储器及输入/输出（I/O）接口电路和相应的辅助电路构成"裸机"。其特点是体积小、灵活性大、价格便宜、使用方便。

微机硬件的基本组成包括以下几个部分。

1．中央处理器

中央处理器（CPU）是计算机的控制中心，相当于人的大脑，操控着计算机的程序运行和数据处理。CPU 由运算器和控制器构成，一般被集成在一个半导体芯片上，也叫微处理器。图 1-5 和图 1-6 所示是常见的两种 CPU。

CPU 的主要性能指标如下：

（1）主频。

主频指的是 CPU 内核工作的时钟频率，以兆赫为单位。一般来讲，主频越高，表示一个时钟周期内执行的指令数越多，CPU 的运行速度越快。但也不绝对，CPU 的性能还取决于外频、缓存等其他因素。

图 1-5　Intel 生产的 CPU　　　　　　　　图 1-6　AMD 生产的 CPU

（2）外频。

外频是指系统总线的工作频率。CPU 通过主板上的系统总线与其他设备进行数据传输，外频是 CPU 与主板之间的同步频率，不同于且低于 CPU 的主频。

（3）缓存。

缓存是位于 CPU 与内存之间的临时存储器，它的容量不及内存，但与 CPU 交换数据的速度远大于内存。应用缓存是为了解决 CPU 运算速度与内存读写速度不匹配的矛盾。因为 CPU 的运算速度快，而内存读写数据的速度慢，没有缓存就不得不浪费 CPU 的工作时间来等待内存传输数据。若在两者之间增加一个缓存，CPU 不是直接从内存读写数据，而是通过缓存实现，这样就可以减少 CPU 等待时间，进而提高 CPU 的工作效率。

（4）CPU 制造工艺。

CPU 是集成芯片。制造工艺越精细，意味着芯片的集成度越高，在相同尺寸上可以添加的元器件越多，功能也就越强。CPU 制造工艺一般以微米和纳米为单位，指的是芯片内电子元件之间的距离。现在的工艺可以达到 32nm 级的精度。

2．内存储器

内存储器（简称内存，常见内存外形如图 1-7 所示）与 CPU 组装在一起构成主机。它直接受 CPU 控制。CPU 直接从内存调取程序的速度远大于从外存处调取，因此计算机要运行的程序都要先存入内存。所以内存的性能和容量对计算机的工作影响非常大。衡量内存主要有两个参数：一个是内存的主频，表示内存读写数据的速度，以兆赫为单位。早期的 SDRAM 型内存的主频只有 66MHz，现在主流的 DDR 型内存主频一般都有 1333MHz 和 1600MHz，内存主频越高，意味着内存读写数据的效率越高；另一个是内存的容量，从最初的几十 KB 到现在的几个 GB 的大小，使计算机运行效率大大提高，如果内存过小，会导致一些较大的程序运行得慢或根本无法运行。

图 1-7　内存的结构

内存的硬件结构包括：

（1）内存芯片：也称内存颗粒，是内存的核心，直接决定了内存的性能、容量、存取速度等。

（2）PCB 板：是以绝缘材料为基板加工成的一定尺寸的板，PCB 板一般有若干层，内存所需的各种电子元件被分层加工、固定在 PCB 板上，并且能保证各电子元件之间的连接或绝缘。

（3）金手指：是内存与主板的内存插槽接触部分的一排金色触点，用于数据传输。

（4）内存固定卡口：用于将内存条固定在主板上的卡扣。

3. 硬盘

硬盘是计算机最常用的存储介质。它由可高速旋转的涂有磁性材料的盘片组成。每张盘片都有特定的磁道和扇区，数据就是按不同的磁道和扇区来存放。当磁盘高速旋转时，硬盘中的磁头在盘片上移动，找到数据所在的扇区进行读写操作。常见硬盘外形如图 1-8 所示。

图 1-8　硬盘

衡量硬盘性能主要有两个指标：转速和容量。

（1）转速。

转速是指硬盘内电机的旋转速度。它决定了硬盘内数据传输的快慢。单位是转/分钟。普通硬盘的转速一般有 5400 转/分钟、7200 转/分钟。

（2）容量。

容量是指硬盘存放数据的量值。过去以兆字节（MB）为单位，现在一般以千兆（GB）或兆兆字节（TB）为单位。

现在市面上出现了采用固态电子存储芯片结构的固态硬盘，它的容量和读写速度以及稳定性都优于传统的硬盘。

4. 主板

主板是微机硬件系统中最大的一块多层印刷电路板。主板的功能是维持 CPU 与外部设备之间协调工作。在控制芯片组的统一调度下，CPU 首先接受外来数据或命令，经运算处理后，再经 PCI 或 AGP 等总线接口传输到指定的外部设备上。

主板上主要有安装 CPU、内存和各种功能卡的插座或插槽以及各种输入输出设备的接口。CPU、内存条、网卡、显卡等一般插接在主板上，有些没有专门插槽的功能卡则是直接焊接在主板上，电源、硬盘、键盘、鼠标等部件是通过不同的接口连接到主板的。图 1-9 是常见的主板外形图。

5. 键盘

键盘是最常见的计算机输入设备。用户通过键盘向计算机输入各种指令、数据，指挥计算机工作。计算机的运行情况输出到显示器，操作者可以很方便地利用键盘和显示器与计算机对话，对程序进行修改、编辑，进而控制和观察计算机的运行。一般 PC 机用户使用 104 键的键盘，大致分成主键盘区、副键盘区、功能键区和数字键盘区。图 1-10 是常见的 PC 台式机键盘的键位分布。

图 1-9　ATX 主板

图 1-10　键盘

6. 鼠标

鼠标也是一种常用的计算机输入设备，分有线和无线两种。有线鼠标通过 PS/2 接口或 USB 接口与计算机主机相连；无线鼠标则无须与主机进行物理连接，也同样可以对当前屏幕上的光标进行定位。鼠标按工作原理和内部结构不同可分为机械式、光电式和光机式三种。机械鼠标采用机械传动部件和滚轮装置对光标进行定位：它的底座上装有一个金属球，在光滑的表面上摩擦，使金属球转动，球与 4 个方向的电位器接触，就可以测量出上下左右四个方向的相对位移量；光电式鼠标则是利用光学感应技术进行定位：在每只光电鼠标底部都有一个凹坑，里面有一个小棱镜和一个透镜，工作时，会从棱镜中发出一束很强的红色光线照射到桌面，通过桌面不同凹凸点的反射，来判断鼠标的运动；光机鼠标则是结合了机械式和光电式两种原理进行光标的定位。

7. 显示器

显示器是用户与计算机交流的窗口，属于计算机的输出设备，是一种将一定的电子文件通过特定的传输设备显示到屏幕上再反射到人眼的显示工具。显示器可以分为 CRT、LCD、LED 等类型。液晶（LCD）显示器是目前计算机的主流显示器。它的优点是机身薄、辐射小、占地少。选购显示器时要注意的要点有：

（1）显示器的尺寸。

显示器的尺寸指的是屏幕对角线的长度，以英寸为单位。

（2）显示器的分辨率。

显示器的分辨率是指单位面积显示像素的数量，是衡量显示器好坏的重要指标，一般能达到较高分辨率的显示器性能会好些。它按照水平和垂直两个方向来确定。例如，1024×768的分辨率表示屏幕垂直方向上有 768 行，水平方向上的每行有 1024 个像素点，一屏可以显示的总像素点为 1024×768 个。像素是指组成图像的最小单位，相当于屏幕上的一个亮点。

（3）显示器的可视角度。

显示器的可视角度是指用户可以从不同的方向清晰地观察屏幕上所有内容的角度。可视角度大小决定了用户可视范围的大小以及最佳观赏角度。如果可视角度太小，用户稍微偏离屏幕正面，画面就会失色。液晶显示器的可视角度都是左右对称的，上下不一定对称。目前主流液晶显示器的水平可视角度为 170 度，垂直可视角度为 160 度。

（4）显示器的响应时间。

显示器的响应时间是指液晶显示器各像素点对输入信号反应的速度，即像素由暗转亮或由亮转暗所需要的时间。它是液晶显示器的一个重要参数，以纳秒为单位。

8. 打印机

打印机是计算机常用的输出设备，用于将计算机的处理结果打印在相应介质上。衡量打印机好坏的指标有三项：打印分辨率、打印速度和噪声。打印机根据工作原理不同分为针式打印机、喷墨打印机和激光打印机。目前，激光打印机因其打印速度快、成本较低的优势被广泛使用。打印机不仅能打印文字材料，还能打印图片、照片，最新的 3D 打印机还能利用特殊的材质采用逐层打印的方式构造出各种三维模型，这项打印技术在模具制造、工业产品设计上意义深远。

9. 移动存储器

虽然光盘具有大容量、携带方便的特点，但光盘的写操作复杂且读写数据速度慢，因此现在用户常用的移动存储器大多是"U 盘"或"移动硬盘"，以及各种存储卡。这些存储设备的特点是体积小巧、携带方便、存取数据便捷、保存数据可靠性高。"U 盘"和"移动硬盘"一般通过串行总线接口（USB）与主机连接，实现数据传递；各类存储卡一般用专门的读卡器与计算机连接进行数据存取。

1.4.4　计算机的主要性能指标

1. 运算速度

计算机的运算速度是指计算机每秒钟执行的指令数，单位是每秒百万条指令（MIPS），是衡量 CPU 工作快慢的指标。影响运算速度的因素主要有两个：

（1）主频。

CPU 的主频是指 CPU 内核运行时的工作频率，以赫兹（Hz）为单位。通常计算机的主频越高，计算机运行速度也就越快。现在主流计算机的主频一般已经达到千兆赫兹。

（2）字长。

字长是指 CPU 一次处理的二进制数的位数。它影响计算机运算的精度和速度，字长越长，计算的精度越高，速度也越快。字长有 8 位、16 位、32 位、64 位等。

2. 存储器容量

计算机的存储器分为内存和外存。内存是 CPU 可以直接访问的，内存容量的大小反映了计算机存储即时信息的能力。内存容量大，说明系统功能强，能处理的即时数据量就大。外存是 CPU 不能直接访问的，一般作为长期维护和保存数据的设备。外存容量的大小直接影响到保存数据的多少。

3．输入/输出数据的速度

输入/输出数据的速度是指 CPU 与外部设备进行数据交换的速度。它不同于主频，且大大低于主频。为了缓和 CPU 与 I/O 设备之间速度不匹配的矛盾，提高 CPU 与 I/O 设备的并行性，在现代操作系统中，几乎所有的 I/O 设备与处理机交换数据时都用了缓冲区。缓冲的引入可以显著地提高 CPU 和 I/O 设备间的并行操作程度，提高系统的吞吐量和设备的利用率。

1.4.5　计算机的软件系统

软件系统是指为计算机运行服务的全部技术资料和各种程序。软件就是程序、数据和有关文档资料的总称。相对于计算机硬件，软件是看不见、摸不着的东西，但却是使计算机硬件能正常工作、发挥作用的保证。没有软件的计算机是无法使用的"裸机"，同样，缺少硬件时软件的功能也无法实现，只有这两者有机结合才能发挥计算机的强大功能。

软件一般分为系统软件和应用软件两大类。

1．系统软件

系统软件是指控制和协调计算机及外部设备，支持应用软件开发和运行，无需用户干预的各种程序的集合。其主要功能是调度、监控和维护计算机系统，负责管理计算机系统中各种独立的硬件，使它们可以协调工作。有了系统软件，就不需要了解底层每个硬件是如何工作的，只需将计算机当作一个整体使用即可。

一般来讲，系统软件包括操作系统和一系列基本的工具软件（如编译器、数据库管理、存储器格式化、文件系统管理、用户身份验证、驱动管理、网络连接等方面的工具），是支持计算机系统正常运行并实现用户操作的软件。

（1）操作系统。

在计算机软件中最重要且最基本的就是操作系统（OS）。它是最底层的软件，它控制计算机运行的所有程序并管理整个计算机的软硬件资源，是计算机"裸机"与应用程序及用户之间的桥梁。没有它，用户将无法使用任何软件或程序。主要的操作系统有 DOS、Windows、UNIX、Linux。

（2）程序设计语言。

1）机器语言：由 0、1 组成的计算机能直接识别运行的二进制码。用机器语言编写的程序运行速度快、效率高，但编写费时费力、不便记忆、可读性差。

2）汇编语言：用指令代替机器码，用英文缩写表示指令中的操作码。可直接对硬件操作，占用空间少、运行速度快。

机器语言和汇编语言都属于低级语言，用它们编写的程序节省内存，执行速度快。但编程难度大，维护困难。

3）高级语言：用人们较熟悉的代码编写的源程序。高级语言与自然语言和数学语言接近，可读性强，编程方便。但需要经过编译或解释操作，将源程序翻译成机器码后才能被计算机执行。

（3）数据库管理。

数据库管理系统是一种操纵和管理数据库的大型软件，用于建立、使用和维护数据库。FoxPro、Access、Oracle、Sybase、DB2 和 Informix 都是数据库系统。

（4）系统辅助程序。

系统辅助处理程序主要有编辑程序、调试程序、装配和连接程序，还包括测试程序、诊断程序和监控程序。前者是用户在编译和连接程序时需要的辅助程序，后者是帮助用户诊断计算机故障和监控计算机的辅助程序。

2. 应用软件

应用软件是用户为解决某些具体问题而研制开发的计算机程序以及文档资料。应用软件种类繁多，按用途可分为办公软件、数据库管理软件、作图软件、通信网络软件、教育软件、游戏软件等。表 1-4 所示为常用的应用软件。

表 1-4　常用应用软件

类别	常用软件举例
办公软件	Microsoft Office、WPS Office
网页浏览	IE、谷歌、傲游、火狐浏览器
网页制作	FrontPage、Dreamweaver
图形处理	Photoshop、CorelDRAW
媒体播放器	Media Player、暴风影音
截图工具	EPSnap、HyperSnap
通讯工具	QQ、MSN
防火墙和杀毒软件	Zone Alarm、360、瑞星、诺顿
阅读器	CAJViewer、Adobe Reader
中文输入法	紫光输入法、QQ 拼音、智能 ABC
下载软件	迅雷、电驴
解压软件	WinRAR

1.4.6　操作系统基本知识

操作系统（简称 OS）是计算机最重要的系统软件，是直接运行在"裸机"上的、最基本的系统软件，其他任何软件都必须在操作系统的支持下才能运行。

操作系统的功能主要有以下三个方面：

（1）有效管理和分配计算机的软硬件资源。

操作系统是计算机系统的资源管理者，管理计算机系统中的硬件资源和信息资源。硬件资源包括处理器、存储器、I/O 设备等；信息资源则包括程序和数据。操作系统的主要任务之一是有序地管理计算机中的硬件、软件资源，跟踪资源使用状况，满足用户对资源的需求，协调各程序对资源的使用冲突，为用户提供简单、有效的资源使用方法，最大限度地实现各类资源的共享，提高资源利用率，从而改善计算机系统的效率。通常，操作系统对计算机软硬件资源的管理涉及存储管理、设备管理和文件管理三大模块。

1）存储管理。

存储管理的主要任务是管理存储器资源，为多道程序运行提供有力的支撑。

2）设备管理。

设备管理的主要任务是管理计算机各类外围设备，完成用户提出的 I/O 请求，加快 I/O 信息的传送速度，发挥 I/O 设备的并行性，提高 I/O 设备的利用率，以及提供每种设备的设备驱动程序和中断处理程序。

3）文件管理。

文件管理则是对系统信息资源的管理。通常，程序和数据以文件形式存储在外存储器中，供用户使用。如果没有一套良好的管理方式管理外存储器中保存的大量文件，在使用中容易导致这些文件的混乱或破坏，造成严重后果。为此，在操作系统中配置了文件管理模块对用户文件和系统文件进行有效管理，实现按名存取；实现文件的共享、保护和保密，保证文件的安全性，并给用户提供一套能方便使用文件的操作和命令。

（2）合理安排计算机的工作进程，控制程序的执行过程，使计算机系统能高效地运行。

操作系统的功能还体现在合理组织计算机的工作流程，协调各个部件有效工作，为用户提供一个良好的运行环境。完成此项功能的处理器管理的工作包括：

1）处理中断事件。

硬件只能发现中断事件，捕捉它并产生中断信号，但不能进行处理。配置了操作系统，就能对中断事件进行处理。

2）处理器调度。

在单用户单任务的情况下，处理器仅为一个用户的一个任务所独占，处理器管理的工作十分简单。但在多道程序或多用户的情况下，组织多个作业或任务执行时，就要解决处理器的调度、分配和回收等问题。近年来设计出的各种各样的多处理器系统，处理器管理更加复杂。为了实现处理器管理的功能，操作系统引入了进程（Process）的概念，处理器的分配和执行都是以进程为基本单位；随着并行处理技术的发展，为了进一步提高系统并行性，使并发执行单位的粒度变细，操作系统又引入了线程（Thread）的概念。对处理器的管理最终归结为对进程和线程的管理。

正是由于操作系统对处理器的管理策略不同，其提供的作业处理方式也就不同。例如，批处理方式、分时处理方式、实时处理方式等。从而，呈现在用户面前的是具有不同性质和不同功能的操作系统。

（3）操作系统为用户提供了与计算机交互的接口，使用户无需了解计算机硬件或系统软件的细节，就能方便、灵活地使用计算机。

操作系统借助用户接口模块实现人机对话，帮助用户操控计算机。操作系统提供的友好的用户接口包括：

1）程序接口。

通常由各种各样的系统调用组成。当运行程序时，系统允许调用用户所需的、操作系统提供的某些服务和功能，使用户无需了解系统的内部结构、管理模式和硬件细节，就能解决问题。既减轻了用户编程的负担，又保护了系统，提高了资源利用率。

2）命令接口。

操作系统为用户提供了各种联机命令。用户通过不同的联机命令就能操控计算机，实现相应的各种操作（在 DOS 系统中使用较多）。

3）图形接口。

为了方便非计算机专业人员使用计算机，现在的操作系统大多采用图形接口进行人机对话。图形接口的界面通常包括窗口、菜单、按钮、列表盒、对话框、滚动条等部件，应用程序一般以窗口的形式向用户展示可提供的服务和各类信息，用户通过点击、拖拉等动作实现相应操作，简单便捷，易于掌握。

1.4.7　用户与计算机软件系统和硬件系统的层次关系

现代计算机是由硬件和软件组成的一种层次式结构。最内层是硬件系统，由内向外依次是系统软件、应用软件，最外层是使用计算机的用户。这样的层次结构说明硬件是计算机工作的基础，软件是计算机发挥作用的保证，内层系统为外层提供服务，最终使用户获得计算机高效、灵活、方便的服务。图 1-11 所示为计算机软、硬件系统之间的层次关系示意图。

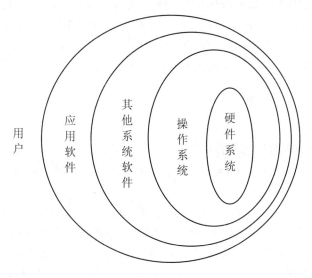

图 1-11　计算机软、硬件系统之间的层次关系示意图

1.5　计算机的安全使用知识

1.5.1　计算机的环境要求

计算机在使用过程中对环境也是有要求的，良好的工作环境才能保证计算机能正常高效地工作。

1. 温度

一般情况下，计算机工作的温度在 10℃～35℃之间。如果环境温度过高，计算机又长时间工作，使热量难以散发，计算机将出现运行错误、死机等现象，甚至会烧毁芯片，同时也会直接影响计算机的使用寿命。据统计，温度每升高 10℃，计算机的可靠性就下降 10%。如果条件允许，计算机机房一定要安装空调。

2. 湿度

计算机工作环境的相对湿度在 30%～80%之间为宜。如果湿度过高，会影响 CPU、显卡等配件的性能发挥，同时会使电子元件表面吸附一层水膜；如果过分潮湿，会使机器表面结露，引起机器内元件、触点及引线锈蚀，造成断路或短路。如南方天气较为潮湿，最好每天将计算机通电一段时间。湿度过低时容易产生静电，静电大量积聚将会导致磁盘读写错误，并可能烧毁半导体器件。

3. 清洁度

计算机的清洁度对计算机的使用也有影响。如果附着在电路板上的灰尘积聚到一定程度，就会腐蚀各配件、芯片及电路板，引起机器内部线路断路，引发故障。电子元件吸附尘埃过多会降低它们的散热能力，导电型尘埃会破坏元件间的绝缘性能，严重时会造成短路；而绝缘尘埃会造成插件的接触不良。有害气体也会腐蚀芯片及电路板，还会威胁使用人员的健康。

4. 电源

对计算机系统来说，最重要的环境因素是电源稳定。低压和过压都会加速计算机元件的老化。交流电正常的范围应在 220V±10% 内，频率应为 50Hz±5%，且有良好的接地系统。

电源一直是计算机产生故障的主要因素，我国市电的质量不高，电压不稳、杂波、干扰等现象较为严重，所以有条件的用户应配备稳压电源和不间断电源（UPS）。如果没有条件配备稳压电源，应该尽量避免在电压波动大的时候使用计算机。

1.5.2　计算机使用的注意事项

1. 开关机注意事项

（1）开机时：应该先给外部设备（如显示器、打印机）加电，然后再给主机加电。

（2）关机时：与开机相反，应该先关主机，然后关闭外部设备的电源。这样可以避免主机受到大的电冲击。

（3）Windows 系统不能任意开关电源，一定要正常关机。如果死机，应先设法"软启动"，再"硬启动"（按 RESET 键），实在不行再"硬关机"（按电源开关数秒种）。

（4）不要频繁地开关机器。如果要重新启动机器，建议在关闭机器后等待 10 秒钟以上。在一般情况下用户不要擅自打开机器，如果机器出现异常情况，应及时与专业维修部门联系。

2. 摆放合适位置

（1）最好将计算机放置在离电视机、音响、录音机远一点的地方，这样做可以防止计算机的显示器和电视机屏幕的相互磁化、交流信号互相干扰。

（2）由于计算机在运行过程中 CPU 会散发大量的热量，如果不及时将其散发，则有可能导致 CPU 过热，工作异常，因此，最好将计算机放置在通风凉爽的位置。

3. 定期进行清洁、除尘保养工作

计算机在工作的时候会产生一定的静电场、磁场，加上电源和 CPU 风扇运转产生的吸力，会将悬浮在空气中的灰尘颗粒吸进机箱并滞留在板卡上。如果不定期清理，灰尘将越积越多，严重时，甚至会使电路板的绝缘性能下降，引来短路、接触不良和霉变等现象，造成硬件故障。

因此应定期打开机箱，进行机箱内部的除尘，建议请专业人员进行清洗，这样才有保证，可避免零件受损。

4. 硬盘资料、数据的保存

由于人们对计算机的依赖性越来越大，计算机上的资料、数据也越来越重要，而一块硬盘的寿命也就是数千小时，一般可以用到两年左右。所以定期地对硬盘进行检查是非常有必要的，并且定期进行磁盘整理也可以提高硬盘的使用速度和寿命。

如果有条件，建议用户配备一个移动硬盘，将重要的资料、数据存放在移动硬盘里，因为重要的资料、数据远远不是一块硬盘的价值所能比拟的。

1.5.3　计算机病毒及其防治

随着计算机的普及，计算机安全已经成为一个严峻的问题。这不仅是设备本身的安全，还涉及从硬件到软件、从单机到网络、从个人到企业等各个方面。国际标准化委员会对计算机安全进行了定义：为数据处理系统建立和采取的技术和管理的安全保护，保护计算机硬件、软件、数据不因偶然的或恶意的原因而遭到破坏、更改、泄露。

计算机病毒是影响计算机安全的主要原因。计算机病毒区别于生物病毒，它是在计算机程序中插入的破坏计算机功能或者毁坏数据，影响计算机使用，并能自我复制的一组计算机指令或者程序代码。感染了病毒的计算机会丧失正常工作的能力，出现运行能力下降、功能失常、文件和数据丢失的情况，同时这样的计算机本身将是一个传染源，可以通过 U 盘、网络等途径传播病毒到其他的计算机。对计算机安全来说，计算机病毒的破坏力是相当大的，所以要积极有效地认识和防范计算机病毒。

1.　计算机病毒的特征

（1）计算机病毒的程序性（可执行性）。

计算机病毒与其他合法的程序一样，是一段可执行程序，但不是一段完整的程序，需要寄生在其他可执行的程序上。若运行携带病毒的程序，操作系统无法识别其中隐藏的病毒，在不知情的情况下，将计算机的控制权交给了运行的程序，病毒就会爆发。若计算机不运行带病毒的程序，潜藏的病毒也不会被激活，计算机还是安全可靠的。

（2）计算机病毒的传染性。

计算机病毒不但具有破坏性，更具有传染性。一旦病毒被复制或产生变种，其传染速度是惊人的。计算机运行携带病毒的程序时，病毒会搜寻符合传染条件的程序或存储介质，确定目标后，再将自身代码插入其中，达到自我繁殖的目的。若不及时发现并处理计算机上的病毒，病毒就可能迅速蔓延到其他计算机，导致所有感染的计算机工作失常甚至瘫痪。

（3）计算机病毒的隐蔽性。

计算机病毒潜伏在正常可运行的程序中，操作系统无法识别，有的甚至连杀毒软件也检查不出来，具有很强的隐蔽性。有的病毒时隐时现，变化无常，很难查杀。

（4）计算机病毒的破坏性。

中毒后的计算机会使正常的程序无法运行或运行受到严重影响，保存的文件会被删除或损坏。

（5）计算机病毒的可触发性。

病毒因某个事件或数值的出现而爆发，这就是它的可触发性。平时隐藏着的病毒不触发是不具感染和破坏性的，一旦达到触发条件，满足某个时间、某个文件、某些特定数据的条件，就启动感染或破坏动作，攻击计算机。

2.　计算机病毒的种类

（1）引导型病毒。

引导型病毒寄生在磁盘引导区或主引导区。感染了这种病毒的计算机在启动时无法对引导区的内容正确引导，导致病毒侵入系统、驻留内存、监视系统运行、伺机传染和破坏。

（2）文件型病毒。

文件型病毒主要感染计算机中的可执行文件（.exe）和命令文件（.com）。它可对源文件进行修改，使其成为带病毒文件。一旦计算机运行该文件，就会被感染。

（3）宏病毒。

宏病毒是一种寄存在文档或模板的宏中的计算机病毒。一旦打开这样的文件，其中的宏就会被执行，于是宏病毒被激活，转移到计算机上，并驻留在 Normal 模板上。导致所有自动保存的文档都会感染上这种宏病毒，若其他用户打开感染了病毒的文档，宏病毒就转移到其他计算机上了。

3．计算机病毒的判断和防治

一般可以通过杀毒软件来查杀计算机病毒。也可通过以下现象进行判断：

（1）计算机工作异常。如文件打不开、死机、无故重启等。

（2）文件大小自动发生变化，磁盘中出现大量未知文件，文件的图标发生变化等。

（3）不能直接双击打开本地的磁盘或移动硬盘。

（4）打开任务管理器，发现 CPU 使用异常，运行缓慢。

（5）运行正常的程序出现"内存不足"的提示。

（6）系统无法启动。

一旦确认计算机感染了病毒，可通过杀毒软件对被感染的文件进行删除、禁止访问、隔离等处理操作。

为了维护计算机日常信息的安全，我们更要注意预防计算机病毒：

（1）及时更新、升级操作系统和应用软件。

安装正版操作系统和应用软件，并能及时更新升级，安装补丁程序，杜绝黑客利用系统或软件漏洞攻击计算机用户。

（2）安装杀毒软件和防火墙。

安装杀毒软件和防火墙可以最大限度地保护计算机的安全。常用的安全软件有瑞星、金山毒霸、卡巴斯基、诺顿等。

（3）使用移动存储设备前要先查杀病毒。

（4）注意上网安全。

不要登录不明网站，不要随意点击网上的链接，不要随意打开或运行陌生的、可疑的文件和程序。

1.6　计算机网络的基本概念

1.6.1　Internet 基础

Internet 是目前世界上最大的计算机网络，几乎覆盖了整个世界。它通过通信线路和设备将处在不同位置的计算机连接在一起，按照通信协议互联互通、共享资源。从最初美国国防部开发的军事专用 ARPANet，发展到现在全世界共享的"因特网"，计算机网络已成为人们生活、学习、工作中不可或缺的一部分。

1．计算机网络的组成

计算机网络由硬件和软件两部分组成：

（1）网络硬件。

1）服务器。

服务器是在网络中提供资源和特定服务的高性能计算机，主要运行网络操作系统，为网络提供通信控制、管理和共享资源。如文件服务器、邮件服务器等。

　　2）工作站。

　　工作站（也称客户机）是指接受服务器管理和服务的连接入网的计算机。其性能一般低于服务器。

　　3）外围设备。

　　外围设备是指网络连接设备和传输介质。连接设备主要包括网卡、集线器、交换机、路由器、调制解调器等。传输介质包括有形的双绞线、同轴电缆、光纤以及无形的微波、卫星等。

　　（2）网络软件。

　　网络软件包括网络协议和网络操作系统。

　　1）网络协议。

　　网络协议是保证网络中的计算机之间能正常通信以及对所出现问题的一整套约定。常用的网络协议有 TCP/IP、NetBEUI 等。

　　2）网络操作系统。

　　网络操作系统是向网络计算机提供网络通信和资源共享功能的操作系统。它要管理整个网络资源和相关网络用户。常用的网络操作系统有 NetWare、Windows NT 等。

　　2. Internet 基本工作原理

　　Internet 提供的基本服务就是资源共享，即计算机之间进行信息交换。通常将要传送的信息分成若干个数据包，每个数据包都包含了数据正文和标识信息。这样的数据包由发送方放上 Internet 传输，接收方根据数据包内的目的地址接收到数据包后，重新组装成完整的数据。要保证数据能顺利到达目的计算机并且不出错，就需要通信协议的支持。如 TCP/IP 协议。

　　3. Internet 的 IP 地址和域名

　　（1）IP 地址。

　　为了区分 Internet 上的不同计算机，采用了为每台计算机分配一个 IP 地址的方法。就如同每个人的身份证，Internet 上计算机的"身份证"就是它分配到的 IP 地址。

　　IP 地址由 32 位的二进制数表示，格式为：X.X.X.X，每个 X 为一个 8 位的二进制数，恰好是一个字节。为了阅读方便，通常也用十进制数表示 X。例如：192.168.53.20。

　　一台计算机的 IP 地址中包括了网络号和主机号两个信息。网络号在前，用来区分不同级别的网络；主机号在后，用来区分同一网络中的不同主机。根据 IP 地址中表示网络号和主机号字节数的大小可以确定网络的规模和网络所能容纳的主机数量。IP 地址通常分为 A、B、C、D、E 五类。A 类地址的网络号是最高位为 0 的 8 位二进制数，其余 24 位表示主机号。IP 地址的取值从 1.X.Y.Z～126.X.Y.Z，所以只有 126 个 A 类地址。每个 A 类地址拥有的主机数可达 1670 万台。B 类地址的网络号是 16 位的二进制数，前 2 位是 10，IP 地址的取值从 128.X.Y.Z～191.X.Y.Z，每个 B 类网络号允许存在的主机数是 65536 台，适用于各地区中等规模的网络。C 类地址的网络号是 24 位的二进制数，前 3 位是 110，IP 地址的取值从 192.X.Y.Z～223.X.Y.Z，每个 C 类网络号允许存在的主机数是 256 台，适用于校园网等小型网络。

　　（2）域名系统。

　　用 IP 地址标识网络上的主机，对用户来说难以记忆。TCP/IP 协议专门设计了一种字符型的主机命名机制，采用人们容易识别和记忆的符号，按照一定规则进行组合，来表示网络主机，即域名。Internet 域名采用层次结构，反映一定隶属关系。域名由英文字母和数字组成，各层次之间用"."号分隔，从右到左依次为顶级域、二级域、三级域等。例如：www.zust.edu.cn。

其中 cn 代表中国，edu 代表教育网，zust 则代表浙江科技学院。

当用户访问某个站点时，只需输入站点的域名，域名服务器（DNS）便会搜索站点对应的 IP 地址从而找到该站点。域名服务器上存储着各个域名和 IP 地址的对应信息，用户通过域名服务器就可轻松获得所需站点的 IP 地址，顺利登录网站。

1.6.2　Internet 应用

1．电子邮件服务

电子邮件是通过 Internet 为世界各地的计算机用户提供的、收发电子类信件的服务。目前，电子邮件因其迅速、便捷、经济等特点，已成为 Internet 上最受欢迎、应用最多的服务之一。

电子邮件不仅可以收发文字类信息，还可以传递语音、图像、视频类信息。通常，用户需要事先到邮件服务网站申请一个电子信箱，申请成功后，就可以通过该邮件地址收发邮件了。

2．文件传输服务

文件传输协议（简称 FTP）是 Internet 上实现计算机之间文件传输的网络传输协议。用户通过 FTP 连接到远程计算机，可以进行查看、下载或上传文件的操作。

3．WWW 服务

WWW 是环球信息网的缩写，又称"万维网"。它提供信息查询服务，是目前发展最快、应用最广的 Internet 服务。

WWW 采用客户/服务器结构，以超文本和超媒体格式在服务器上存储用户需要的各种文字、声音、图像、视频信息，用户在客户机上可通过浏览器轻松查阅浏览。

4．远程登录

远程登录是指用户在拥有远程计算机合法账户和密码后，在网络通信协议支持下，登录到远程计算机上，成为其合法用户，通过在本地机上的操作，可以共享到远程计算机上的软硬件资源和数据库。

本章小结

本章主要介绍了有关计算机的基础知识。涉及计算机的特点和应用，计算机的基本组成，计算机硬件结构及软件分类，计算机对信息的表示和存储，计算机网络和安全使用等内容。使大家对计算机有了初步的了解，为今后的深入学习打下理论基础。

疑难解析（问与答）

问："信息"和"数据"有什么区别？

答："数据"是原始的、未被加工的、分散孤立的记录。"信息"是经过处理的、有一定意义和联系的数据。

问：杀毒软件和防火墙软件有什么区别？

答：杀毒软件的主要功能是杀毒，防火墙则是防止网络上的各种病毒进入你的计算机，起防护作用，但不能处理病毒。杀毒软件和防火墙相互协作，可以保证计算机的安全。

 习 题 一

一、选择题

1. 计算机能直接执行的程序语言是（　　）。
　　A．C 语言　　　　　　B．汇编语言　　　　　C．高级语言　　　　　D．机器语言
2. 计算机中 CPU 能直接访问的部件是（　　）。
　　A．U 盘　　　　　　　B．硬盘　　　　　　　C．内存　　　　　　　D．光盘
3. 在计算机内，一切信息存取、传输都是按（　　）进行。
　　A．ASCII 码　　　　　B．二进制码　　　　　C．十六进制　　　　　D．BCD 码
4. 在计算机网络中，通常把提供并管理共享资源的计算机称为（　　）。
　　A．服务器　　　　　　B．工作站　　　　　　C．网关　　　　　　　D．路由器
5. 为确保计算机安全，下列不恰当的措施是（　　）。
　　A．定期给 Windows 操作系统安装补丁
　　B．定期升级杀毒软件
　　C．不轻易从不熟悉的网站下载软件
　　D．对于杀毒软件或防火墙，只需安装一个

二、简答题

1. 冯·诺依曼型计算机由哪几部分组成？各部分实现的功能是什么？
2. 计算机病毒具有哪些特征？

第 2 章　Windows 7 中文版操作系统

- 掌握 Windows 7 的基本概念和基本操作。
- 熟练掌握文件与文件夹的管理。
- 学会磁盘管理及应用程序管理。
- 学会使用控制面板进行系统设置。
- 了解 Windows 7 的系统维护与安全。

Windows 7 是微软操作系统一次重大的革命创新，在功能、安全性、个性化、可操作性、功耗等方面都有很大的改进。本章将以 Windows 7 为平台，以应用为目标，概要介绍在今后学习、工作中必须掌握的、有关操作系统的基本知识、使用方法和操作技巧。

Windows 7 采用 Windows NT/2000 的核心架构，运行可靠稳定。它的桌面用鲜艳的色彩取代以往版本的灰色基调，使用户感觉清新明快。它增强了多媒体性能，改造了媒体播放器，使用户无须安装其他的播放软件就可享受各种格式的视音频文件。

2.1　Windows 7 的基本概念和基本操作

安装 Windows 7 所需的硬件环境一般包括主频在 2.5GHz 以上的 CPU，容量在 2GB 以上的内存和几十 GB 以上的硬盘。有些满足最低配置条件的计算机也能安装 Windows 7，但会影响计算机的运行和使用。

符合安装条件的计算机先通过 BIOS 设置成从光驱引导启动，插入 Windows 7 系统安装盘。开机后，根据向导的提示按步骤操作就可安装成功。

Windows 7 安装成功后，用户开机后计算机先自检，没有问题后就自动加载引导程序，调用 Windows 7 操作系统。若计算机设置了用户名和密码，在选择用户并正确输入密码后，进入桌面，如图 2-1 所示。

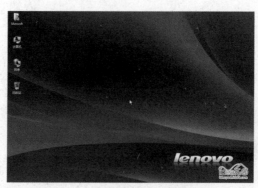

图 2-1　Windows 7 操作系统桌面

2.1.1　鼠标的操作方法和鼠标指针的不同形状

鼠标是计算机最常用的输入设备。鼠标分两键和三键两种，三键鼠标中间多一个滚轮，起滚动翻页作用。对鼠标的操作主要有以下几种：

- 单击：按下左键，立即释放。
- 单击右键（右击）：按下右键，立即释放。这时通常会弹出一个快捷菜单，菜单里会包含一些命令的便捷执行方式。
- 双击：快速单击左键两次。一般用于打开某个文件或程序。
- 指向：在不按鼠标时，移动鼠标指针到预定位置。通常用于选择操作对象。
- 拖动：按住鼠标左键的同时移动鼠标。通常用于移动操作对象到指定位置。

鼠标指针的形状也不是固定的，不同的形式表示不同的状态。在“个性化”菜单中描述鼠标属性的对话框中有具体描述，如图 2-2 所示。

图 2-2　鼠标指针的形状

2.1.2　桌面有关的概念与桌面的基本操作

当用户成功启动并登录计算机后，所弹出的界面就是桌面（如图 2-1 所示）。桌面是人与计算机交互的主要入口，同时也是人机交互的图形用户界面。桌面的基本组成包括：桌面图标、任务栏和桌面背景。

1. 桌面图标

桌面图标位于打开的系统桌面上。代表某个应用程序、文件或系统信息内容。一般的系统桌面会保留“我的文档”、“计算机”、“网络”和“回收站”几个常用图标。用户也可以根据自身需要，在桌面上创建新的图标。

- 我的文档：用于管理文件和文件夹，是系统默认的文档保存位置。
- 计算机：实现对计算机硬盘上的文件、文件夹的管理。
- 网络：用于浏览网上信息的应用程序。
- 回收站：暂时存放用户删除的文件和文件夹。用户可以通过还原操作恢复被删除暂存在回收站的文件或文件夹。

2. 任务栏

任务栏是指位于桌面最下方的一个小长条。从左到右依次为"开始"按钮、"快速启动栏"、"打开的应用程序显示区"和"通知区"。

（1）"开始"按钮。

单击"开始"按钮，会弹出如图 2-3 所示的开始菜单。这个菜单是多级菜单列表，若某个选项一边有个实心三角箭头，则表示它还有子菜单，可以逐级打开。菜单分为两列，左边一列是最近打开的应用程序，它会随着用户的使用随时调整。在这个菜单列中可以很方便地查找最近使用的应用程序。右边一列是系统设置和某些系统程序。单击"所有程序"按钮，会弹出系统装载的所有应用程序，可以根据需要从中选择打开。菜单中还有一个"关机"按钮，单击此按钮可以直接关机。

图 2-3　开始菜单

（2）快速启动栏。

快速启动栏一般存放一些常用程序的快捷方式，可以直接单击打开，非常便捷。若需要将某个常用程序添加进快速启动区，可以在选中程序后右击，在弹出的快捷菜单中选择"锁定到任务栏"即可。若要移除快速启动区的程序，将鼠标移到程序图标上右击，在弹出的快捷菜单中选择"将此程序从任务栏解锁"即可。

（3）打开的应用程序显示区。

用户每打开一个程序任务栏就会弹出一个代表当前程序的窗口。单击任务栏的窗口按钮，就激活了对应的程序。用户可以使用 Alt+Tab 组合键在不同的程序间切换。

（4）通知区。

"通知区"位于任务栏最右边。一般包含系统时间、喇叭、输入法等图标。选中单击可以进行相应的修改。

3. 桌面背景

桌面背景指的是整个桌面的背景图片。系统会提供一些背景图片供用户选择，用户也可以根据自己的喜好自定义桌面。具体操作如下：在桌面上右击，在弹出的快捷菜单中选择"个性化"按钮，在弹出的对话框中选择"更改桌面"命令，即可在系统提供的备选图片中选择桌面背景，也可以通过"浏览"按钮选择其他目录下的图片作为桌面背景。

2.1.3　图标及其基本操作

Windows 7 系统延续了微软公司开发的 Windows 系列操作系统的视窗系统特点。所有的程序、文件和文件夹都是用一个小图标来代替，对图标的操作意味着对它们进行打开、移动、复制、删除等操作。

- 单击图标：表示选中。
- 双击图标：表示打开。
- 选中图标后可以直接拖拉图标，进行移动操作。
- 选中图标后右击，可以在弹出的快捷菜单中进行剪切、复制、删除、重命名、创建快捷方式等常规操作。

2.1.4　窗口及其基本操作

窗口是 Windows 系统中最基本的操作对象，它代表运行的程序或打开的文件。一般由一个可改变大小的矩形框组成，如图 2-4 所示。

图 2-4　窗口

1．窗口的组成

（1）标题栏。

标题栏位于窗口最上面一行，它的右边为“最小化”按钮、“最大化/还原”按钮和“关闭”按钮。标题栏的中间是打开的程序或文件名称，最左边为控制菜单图标。

（2）菜单栏。

菜单栏位于标题栏之下，它提供了对应用程序进行各种操作的菜单命令。菜单栏由多个菜单构成，每个菜单包含一个下拉菜单，若菜单中的选项右边还有三角箭头，表示此项命令还有下级菜单，单击三角箭头可以进入下级菜单，用户可以根据需要逐级打开相应的命令。

（3）工具栏。

工具栏位于菜单栏之下，包含了一些常用的功能按钮。只要单击某个按钮，就可快速执行相应的操作，不必单击菜单进行选择。

（4）状态栏。

窗口的最下面一行为状态栏，用以显示窗口包含的对象个数、可用空间及磁盘容量等。

（5）工作区。

窗口中进行编辑、操作的区域。

（6）滚动条（块）。

当窗口中的内容超出窗口所能显示的面积时，窗口的右侧或者下方将出现垂直滚动条和水平滚动条，通过拖动滚动条，可以看到窗口内上下或左右的内容；窗口右下角的小三角形称为窗口角，用鼠标拖动它可以改变窗口大小。

2. 窗口的操作

（1）窗口的最小化、最大化/还原与关闭。

单击标题栏最右边的"最小化"、"最大化/还原"和"关闭"按钮，可以实现对窗口的最小化、最大化/还原与关闭的基本操作。

（2）窗口大小的调整。

拖动窗口的边框可以对窗口进行水平或垂直方向的大小调节；拖动窗口的四角可以改变整个窗口的大小。

（3）窗口的移动。

拖动窗口的标题栏可以移动窗口的位置，但当窗口最大化时无法移动窗口。

（4）窗口的切换。

当打开多个窗口时，处于最前面覆盖在其他窗口之上的窗口称为当前窗口，若要切换窗口，可在任务栏中单击非当前窗口的图标，使其变为当前窗口。

2.1.5　菜单的分类、说明与基本操作

Windows 7 的菜单其实就是命令列表。它将常用的同类命令排列在一起，组成一个菜单，方便用户根据需要选择相关命令。一般的应用程序都有菜单栏，只是菜单栏的内容不同，"文件"和"帮助"这两项菜单一般会出现在不同的程序菜单中。

1. 菜单的分类与说明

鼠标移到菜单栏，单击某个菜单，就会弹出该菜单的下拉菜单，下拉菜单包含了此项菜单的各项命令和子菜单。

（1）不同颜色的菜单选项。

若菜单命令是黑色字体显示，表示该命令选项可用，如图 2-5 中的"剪切"命令。若命令选项是灰色显示，表示该命令不可用。如图 2-5 中的"组合"命令。

（2）菜单选项后带有省略号（…）。

表示单击此选项后会弹出一个对话框，需要用户输入更多的设置或操作。如图 2-5 中的"另存为图片"命令。

（3）菜单选项后带有英文大写字母。

表示用户可以不使用鼠标，通过组合键打开菜单命令。

（4）菜单选项后带有（▶）。

表示该菜单下还有子菜单，子菜单可以多级嵌套。如图 2-5 中的"置

图 2-5　菜单选项

于顶层"命令。

（5）菜单选项前带勾（√）。

表示该命令是复选菜单命令，如果再次单击该命令，命令就会失效。

（6）菜单选项前带点（·）。

表示该命令是单选菜单命令，在同一组中只能选择一个命令执行。

2．菜单的操作

（1）打开菜单。

单击菜单栏的菜单名即可打开菜单。菜单中的命令也可通过组合键的方式打开，如"复制"命令就可通过按 Ctrl+C 组合键实现。

（2）撤消菜单。

在菜单外的区域单击，就自动撤消了打开的菜单。

2.1.6　对话框及其操作

对话框是人机对话的一种方式。当计算机执行到某一步，需要根据用户的选择再进入下一环节时，一般会弹出对话框，用户借助对话框进行选择设置后，计算机才会顺利执行命令。

1．对话框的组成

（1）标题栏。

与窗口相同，对话框的顶端也是标题栏。标题栏的左端有对话框的名称，右端有"帮助"按钮和"关闭"按钮。

（2）选项卡。

位于标题栏下方的就是选项卡。选项卡的设置是为了使用户能多方面地对该对话框进行选择控制，不同的对话框中会给出不同的选项卡。如图 2-6 所示为"字体"对话框的组成。

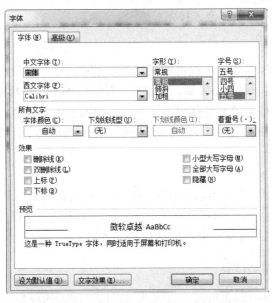

图 2-6　"字体"对话框的组成

（3）文本框。

文本框用于设置内容的输入。

（4）下拉列表框。

单击下拉列表框右侧的下三角从下拉列表从中选择需要的对象；数字增减框可直接输入数字，也可单击数字增减框右边的增减箭头来改变增减框中的数字。

（5）单选按钮。

单选按钮为圆形框，用户每次只能在多个选项中选择其中一个，若被选中，会在圆圈中出现黑点。

（6）复选框。

复选框是四方形框，可以选择若干个或全部，若被选中，会在方框内出现"√"。

（7）命令按钮。

命令按钮上面有文字说明，通常有"确定"、"取消"和"应用"等，可用鼠标单击执行。

（8）滑动柄。

主要用于速度快慢和音量大小的调整。

2．对话框的操作

（1）对话框的移动。

鼠标指向标题栏并拖动就可移动对话框。

（2）选项卡的选择。

用鼠标单击某个选项卡就可选中该选项卡，此时该选项卡的标签显示为白色，未被选中的表现为灰色。

（3）对话框上组件的选择与设置。

通过文本框、列表框、单选按钮、复选框可以进行各个组件的选择或设置。

（4）确定设置内容。

单击"确定"或"取消"按钮来保存设置或取消修改的设置。

2.1.7　剪贴板与对象链接和嵌入技术

1．剪贴板

剪贴板是指 Windows 操作系统提供的可暂存数据并可以共享的一个模块，也称为数据中转站。它其实是内存中的一段存储区域，在硬盘里是找不到的。剪贴板只在后台起作用，当在光标处按 Ctrl+V 组合键或右键粘贴就出现了暂存在剪贴板中的内容。一旦新的内容送到剪贴板后，就会覆盖旧内容。即剪贴板只能保存最近更新的一份内容。计算机关闭重启后，保存在剪贴板中的内容也将丢失。

2．对象链接和嵌入技术

对象链接和嵌入是指将不在当前文件中的对象从它所在的源文件中引入，嵌入是指该对象在源文件中被创建，然后被插入到目标文件中；链接是指从源文件中找到该对象的路径。更新源文件时，目标文件中的链接对象也会自动得到更新。

2.1.8　获取系统的帮助信息

若在操作计算机过程中遇到问题，可以通过获取系统的帮助信息来解决问题。具体步骤为：选择"开始"菜单→"控制面板"→"查找并解决问题"→"帮助和支持"命令，就能获得系统的帮助信息。可以在搜索栏直接输入要查找的内容，也可以通过主页逐级查找，必要时还可上网查找。图 2-7 所示为系统帮助信息界面。

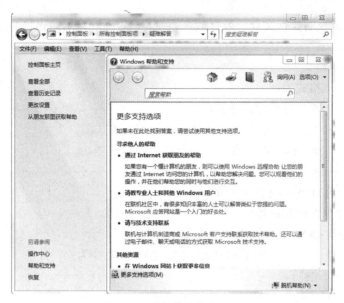

图 2-7　系统帮助信息界面

2.1.9　DOS 命令在 Windows 7 中的应用

　　DOS 命令是微软公司早期开发的一种磁盘操作系统。由于它不是以图形界面与用户交互的，因此使用者只有了解了它的各种命令格式才能应用，给用户带来不便。但在某些特殊情况下，使用 DOS 命令操控计算机，还是很实用的。例如，Windows 系统无法启动时，可以使用 DOS 命令进行修复启动。此外，可以通过 DOS 命令检查网络的连接情况等。

　　Windows 7 系统提供了"命令提示符"窗口来运行各种 DOS 命令。如图 2-8 所示。

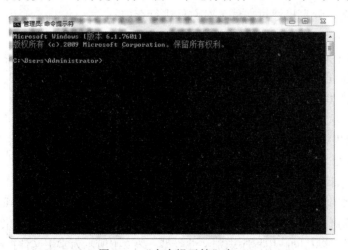

图 2-8　"命令提示符"窗口

　　1. 进入"命令提示符"窗口的方式

　　（1）按下 Win+R 组合键，在弹出的"运行"对话框中输入"cmd"命令，单击按"确定"按钮。

　　（2）在"开始"菜单中打开"运行"对话框，输入"cmd"命令。

　　（3）点"开始"菜单→"所有程序"→"附件"→"命令提示符"命令。

（4）"cmd"命令的执行文件一般存放在系统盘:\Windows\system32 路径下，找到该文件打开即可。

2．DOS 命令的格式

DOS 命令的基本格式为：

命令动词[盘符:][路径] [参数][/开关]

[ ]方括号表示是可选项。除命令动词外，其他都是可选项。

盘符：磁盘驱动器名称。若缺省表示当前使用的驱动器。

路径：指存放在磁盘中的文件夹名称。

命令动词：指明 DOS 命令所执行的任务。

参数：DOS 命令的操作对象。

开关：用于控制 DOS 命令的某些功能选择。

例如，删除 F 盘中 A 文件夹下的 B.txt 文件的 DOS 命令为：

DEL F:\A\B.txt　　<回车>

3．退出"命令提示符"窗口

在命令行直接输入"exit"命令，或者单击窗口标题栏的"关闭"按钮。

2.2　文件与文件夹的管理

2.2.1　文件的概念、命名、类型及文件夹结构

文件是一组相关信息的集合。任何程序和数据都是以文件的形式存放在计算机的外存储器中。计算机存储的文件可以是一个程序、一篇文章、一首歌曲、一幅图画等，每个文件都有一个对应的文件名，计算机通过文件名对文件进行存取。

1．文件的命名

（1）文件由主文件名和扩展名两部分组成，中间用"."隔开。主文件名表示文件的名称，最多可由 255 个字符组成，一般能体现文件的内容或作用。扩展名由 1～3 个合法字符组成，用来表示文件的类型。如.doc 表示 Word 文档，.txt 表示文本文件。

（2）不区分英文字母的大小写。

（3）不能出现\、/、:、*、?、"、|等字符。

2．文件的类型

文件类型是指计算机为了存储信息而使用的对信息的特殊编码方式，用于识别内部存储的资料。例如有的存储图片，有的存储程序，有的存储文字信息。每一类信息都可以用一种或多种文件类型保存在计算机中。每一种文件类型通常会有一种或多种扩展名可以用来识别，但也可能没有扩展名。扩展名可以帮助应用程序识别文件类型。表 2-1 所示为常用文件扩展名及其类型。

表 2-1　常用文件扩展名及其类型

扩展名	文件类型	扩展名	文件类型
.c	C 语言源程序	.dll	动态链接库文件
.dbf	数据库文件	.exe	可执行文件
.doc	Word 文件	.lib	库文件

扩展名	文件类型	扩展名	文件类型
.bat	批处理文件	.html	网页文件
.txt	文本文件	.bmp	画图文件
.avi	视频文件	.wav	音频文件
.sys	系统文件	.bak	备份文件

3. 文件夹结构

为了便于管理存放在计算机内的大量文件，通常会把相同类型或相同内容的文件集中在一起。可以把若干个文件放在一起的这个文件"容器"就是文件夹。每个文件夹也有自己的名字。文件夹可以嵌套，即一个文件夹中可以包含一个或多个子文件夹。在同一个文件夹中，不能有重名的文件或子文件夹。

一般，在安装操作系统前，计算机的硬盘会被划分成几个不同的逻辑分区，就是双击"计算机"图标后看到的几个图标：系统（C:）、本地磁盘（D:），本地磁盘（E:），本地磁盘（F:）。分区又称文件卷，每个分区都有自己的标识符，如 C、D 等。分区里可以建立文件夹或存储文件。

在操作系统中，通过文件名和路径才能访问文件。文件的路径就是指以存放文件的文件卷标识开始的以"\"分隔的文件夹名。例如：C:\Windows\notepad.exe 表示在 C 盘的 Windows文件夹下的 notepad 文件。

文件所在的文件夹也叫文件的目录。Windows 系统通过树形的目录结构来管理文件和文件夹。

2.2.2　资源管理器

Windows 7 系统中的资源管理器是系统进行文件和文件夹管理的应用程序。通过资源管理器可以显示文件夹的结构和文件的详细信息，启动程序，打开、复制、移动文件。

打开资源管理器的方式：

（1）单击"开始"→"所有程序"→"附件"→"Windows 资源管理器"命令，打开"资源管理器"窗口。

（2）右击"开始"按钮，在弹出的快捷菜单中选择"资源管理器"命令即可。"资源管理器"窗口的组成如图 2-9 所示。

"资源管理器"窗口分为左右两个窗格。左窗格是树形结构的文件夹管理模式，单击对象左边的小三角图案（▷）就可向下逐级打开各个文件夹，该目录下的所有文件和文件夹按树形结构展开。打开的文件夹左

图 2-9　"资源管理器"窗口

边的小三角图案将变成◢，若文件夹左边没有小三角标记，表示该文件夹没有下级文件夹。

2.2.3　文件与文件夹的操作

1. 创建文件夹

（1）用快捷菜单方式。

在空白处右击，在弹出的快捷菜单中选择"新建"→"文件夹"命令，即可新建一个文件夹，并在名称编辑框中输入文件夹名称。

（2）用文件菜单方式。

在要创建文件夹的窗口中，选择"文件"菜单中的"新建"命令，在"新建"菜单中选择"创建文件夹"选项。

2. 文件和文件夹的选定

对文件或文件夹进行任何操作之前，一般要先选定文件或文件夹。若事先知道要操作对象的路径，可以在资源管理器中根据路径找到文件或文件夹；若不知道文件或文件夹的具体路径，可以通过搜索方式找到。找到后选定文件或文件夹的操作如下：

（1）选择单个文件或文件夹：单击该文件或文件夹。

（2）选择全部文件或文件夹：在"编辑"菜单中选择"全部选定"命令，或者按 Ctrl+A 组合键。

（3）选择多个连续的文件或文件夹：单击要选定的第一个对象后，再按住 Shift 键单击所要选择的最后一个对象。

（4）选择多个非连续的文件或文件夹：先按住 Ctrl 键，再依次单击要选择的每个对象。

3. 文件和文件夹的复制、移动和删除

（1）文件和文件夹的的复制。

选中要复制的文件或文件夹，在"编辑"菜单中选择"复制"命令，系统就会将文件或文件夹拷贝到剪贴板上，在打开目标地址后，选择"编辑"菜单中的"粘贴"命令即可。或者右击鼠标，在弹出的快捷菜单中进行"复制"和"粘贴"操作。还可以使用 Ctrl+C 和 Ctrl+V 组合键进行复制和粘贴操作。

（2）文件和文件夹的移动。

选中文件或文件夹，直接拖拉到目标窗口；或者选中对象后，利用"编辑"菜单中的"剪切"和"粘贴"命令，将文件或文件夹移到目标窗口。

（3）文件和文件夹的删除。

选中文件或文件夹后按 Del 键；或者右击鼠标，在弹出的快捷菜单中选择"删除"命令。用这两种方式删除的文件和文件夹都被保留在"回收站"中，若想恢复文件或文件夹，在"回收站"中通过"还原"操作即可。若要彻底删除文件或文件夹，选中后按 Shift+Del 组合键即可。

4. 设置文件和文件夹的快捷方式

快捷方式是指快速找到文件或程序的一个图标，单击快捷图标就可直接打开对应的文件或程序，不必根据路径一步步找到文件或程序。

创建方式如下：

（1）利用快捷菜单。

选中要创建快捷方式的对象并右击，在弹出的快捷菜单中选择"发送到"→"桌面快捷方式"命令。

（2）利用"创建快捷方式"向导。

在桌面空白处右键，在弹出的快捷菜单中选择"新建"→"快捷方式"命令，打开"创建快捷方式"对话框（如图 2-10 所示），输入创建对象的路径及名称，按向导的提示逐步完成设置。

图 2-10　"创建快捷方式"对话框

5. 文件和文件夹的更名

选中对象后，利用"文件"菜单或者快捷菜单中的"重命名"命令就可重新设置文件或文件夹的名称。

2.3　磁盘管理及应用程序管理

2.3.1　磁盘管理

计算机的磁盘上保存着大量的数据，对磁盘合理的操作和优化的管理才能保证所存数据的安全。磁盘管理包括查看、格式化、碎片整理等。

1. 查看磁盘空间

在"计算机"或"资源管理器"中右击磁盘图标，在弹出的快捷菜单中选择"属性"命令，就会弹出如图2-11 所示的"属性"对话框。在"常规"选项卡中可以查看该磁盘空间的使用情况。

2. 磁盘格式化

磁盘格式化指的是对该磁盘空间重新划分存储区域并编号。一旦格式化磁盘，之前保存的数据将会丢失，所以格式化磁盘要慎重，格式化磁盘之前要对有用数据做好备份。具体操作如下：选中要进行格式化的磁盘并右击，在弹出的快捷菜单中选择"格式化"命令，将出现图 2-12 所示的对话框，在"分配单元大小"下拉列表框中选好单元大小，输入卷标就可以格式化磁盘了。

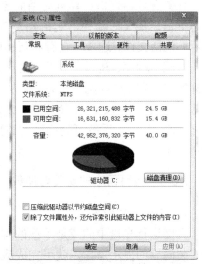

图 2-11　"属性"对话框

3．磁盘碎片整理

磁盘碎片又称文件碎片。硬盘在使用一段时间后，由于反复写入和删除文件，磁盘中的空闲扇区会分散到整个磁盘中不连续的物理位置上，从而使新文件不能保留在连续的扇区里。这样，读写该文件时就需要分别到存储着文件的不同扇区去读取，增加了磁头的来回移动，降低了磁盘的访问速度。

磁盘碎片整理就是对计算机磁盘中存在的碎片和凌乱文件进行整理，释放出更多的磁盘空间，从而提高计算机性能和运行速度。

磁盘碎片整理步骤：单击"开始"→"所有程序"→"附件"→"系统工具"→"磁盘碎片整理程序"命令，弹出如图 2-13 所示的对话框，可根据需要整理碎片。

图 2-12　格式化磁盘对话框

图 2-13　"磁盘碎片整理程序"对话框

2.3.2　任务管理器

任务管理器提供计算机对当前运行程序、前后台各项进程、CPU 及内存的使用率、联网状态等信息的实时监控。它的用户界面（如图 2-14 所示）包括文件、选项、查看和帮助四个菜单项，其下还有应用程序、进程、服务、性能、联网、用户六个标签页，窗口底部则是状态栏，从这里可以查看到当前系统的进程数、CPU 使用率、更改的内存容量等数据，默认设置下系统每隔两秒对数据进行 1 次自动更新。

2.3.3　应用程序的安装与卸载

1．应用程序的安装

直接运行光盘中的或是下载的程序安装软件，根据安装向导的提示操作，就可完成应用程序的安装。安装成功后，该应用程序会出现在"所有程序"菜单

图 2-14　"Windows 任务管理器"窗口

中，选中后单击即可打开运行。

2．应用程序的卸载

对于不需要的或是已经淘汰的程序，可以通过卸载方式进行删除。

（1）若安装程序时带有卸载程序的，直接单击该程序名下的"卸载"选项，几秒之后就能卸载成功。

（2）通过控制面板中的"程序"→"卸载程序"也可以彻底删除列表中的程序。选中要删除的程序，单击"卸载/更改"按钮，即可完成，如图 2-15 所示。

图 2-15　卸载程序窗口

2.4　控制面板与系统设置

2.4.1　控制面板

控制面板是用户对计算机系统进行配置的重要工具，可以用来修改系统设置，包括外观和个性化、用户账户和家庭安全、硬件和声音等设置。图 2-16 所示为"控制面板"窗口。

图 2-16　"控制面板"窗口

2.4.2　设置显示属性

控制面板中的"外观和个性化"选项可以对桌面、显示、任务栏等内容进行设置。显示属性设置主要涉及屏幕分辨率和显示尺寸的设置，具体步骤如下：

（1）单击"外观和个性化"选项，在弹出的窗口中选择"显示"图标。

（2）单击"显示"图标下的"屏幕分辨率"选项，弹出如图 2-17 的示的窗口，在该窗口中进行显示分辨率的设置。分辨率从高到低排列，可根据需要选择。常用的有 1600×1200、1024×768、800×600 等。单击"高级设置"按钮，还可以了解显卡的属性和对颜色进行设置。

图 2-17　设置"屏幕分辨率"窗口

（3）单击"显示"图标下的"放大或缩小文本和其他项目"选项，可以对显示内容的大小进行设置。

2.4.3　设备管理器

设备管理器是系统对计算机硬件设备进行管理的重要工具，它可以查看硬件设备的型号、驱动程序等信息，也可以增添或删除硬件设备。

1. 启动设备管理器

在控制面板中单击"硬件和声音"选项，打开"查看设备和打印机"项，在弹出的窗口中选择"设备管理器"选项，打开如图 2-18 所示的"设备管理器"窗口。

图 2-18　"设备管理器"窗口

2. 使用设备管理器

"设备管理器"窗口中设备列表项前有三角箭头的，表示该类设备还有更具体的设备可以选择，单击箭头可以展开显示。

选好对象，单击工具栏的命令按钮，可以进行如下操作：

（1）查看设备属性：查看设备的主要参数。

（2）扫描检测硬件改动：可以让系统重新检测设备。

（3）更新驱动程序软件：可以升级设备的驱动软件。

（4）卸载：可以删除设备。

2.4.4 设置系统日期和时间

若要更改系统的日期和时间，可以通过控制面板中的"时钟、语言和区域"选项，打开"日期和时间"对话框进行设置，如图 2-19 所示。除了可以更改具体的时间数字以外，还可以根据个人喜好对显示时间的格式进行设置。

图 2-19 "日期和时间"对话框

2.4.5 设置用户账户

计算机的软硬件资源可以提供给多人共享，系统在控制面板中"用户账户"的设置，就是为不同用户提供账户名、密码等只适用于自己的个性化设置。

1. 账户类型

Windows 7 系统中有三类用户账户：

（1）管理员账户。

该账户可以创建和删除计算机上的其他用户账户，也可以更改他们的账户名、密码、图标等，并可以安装或卸载所有程序。

（2）受限账户。

该账户可以更改和删除其账户的密码、图标等，也可进行某些设置的更改，但不能在计算机上安装程序。

（3）来宾账户。

该账户可以登录计算机，访问计算机已安装的程序，但不能安装程序。登录时无需账户和密码。

2．添加账户

（1）在控制面板中双击"添加或删除用户账户"选项，在弹出的窗口中选择"创建一个新账户"。

（2）在弹出的如图 2-20 所示的窗口中设置账户名称并选择账户类型。

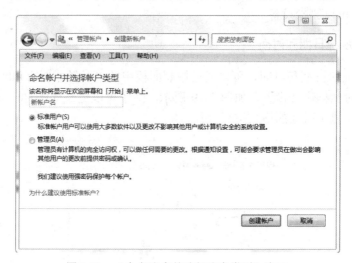

图 2-20　"命名账户并选择账户类型"窗口

（3）单击"创建账户"按钮，完成账户添加。

2.5　Windows 7 的系统维护与安全

2.5.1　文件及系统的备份与还原

文件的备份与还原功能是 Windows 7 系统自带的系统维护工具。可以帮助用户备份有用的文件资料，一旦文件数据被破坏或被删除，可以很快恢复。

1．文件备份及还原

通过控制面板找到"备份或还原"窗口，单击"设置备份"按钮，打开如图 2-21 所示的对话框，选择文件备份保存的地址，可以保存在本地任何一个具有足够空间的非系统分区中，也可以保存在网络上。根据"系统备份"向导的提示操作，再确定需要备份的内容，逐步完成文件备份。

若出现文件丢失或损坏的情况，用户可以从备份的文件中还原出原始文件。操作如下：打开"备份或还原"窗口，单击"还原我的文件"按钮，根据还原向导的提示，选择要还原的备份文件和确定还原文件的位置，即可还原成功。

2．系统还原

使用系统还原是在不需要重新安装操作系统，也不会破坏数据文件的前提下使系统回到用户指定的状态。具体步骤如下：

图 2-21　"设置备份"对话框

（1）创建还原点。

在桌面上选中"计算机"并右击，在弹出的快捷菜单中选择"属性"命令，在弹出的"系统属性"对话框中选择"系统保护"选项卡，如图 2-22 所示。在"保护设置"中选择要还原的磁盘，使其"保护"项处于"打开"状态。某个分区的保护功能打开后，就可以创建一个还原点，单击"系统属性"对话框最下方的"创建"按钮，填入还原点名称后，即可完成还原点的创建。

图 2-22　"系统属性"对话框

（2）系统还原。

如果系统设置了还原点，在需要恢复系统时，就可以根据设置的还原点进行还原。在"系统属性"对话框的"系统保护"选项卡中，单击"系统还原"按钮，打开"系统还原"对话框，如图 2-23 所示，根据还原向导提示，选择之前设置的还原点，进行系统还原。

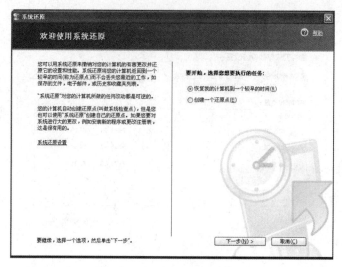

图 2-23　"系统还原"对话框

2.5.2　Windows 7 防火墙的使用

防火墙可以是软件，也可以是硬件。它能检查来自网络的信息，会根据防火墙的设置允许或阻止信息通过计算机，从而保证计算机的安全。

在控制面板中单击"系统和安全"选项，在弹出的窗口中选择"Windows 防火墙"，弹出如图 2-24 所示窗口，单击左边栏中的"打开或关闭 Windows 防火墙"选项，在打开的"自定义设置"窗口中选择"启用 Windows 防火墙"即可。若不需要，只需在"自定义设置"窗口中选择"关闭 Windows 防火墙"即可。

图 2-24　防火墙设置

2.5.3　系统的自动更新

系统更新有助于防止问题或修复问题，尽可能维护计算机的安全。Windows 7 系统的自动更新功能，可定期下载并安装新补丁，保证计算机的"健康"。系统也是通过控制面板进行更新设置。

2.6　应用案例

2.6.1　案例一：操作和管理文件

1. 要求

（1）建立合理的组织结构管理文件及文件夹。

（2）设置文件和文件夹的显示方式。

（3）查看文件和文件夹的属性。

（4）搜索文件和文件夹。

（5）打开文件和文件夹。

（6）新建、复制、移动和删除文件和文件夹。

2. 具体步骤

（1）利用资源管理器建立树形结构管理文件和文件夹。

双击桌面上的"计算机"图标，选择 F 盘（以编者的计算机为例），单击"教学资料"文件夹左边的三角箭头，再打开"C 语言程序设计"文件夹，就得到如图 2-25 所示的文件及文件夹结构图。图中清晰地显示了文件的层次和目录，可以轻松地选择文件或文件夹，并进行打开、移动等操作。

（2）文件和文件夹可以有不同的显示方式。

1）设置单个文件夹的显示方式。

如"教学资料"文件夹，单击工具栏右侧的"更改您的视图"按钮，就可根据需要以不同的方式显示，如图 2-26 所示。

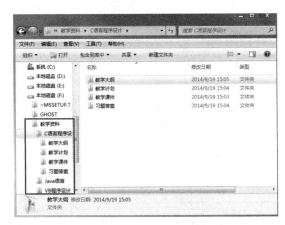

图 2-25　文件及文件夹结构图　　　　　　图 2-26　设置单个文件夹的显示方式

2）设置所有文件和文件夹的显示方式。

需要在"工具"菜单栏的"文件夹选项"中设置。打开"文件夹选项"对话框，选择"查看"选项卡，可根据需要进行选择设置。对一些重要的不想显示的文件，可以选择"隐藏"。

（3）通过查看文件和文件夹属性了解文件和文件夹的基本信息。

选中文件并右击，在弹出的快捷菜单中选择"属性"命令，在"常规"选项卡中显示了文件的类型、位置、大小等基本信息，如图 2-27 所示。在"共享"选项卡中可以设置该文件是否可以共享，如图 2-28 所示。

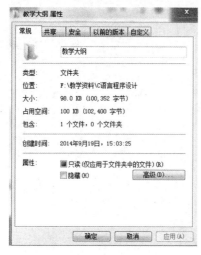

图 2-27   "常规"选项卡

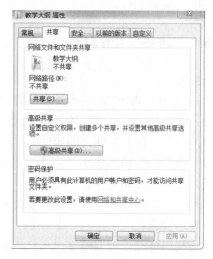

图 2-28   "共享"选项卡

（4）如果一时忘了文件和文件夹的具体路径，可以通过搜索的方式进行查找。

打开资源管理器，选择文件所在的驱动器（如果不知道文件在哪个驱动器，就要在整个硬盘范围内查找了），然后在窗口的搜索栏中输入要查找的文件名，如在 C 盘中查找"计算器"这个程序，就在搜索栏输入 calc.exe，如图 2-29 所示。如果文件名记不清，可以使用通配符"*"。

图 2-29   在搜索栏输入 calc.exe

（5）找到文件后双击鼠标，就能打开文件。

有时想要打开的文件没有与之关联的应用程序，可以选中文件后右击，在弹出的快捷菜单中选择"打开方式"命令，在弹出的"打开方式"对话框中选择合适的应用程序打开文件，如图 2-30 所示。

（6）在找到需要新建文件或文件夹的路径后，可通过右击弹出的快捷菜单新建文件夹或文件；或者打开应用程序后，在窗口中打开"文件"菜单，选择"新建"命令。

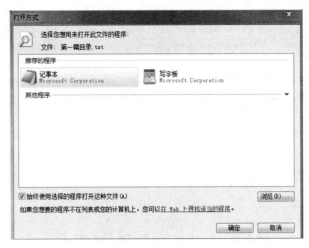

图 2-30　"打开方式"对话框

选中要操作的文件或文件夹并右击，在弹出的快捷菜单中选择"剪切"、"复制"和"删除"命令进行相应的操作；或者使用组合键进行操作。

2.6.2　案例二：个性化设置

1. 要求

（1）创建用户账户。

（2）使用一幅图片作为桌面背景，设置屏幕保护程序为"三维文字"，保护时间为"100分钟"。

（3）设置数字和时间格式。

（4）设置声音。

2. 具体步骤

（1）创建用户账户。

打开控制面板，在窗口中选择"添加或删除用户账户"，在弹出的"选择希望更改的账户"窗口中单击"创建一个新账户"选项，如图 2-31 所示。在"命名账户并选择账户类型"文本框中输入账户名后，单击"创建账户"按钮即可，如图 2-32 所示。

图 2-31　"选择希望更改的账户"窗口

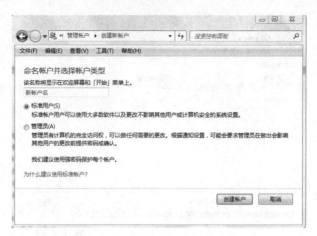

图 2-32　　"命名账户并选择账户类型"窗口

（2）使用一幅图片作为桌面背景并设置屏幕保护程序。

1）打开控制面板选择"更改桌面背景"，在打开的窗口中选择一幅图片或者通过"浏览"按钮选择指定目录下的图片，单击"保存修改"按钮，完成桌面背景设置。

2）打开控制面板，选择"外观和个性化"，在"个性化"选项下单击"更改屏幕保护程序"，在打开的窗口中进行"三维文字"和"等待时间"的设置。

（3）设置数字和时间格式。

打开控制面板选择"时钟、语言和区域"，选择"区域和语言"下方的"更改日期、时间或数字格式"命令，在弹出的对话框中选择"其他设置"命令，弹出如图 2-33 所示的对话框，在其中可以进行数字、时间、货币等格式的设置。

（4）设置声音。

打开控制面板选择"硬件和声音"，在打开的窗口中选择"更改系统声音"，弹出如图 2-34 所示的对话框，在其中进行选择，就可以设置声音了。

图 2-33　"自定义格式"对话框

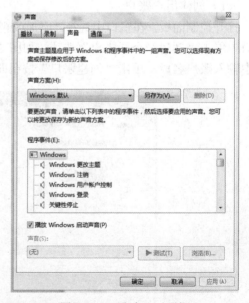

图 2-34　"声音"对话框

本章主要介绍了 Windows 7 操作系统界面和一些基本操作。包括桌面、窗口、菜单、对话框等对象的组成，文件、磁盘的操作与管理，通过控制面板对计算机进行一些常用设置，以及对计算机系统实施基础维护的方法等内容。

问："窗口"和"对话框"是否有区别？

答：有。"窗口"是应用程序被打开的界面。"对话框"是实现人机交互的一种方式。两者的组成结构也有区别。

问：在"命令提示符"窗口中输入什么命令可以查看局域网是否畅通？

答：一般情况下，局域网地址就是调制解调器或路由器的地址。它们默认的内部地址是192.168.1.1 或 192.168.0.1，根据厂商不同而不同。此时，只需在"命令提示符"窗口中输入ping 192.168.1.1 或 ping 192.168.0.1 命令即可。

习题二

一、选择题

1. 关于"快捷方式"，下列说法正确的是（　　）。

　　A. 删除了某程序的"快捷方式"，意味着此程序也被删除

　　B. Windows 中的一个程序只能有一个"快捷方式"

　　C. "快捷方式"只是指向程序的一个图标

　　D. "快捷方式"只能保留在桌面

2. 下列关于文件和文件夹的说法中，正确的是（　　）。

　　A. 在一个文件夹中可以有两个同名文件

　　B. 在一个文件夹中可以有两个同名文件夹

　　C. 在一个文件夹中可存在 A.doc 和 a.doc 两个 Word 文件

　　D. 以上说法都不对

3. 下列关于 Windows 的说法中，正确的是（　　）。

　　A. Windows 是基于图形用户界面的操作系统，是系统操作平台

　　B. Windows 是迄今使用最广的应用软件

　　C. Windows 是目前唯一可选的操作系统软件，计算机不安装此系统将不能使用

　　D. 以上说法都不正确

4. 在 Windows 7 系统中，有关"回收站"的论述，正确的是（　　）。

　　A. "回收站"中的内容不占用磁盘空间

　　B. "回收站"中的内容可以删除

　　C. "回收站"中的内容将被永久保留

D．"回收站"只能在桌面上找到

5．关于 Windows 7 的"开始"菜单，正确的说法是（　　）。

A．"开始"菜单和"程序"菜单都可以添加应用程序的快捷方式

B．"开始"菜单的内容是固定不变的

C．可以在"开始"菜单中添加应用程序的快捷方式，但不可以在"程序"菜单中添加

D．以上说法都不正确

二、操作题

1．在"开始"菜单中添加和删除程序图标。如添加"画图"程序图标后再删除。

2．在资源管理器中隐藏或显示文件和文件夹。如找到"calc.exe"文件后再隐藏。

第二篇　Word 2010 高级应用

第 3 章　Word 2010 基本操作

第 4 章　编辑文档格式

第 5 章　Word 图形和表格处理

第 6 章　Word 2010 文档排版

第 7 章　Word 长文档编辑排版

第 8 章　制作批量处理文档

第3章 Word 2010 基本操作

本章学习目标

- 熟练掌握 Word 2010 文档的新建、保存、打开与关闭等基本操作。
- 熟练掌握 Word 2010 文档的选择、复制、改写、查找和替换等操作。
- 掌握 Word 2010 文档模板的创建与使用，以及对文档进行批注、加密和权限设置等操作。

基本知识讲解

1. Word 2010 的窗口组成

如图 3-1 所示，Word 2010 的工作界面由快速访问工具栏、标题栏、选项卡、窗口控制按钮、编辑区、功能区、状态栏和滚动条八部分组成。

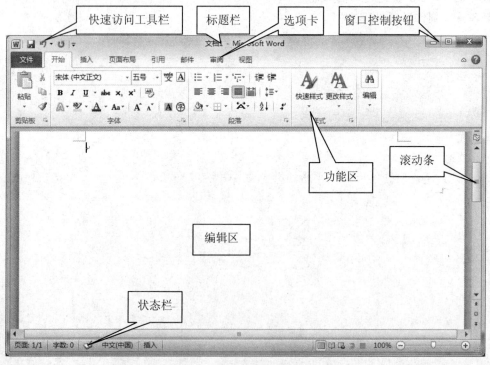

图 3-1 Word 2010 工作界面

（1）快速访问工具栏。

快速访问工具栏用来放置一些命令按钮，让用户在使用时能够快速启动经常要使用的命令。默认情况下，工具栏上只有"保存"按钮 和"撤消"按钮 等少量的命令按钮，如果在编辑文档时有经常需要使用的按钮，用户可以根据需要自行在快速访问工具栏中添加命令按钮，具体操作步骤如下：

1）选择"文件"→"选项"命令，打开"Word 选项"对话框，单击左边的"快速访问工具栏"选项卡，如图 3-2 所示。

图 3-2　　"Word 选项"对话框

2）对话框左边的列表框中列出的是可供添加的各个命令，右边的列表框中列出的是目前已经添加的快速访问按钮。单击左边需要添加的命令，如"查找"命令，再单击"添加"按钮，命令出现在右边列表框，单击"确定"按钮，完成添加。

（2）标题栏。

用于显示当前编辑文档的名称。

（3）选项卡。

选项卡位于标题栏的下方，用于将一类功能组织在一起，包含"文件"、"开始"、"插入"、"页面布局"、"引用"、"邮件"、"审阅"和"视图"8 个选项卡。

（4）窗口控制按钮。

用于调整编辑窗口的最小化、最大化或还原和关闭。

（5）编辑区。

位于窗口中央的白色区域，是输入文字、编辑文档的主要工作区域，可以进行文档的输入、复制和移动等操作。

（6）功能区。

Word 2010 和早期 Word 版本相比，一个最大的变化就是使用了功能区来代替早期版本中的菜单栏和工具栏。它位于选项卡的下方，以组的形式将命令按钮集中呈现，方便用户使用。单击某个选项卡可将它展开。每一个选项卡有若干个组，有些组的右下角有一个"对话框启动器"按钮 ，称为"功能扩展"按钮，单击该按钮后可以启动相应的对话框进行对更多命令的访问。

（7）状态栏。

显示当前编辑文档的工作状态，提供有关选中命令或操作进程的相关信息。如页面总数、当前编辑的页面位置、文档字数等。

（8）滚动条。

用于调整编辑文档窗口中显示的内容。

2. 视图模式

在 Word 2010 中提供了多种视图模式供用户选择，这些视图模式包括"页面视图"、"阅读版式视图"、"Web 版式视图"、"大纲视图"和"草稿视图"五种。用户可以在"视图"功能区中选择需要的文档视图模式，也可以在 Word 2010 文档窗口的右下方单击"视图"按钮选择视图。

（1）页面视图。

"页面视图"如图 3-3 所示，该视图版式可以显示 Word 2010 文档的打印结果外观，主要包括页眉、页脚、图形对象、分栏设置、页面边距等元素，是最接近打印效果的页面视图，也是用户使用频率最高的视图。

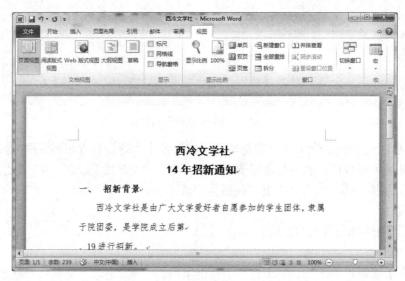

图 3-3　页面视图

（2）阅读版式视图。

"阅读版式视图"如图 3-4 所示，它以图书的分栏样式显示 Word 2010 文档，"文件"按钮、功能区等窗口元素被隐藏起来。在阅读版式视图中，用户还可以单击"工具"按钮选择各种阅读工具。

（3）Web 版式视图。

"Web 版式视图"以网页的形式显示 Word 2010 文档，如图 3-5 所示，适用于发送电子邮件和创建网页。可以将文档保存为 HTML 格式，方便联机阅读。

（4）大纲视图。

"大纲视图"主要用于 Word 2010 文档的设置和显示标题的层级结构，并可以方便地折叠和展开各种层级的文档，如图 3-6 所示。大纲视图广泛应用于 Word 2010 长文档的快速浏览和设置中。

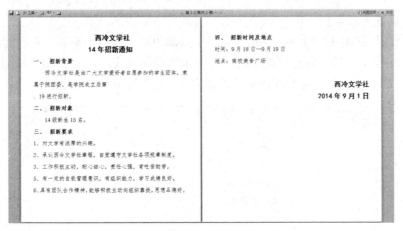

图 3-4 阅读版式视图

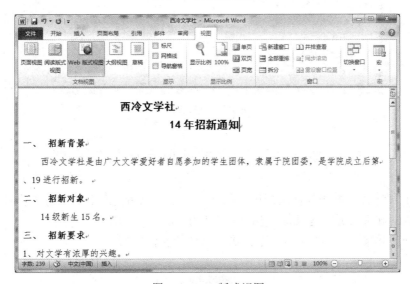

图 3-5 Web 版式视图

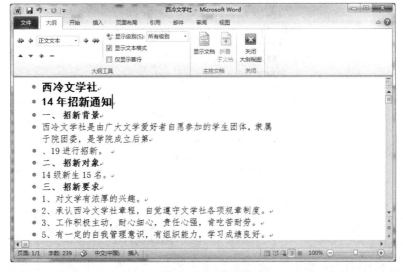

图 3-6 大纲视图

（5）草稿视图。

"草稿视图"如图 3-7 所示。该视图取消了页面边距、分栏、页眉、页脚和图片等元素，仅显示标题和正文，是最节省计算机系统硬件资源的视图方式。不过现在计算机系统的硬件配置都比较高，基本上不存在由于硬件配置偏低而使 Word 2010 运行遇到障碍的问题。

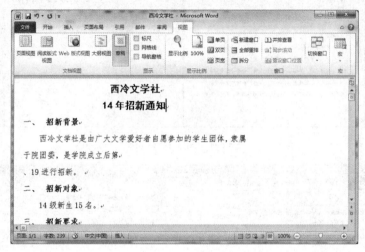

图 3-7   草稿视图

3.1   新建"西冷文学社招新通知"文档

大学新生入学后，大学各社团开展招新活动，本节以新建一个"西冷文学社招新通知"文档为例，帮助读者掌握创建及保存 Word 文档的方法。

本例完成的效果如图 3-8 所示，下面讲解具体的操作步骤。

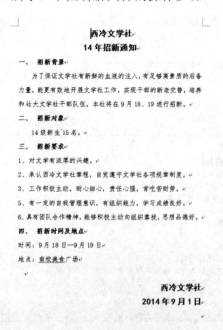

图 3-8   "西冷文学社招新通知"文档

3.1.1　新建空白文档

在启动 Word 2010 后，会自动新建一个名为"文档 1"的空白文档，当需要另外创建新的文档时，可以新建空白文档或新建基于模板的文档。下面新建一个空白文档，具体操作步骤如下：

（1）选择"文件"→"新建"命令，如图 3-9 所示，打开"新建"文档任务窗口，单击"空白文档"按钮。

图 3-9　"新建"文档任务窗口

（2）单击右下角空白文档下的"创建"按钮，即可新建一个空白文档，效果如图 3-10 所示。

图 3-10　新建的空白文档

（3）在空白文档中输入如图 3-8 所示的"西泠文学社招新通知"所列的文档内容。

3.1.2　保存文档

在新建文档后要及时保存，以免因各种意外事件导致文档内容丢失，保存文档的具体步骤如下。

（1）选择"文件"→"保存"命令或单击"快速访问工具栏"中的"保存"按钮，也可以使用 Ctrl+S 组合键，打开"另存为"对话框，如图 3-11 所示。

图 3-11　"另存为"对话框

（2）选择保存的路径，在"文件名"下拉列表框中输入要保存的文件名（西冷文学社招新通知），在"保存类型"下拉列表框中选择保存的类型，单击"保存"按钮。

（3）返回文档编辑界面，在其顶部的标题栏中将自动显示新设置的文件名称。

提示 1：对于已经保存过的文档，单击"保存"按钮，只是把新的更新保存到原来的文件中，不会弹出"另存为"对话框。

提示 2：Word 2010 默认扩展名为.docx，也可保存为 Word97-2003，默认扩展名为.doc。如果保存时使用.docx 类型进行保存，用低于 Word 2007 的旧版本是无法打开此类文件的。

提示 3：可以使用 Word 的自动保存功能，在突然断电或死机的情况下最大限度地减少损失。具体操作为：选择"文件"→"选项"命令，打开"Word 选项"对话框，单击左边的"保存"选项卡，勾选"保存自动恢复信息时间间隔"复选框，在右边的微调框中调整自动保存的时间间隔。

3.1.3　关闭与打开文档

1．关闭文档

完成文档的编辑后，可关闭文档。关闭文档的方法有很多种，常用的有以下几种：

（1）选择"文件"→"退出"命令。

（2）单击标题栏右边窗口控制按钮中的"关闭窗口"按钮。

（3）在标题栏上右击，在弹出的快捷菜单中选择"关闭"命令。

（4）使用 Ctrl+F4 组合键。

2．打开文档

如果需要再次对文档进行编辑操作，可以重新打开文档。具体操作步骤如下：

（1）选择"文件"→"打开"命令或单击"快速访问工具栏"中的"打开"按钮，弹出"打开"对话框，如图 3-12 所示。

图 3-12　"打开"对话框

（2）选择要打开文档所在的位置，并选择要打开的"西冷文学社招新通知.docx"文件，单击"打开"按钮。

提示：在磁盘中找到要打开的文档，直接双击该文档图标也可以打开文档。

3.1.4　保护文档

如果希望自己创建的文档不被其他人查阅和任意修改，可以通过对文档设置只读文档、加密文档和启动强制保护等方法对文档进行保护，设置后只有输入正确的密码和有相关的权限才能打开和编辑该文档。

1．设置只读文档

只读文档是指文档处在"只读"状态，无法被修改。

（1）使用"保护文档"设置只读文档。

具体操作步骤如下：

1）打开前面编辑的"西冷文学社招新通知"文档，选择"文件"→"信息"命令，文档窗口如图 3-13 所示。

2）单击"保护文档"按钮，在弹出的下拉列表框中选择"标记为最终状态"选项。弹出系统提示对话框，提示用户"此文档将先被标记为终稿，然后保存。"，单击"确定"按钮即可，如图 3-14 所示。

3）单击"确定"按钮后，再次弹出系统提示对话框，提示"此文档已被标记为最终状态，表示已完成编辑，这是文档的最终版本。"，单击"确定"按钮即可，如图 3-15 所示。

4）再次启动文档，弹出系统提示文字，提示"作者已将此文档标记为最终版本以防止编辑。"，此时文档的标题栏上显示"只读"，在此状态下文档不可被编辑，只能阅读。如果仍要编辑该文档，单击选项卡下方黄色信息栏中的"仍然编辑"按钮即可，如图 3-16 所示。

图 3-13　"信息"选项窗口

图 3-14　系统提示对话框 1

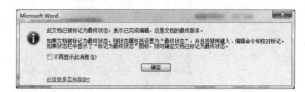

图 3-15　系统提示对话框 2

图 3-16　"仍然编辑"按钮

（2）使用常规选项设置"只读"文档。

具体操作步骤如下：

1）选择"文件"→"另存为"命令，弹出"另存为"对话框。

2）在"另存为"对话框最下方的"工具"下拉列表框中选择"常规选项"命令，如图 3-17 所示。

3）此时弹出"常规选项"对话框，勾选"建议以只读方式打开文档"复选框，如图 3-18 所示。

4）单击"确定"按钮后，返回"另存为"对话框，然后单击"保存"按钮即可。

5）再次启动该文档时会自动弹出 Microsoft Word 对话框，提示"是否以只读方式打开？"。若单击"是"按钮，启动 Word 文档后该文档处于"只读"状态，文档不可被修改；若单击"否"

按钮，启动 Word 文档后文档仍然可以对该文档进行编辑和修改。

图 3-17 "另存为"对话框   图 3-18 "常规选项"对话框

提示： 设置为"只读"状态后的文档，标题栏中的文档名称显示为"西冷文学社招新通知（只读）"。

2. 设置加密文档

设置加密文档包括为文档设置打开密码和修改密码。若要为"西冷文学社招新通知"文档设置密码为"123456"，具体操作步骤如下：

（1）打开 3.1.1 节新建好的"西冷文学社招新通知"文档（未设置"只读"状态），选择"文件"→"信息"命令，单击"保护文档"按钮。

（2）在弹出的下拉列表框中选择"用密码进行加密"选项，如图 3-19 所示。

图 3-19 选择"用密码进行加密"选项

（3）弹出"加密文档"对话框，在"密码"文本框中输入"123456"后单击"确定"按钮，如图 3-20（a）所示。

（4）弹出"确认密码"对话框，在"重新输入密码"文本框中再次输入"123456"，最后单击"确定"按钮，如图 3-20（b）所示。

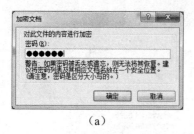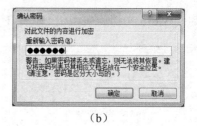

（a）　　　　　　　　　　　　（b）

图 3-20　"加密文档"和"确认密码"对话框

（5）再次启动该文档时会弹出"密码"对话框，需要在"请输入打开文件所需的密码"文本框中输入已设置的密码"123456"后才能打开文档。如果密码输入错误，会弹出系统提示对话框，提示"密码不正确，Word 无法打开文档。"。

提示：如果需要对设置的密码进行修改，仍然选择"文件"→"信息"命令，单击"保护文档"按钮，在弹出的下拉列表框中选择"用密码进行加密"选项，此时会弹出"加密文档"对话框，可以对之前设置的密码进行修改。

3. 启动强制保护

也可以通过设置文档的编辑权限，启动文档的强制保护功能等方法保护文档的内容不被修改。对"西冷文学社招新通知"文档启动强制保护，具体操作步骤如下：

（1）打开 3.1.1 节新建好的"西冷文学社招新通知"文档（未设置"只读"状态），选择"文件"→"信息"命令，单击"保护文档"按钮。

（2）在弹出的下拉列表框中选择"限制编辑"选项，如图 3-21 所示。

图 3-21　选择"限制编辑"选项

（3）选择"限制编辑"选项后，在 Word 文档的右侧会出现一个"限制格式和编辑"窗格，在"2. 编辑限制"组合框中勾选"仅允许在文档中进行此类型的编辑"复选框，然后在其下方的下拉列表框中选择"不允许任何更改（只读）"选项，如图 3-22 所示。

（4）单击窗格下方的"是，启动强制保护"按钮，弹出"启动强制保护"对话框，在"新密码（可选）"和"确认新密码"文本框中分别输入"654321"，如图 3-23 所示。

（5）单击"确定"按钮后，返回 Word 文档中。此时，文档处于保护状态。

对于已启动强制保护的文档，不可删除和修改文档中的任何内容。如果需要取消强制保护，可以单击右侧"限制格式和编辑"窗格下方的"停止保护"按钮，弹出"取消保护文档"

对话框，在"密码"文本框中输入已设置的密码"654321"，然后单击"确定"按钮即可。

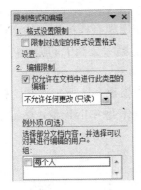

图 3-22 "限制格式和编辑"窗格   图 3-23 "启动强制保护"对话框

3.2 根据模板创建"求职简历"文档

利用 Word 2010 提供的多种类型的模板样式来创建文档，可以大大简化我们的工作，快速的创建需要的文档。本节根据简历模板创建一个"求职简历"文档，然后对文档进行完善。要求掌握文档编辑的基本操作，包括输入文本、选择文本、查找和替换文本等操作。"求职简历"最终效果如图 3-24 所示。

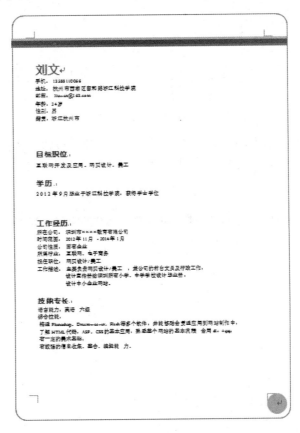

图 3-24 "求职简历"最终效果

3.2.1　根据模板创建文档

在安装 Office 2010 时，已经自动安装了部分模板，使用现有模板创建的文档一般都能拥有漂亮的界面和统一的风格。使用模板创建新文档后，只需删除文档中的提示内容，输入自己的内容，再根据需要调整部分内容即可，具体操作步骤如下：

（1）选择"文件"→"新建"命令，在中间的"可用模板"区域中选择"样本模板"选项，随后在中间的模板列表中会列出已有的样本模板，单击要应用的模板，这里选择"平衡简历"模板，如图 3-25 所示。

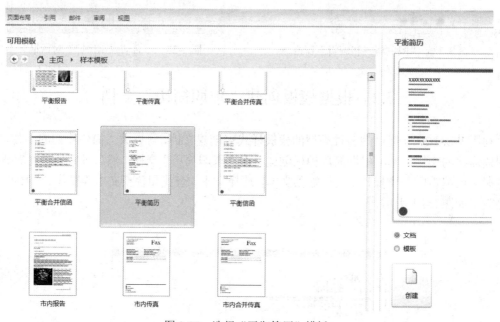

图 3-25　选择"平衡简历"模板

（2）选择"平衡简历"模板后，单击右下角的"创建"按钮，就根据"平衡简历"模板创建了一个新文档，该文档的基本内容和格式都已经编辑，如图 3-26 所示。

图 3-26　根据模板创建的简历

（3）保存文档，文件名为"求职简历.docx"。

提示：除了本机上已安装的模板外，微软公司还提供了许多漂亮的网上模板供用户使用，可以在"样本模板"的下方单击 Office.com 列表中的模板来创建文档。

3.2.2　输入文本

在文档编辑区中不停闪动的光标"|"为插入点，即输入文本的位置。

从简历的第一行开始定位光标，在中括号内单击后输入文字，如简历人姓名、电话号码、电子邮箱和工作经历等内容，将简历的内容补充完整。

提示：正文到达右边缘时，不用按"回车"键，Word 会自动开始一个新行，称为折行。如果不开始新段落，就不用按"回车"键。

在设计求职简历时，如果对字体大小、颜色不满意，可以对其进行相应的设置，具体的操作在后面的章节中会有详细地介绍。

3.2.3　删除文本

当文本出现错误或有多余的文字时，可以使用删除功能。按 BackSpace 键可以删除插入点左侧的文字，按 Delete 键可以删除插入点右侧的文字。

补充知识：打开 Word 2010 文档窗口后，在最下面的状态栏中显示"插入"，表示默认的文本输入状态为"插入"状态，即在原有文本的左边输入文本时原有文本将右移。

还有另外一种文本输入状态为"改写"，即在原有文本的左边输入文本时，原有文本将被替换。用户可以根据需要在 Word 2010 文档窗口中切换"插入"和"改写"两种状态。可以按 Insert 键切换"插入"和"改写"状态，或者在 Word 2010 文档窗口的状态栏中直接单击"插入"或"改写"按钮切换输入状态，如图 3-27 所示。

| 页面: 17/28 | 字数: 9,383 | 英语(美国) | 插入 |
| 页面: 17/27 | 字数: 8,972 | 中文(中国) | 改写 |

图 3-27　状态栏的"插入"和"改写"状态

3.2.4　查找和替换文本

在 Word 2010 中编辑和修改文档时，"查找和替换"是一项非常实用的功能，使用该功能可以帮助我们在文档中快速地查找和定位目标位置，并能快速修改文档中指定的内容。除了可以查找与定位外，还可以查找和替换长文档中特定的字符串、词组、格式以及特殊字符等。

例如查找"浙江"两个字，具体操作步骤如下：

（1）首先打开"求职简历.docx"文档。选择"开始"选项卡，单击"编辑"工具组中的"查找"按钮，如图 3-28 所示。

（2）单击"查找"按钮后，在窗口的左侧显示"导航"窗格，在文本框中输入要查找的内容"浙江"后按"回车"键，右侧文档窗口中查找到的符合查找条件的内容将呈黄色突出显示，如图 3-29 所示。

以上两个步骤是查找内容，如果要替换之前找到的内容，操作方法类似，因为替换内容之前需要先查找到指定的内容，然后再设置要替换的内容，最后进行替换。

本例中，需要将简历内容中的"浙江"两字全部替换成"深圳"。具体操作步骤如下：

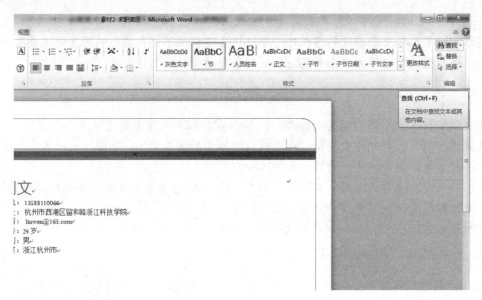

图 3-28　单击"查找"按钮

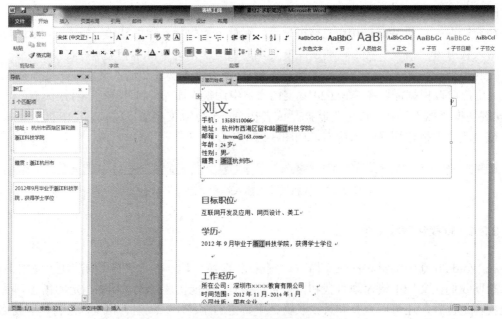

图 3-29　查找到的内容

（1）首先打开"求职简历.docx"文档。选择"开始"选项卡，单击"编辑"工具组中的"替换"按钮。

（2）弹出"查找和替换"对话框（如图 3-30 所示），选中"替换"选项卡，在查找内容下拉列表框中输入要查找的文本"浙江"，在"替换为"下拉列表框中输入要替换为的文本"深圳"，单击"全部替换"按钮。

（3）Word 将自动扫描整篇文档，并弹出系统提示对话框，如图 3-31 所示，提示 Word 已经完成对文档的替换修改并显示替换结果信息，单击"确定"按钮，即可完成对文档的替换操作。

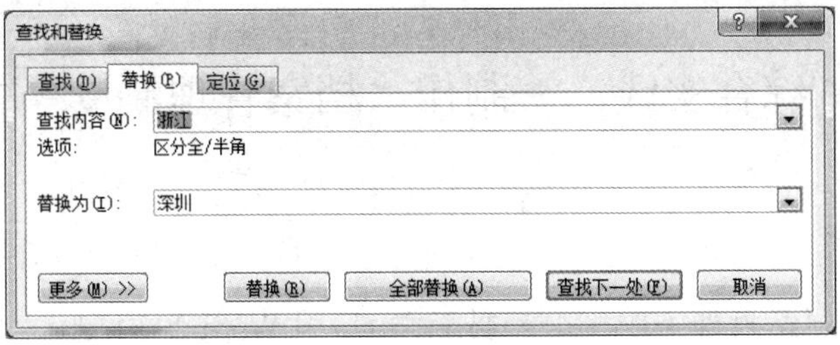

图 3-30　"查找和替换"对话框

图 3-31　系统提示对话框

3.2.5　撤消与恢复操作

在进行文档的编辑或其他处理时，Word 会将我们的操作记录下来，当操作错误时，可以通过"撤消"功能将错误的操作取消，如果撤消操作是错误的，则可以利用"恢复"功能恢复到撤消之前的内容。

在简历编辑中，如果操作错误，可以使用撤消操作，撤消可分两种情况。

（1）撤消当前错误操作。

单击快速访问工具栏上的"撤消"按钮，可以撤消上一步的操作。

（2）撤消多步操作。

单击"撤消"按钮右侧的下三角按钮，在弹出的下拉列表框中选择需要撤消到的某一步操作，如图 3-32 所示。

图 3-32　撤消多步操作

在执行撤消操作后发现原来对文档的编辑是正确的，则可以单击快速访问工具栏中的"恢复"按钮，可恢复被撤消的上一步操作，继续单击该按钮，可恢复被撤消的多步操作。

提示 1：恢复操作与撤消操作是相辅相成的，只有执行了撤消操作，才能激活"恢复"按钮。在没有进行任何撤消操作的情况下，"恢复"按钮显示为"重复"按钮。

提示 2：出现"重复"按钮时，对其单击可以重复上一步的操作。例如，输入了 Word 2010 后，单击"重复"按钮可重复输入该词。

3.3　综合实践——制作"档案管理制度"文档

3.3.1　学习任务

档案管理是企业日常管理中的一项重要工作。使用 Word 2010 制作"档案管理制度"文档，可以加强公司档案管理工作，有效地保护及利用档案。

本案例的目标是创建一个"档案管理制度"文档，主要运用到 Word 文档的创建、输入、保存和加密等知识。最终效果如图 3-33 所示。

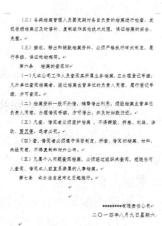

图 3-33　"档案管理制度"最终效果

3.3.2　知识点（目标）

（1）新建并重命名文档。
（2）输入文档内容，插入特殊符号。
（3）使用 Word 自带的插入日期和时间功能插入日期和时间。
（4）对文档进行加密。

3.3.3　操作思路及实施步骤

完成文档的具体操作步骤如下：

（1）启动 Word 2010，新建空白文档，将其命名为"档案管理制度.docx"，保存文档。

（2）输入文档内容。在输入档案管理文档的第六条处，要求输入特殊符号"※"进行强调，选择"插入"选项卡，在下方功能区中单击"符号"工具组中的"符号"按钮下方的下三角。

（3）在弹出的下拉列表框中选择"其他符号…"，选择需要的特殊符号"※"插入文档。

（4）文档的最后要输入日期和时间，可以手动输入，也可使用 Word 自带的插入日期和时间功能，将光标定位在文档的末尾，单击"插入"选项卡，在"文本"工具组中单击"日期和时间"按钮，选择需要的日期格式，插入日期和时间，输入完成后记得及时保存文档。

（5）选择"文件"→"信息"命令，单击"保护文档"按钮。在弹出的下拉列表框中选择"用密码进行加密"选项，弹出"加密文档"对话框，在"密码"文本框中输入"123456"，然后单击"确定"按钮。

（6）弹出"确认密码"对话框，在"重新输入密码"文本框中再次输入"123456"，最后单击"确定"按钮。

3.3.4　任务总结

通过本案例的练习，从以下几个方面介绍了制作 Word 文档涉及的知识内容：

（1）新建与保存文档。新建文档的方式有多种，只需选择合适的方式创建即可。在保存文档过程中，需要注意"保存"与"另存为"的区别，也可以使用 Ctrl+S 快捷键。另外，在编辑文档时，为防止文档内容的丢失，应及时保存文档。

（2）文档的输入。本文档的录入主要有四方面内容：中文、数字、日期和时间、特殊符号。本案例只涉及输入简单的文字、日期时间和特殊符号。如图片、表格的插入等比较复杂的操作将在后面的章节中作进一步的介绍。

（3）保护文档。

（4）文档中对字体和段落的格式暂不作要求，如标题的格式、段落的间距等知识点将在后面的章节中作进一步的介绍。

本章主要介绍 Word 2010 的基本操作，包括新建、保存、打开与关闭文档，文档的保护设置方法，如只读模式和密码的设置、修改。掌握使用模板来创建新文档，输入和删除文档内容，查找和替换文本等知识。应熟练掌握本章涉及的基本操作，为创建文档打下基础。

问：当文本被选中时鼠标的旁边会浮现出一个工具栏，它的作用是什么？

答：Word 2010 特别设计了一个"浮动工具栏"的功能，它会在文本被选定时立即浮现出来供用户使用，一般都是使用频率特别高的格式命令，是在执行任何操作时都可以访问的命令。浮动工具栏以半透明的形式出现，如果鼠标指向浮动工具栏，它的颜色会加深，单击其中的某个格式选项，即可以执行相应的操作。

问：在编辑文档时，如何快速地选取想要的文本？

答：选定文本的方法有很多种，其中有两种比较快捷实用。

（1）选定一句话：按住 Ctrl 键不放，同时单击需要选中的句子的任意位置，即可选中该句。

（2）选中部分文本：在需要选取的文本开始处单击，按住 Shift 键不放，同时在需要选中的文本的末尾处单击，即可选中需要的任意长度的文本。

![习题三]

一、判断题

1. 如果 Word 文档中有一段文字不允许别人修改，可以通过编辑限制来实现。　　　　（　　）

2．恢复操作、撤消操作和重复操作可以在对文档进行编辑时同时多次的任意使用。（　）

3．Word 2010 版本的文件和所有 Word 的文件都可以相互兼容。（　）

4．一般情况下，Word 2010 会对输入错误的英文单词进行自动更正。（　）

5．Word 2010 中，撤消操作可以一次撤消多步操作，恢复操作只能一步一步恢复。（　）

二、选择题

1．关于模板，以下表述正确的是（　）。

A．新建的空白文档基于 normal.dotx 模板

B．构建基块各个库存放在 Built-In Building Blocks 模块中

C．可以使用微博模板将文档发送到微博中

D．工作组模板可以用于存放某个工作小组的用户模板

2．下列关于“另存为”对话框的说法中不正确的是（　）。

A．在“保存位置”下拉列表中可以选择保存的位置

B．文件要保存的类型可以是 Word 文档，也可以是其他类型

C．文件名可以是已经存在的文件名，也可以是新的文件名

D．最后单击“确定”按钮即可实现保存

3．在 Word 2010 中，下列关于查找操作的说法中正确的是（　）。

A．可以无格式或带格式进行，还可以查找一些特殊的非打印字符

B．只能带格式进行，还可以查找一些特殊的非打印字符

C．搜索范围只能是整篇文档

D．可以无格式或带格式进行，但不能用任何通配符进行查找

4．在 Word 2010 中，鼠标指针位于文本区（　）时，将变成指向右上方的箭头。

A．右边的文本选定区　　B．左边的文本选定区

C．下方的滚动条　　D．上方的标尺

5．在 Word 2010 中，模式匹配查找中能使用的通配符是（　）。

A．+ 和 -　　B．/ 和 *　　C．? 和 /　　D．* 和 ?

三、操作题

1．启动 Word 2010，创建“圣诞亲子迎新晚会”招募通知文档。

提示：制作时将用到新建和保存文档，重命名、输入和编辑文字等知识。最终效果如图 3-34 所示。

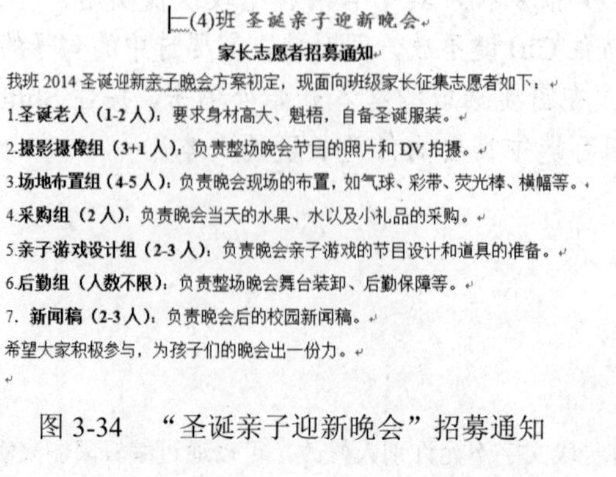

(4)班 圣诞亲子迎新晚会

家长志愿者招募通知

我班 2014 圣诞迎新亲子晚会方案初定，现面向班级家长征集志愿者如下：

1.**圣诞老人（1-2 人）**：要求身材高大、魁梧，自备圣诞服装。

2.**摄影摄像组（3+1 人）**：负责整场晚会节目的照片和 DV 拍摄。

3.**场地布置组（4-5 人）**：负责晚会现场的布置，如气球、彩带、荧光棒、横幅等。

4.**采购组（2 人）**：负责晚会当天的水果、水以及小礼品的采购。

5.**亲子游戏设计组（2-3 人）**：负责晚会亲子游戏的节目设计和道具的准备。

6.**后勤组（人数不限）**：负责整场晚会舞台装卸、后勤保障等。

7. **新闻稿（2-3 人）**：负责晚会后的校园新闻稿。

希望大家积极参与，为孩子们的晚会出一份力。

图 3-34　“圣诞亲子迎新晚会”招募通知

2．启动 Word 2010，录入与编辑一份"华正设计院员工培训计划"通知。要求在文档的最后插入当前编辑的日期和时间；使用"查找和替换"功能将文中的"xx 公司"改为"华正设计院"；将文档设置为"只读"模式；最后保存文档。其最终效果如图 3-35 所示。

3．启动 Word 2010，使用样本模板中的"市内报告"模板录入与编辑一份"市场调研报告"文档。最终效果如图 3-36 所示。

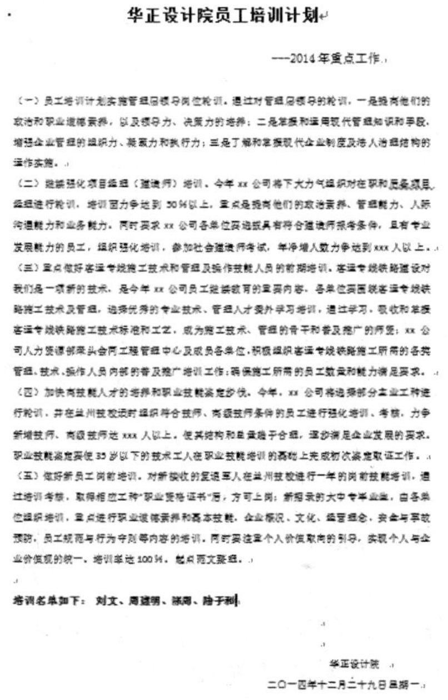

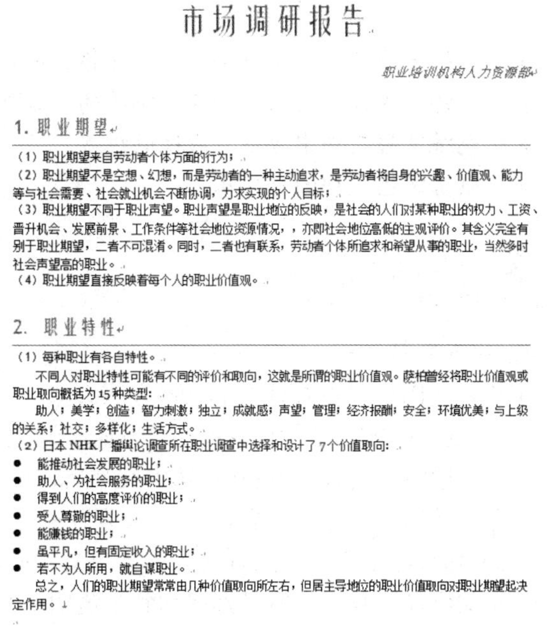

图 3-35　"华正设计院员工培训计划"通知

图 3-36　"市场调研报告"文档

第4章 编辑文档格式

 **本章学习目标**

● 熟练掌握文档中字符格式、段落格式的设置。
● 熟练掌握文档中项目符号、编号的创建及编辑。
● 熟练掌握文档中边框、底纹的设置。
● 熟练掌握文档的分栏操作。

基本知识讲解

1．设置字符格式

字符格式的设置主要有以下三种方法：

（1）通过功能区进行设置：在"开始"选项卡的"字体"工具组中设置。

（2）使用对话框进行设置：选中文本后，单击"开始"选项卡"字体"工具组右下角的对话框开启按钮 ，进行设置。

（3）通过浮动工具栏进行设置：选中文本后，在选中文本的右上方，立即会有以半透明方式显示的浮动工具栏。将光标移动到半透明工具栏上时，工具栏以不透明方式显示。

2．段落对齐方式

用户可以根据需要为段落设置对齐方式，包括左对齐、居中对齐、右对齐、两端对齐和分散对齐。

（1）左对齐：使选定的段落在页面中靠左侧对齐排列。

（2）居中对齐：使选定的段落在页面中居中对齐排列。

（3）右对齐：使选定的段落在页面中靠右侧对齐排列。

（4）两端对齐：使选定的段落的每行在页面中首尾对齐，各行之间的字体大小不同时，将自动调整字符间距，以使段落的两端自动对齐。

（5）分散对齐：使选定的段落在页面中分散对齐排列。

3．段落缩进

段落缩进是指段落相对左右页边距向页内缩进一段距离。设置段落缩进可以将一个段落与其他段落分开，使条理更加清晰，层次更加分明。段落缩进包括以下几种类型：

（1）首行缩进：控制段落第一行第一个字的起始位置。

（2）悬挂缩进：控制段落中第一行以外的其他行的起始位置。

（3）左缩进：控制段落中所有行与左边界的位置。

（4）右缩进：控制段落中所有行与右边界的位置。

4．附加段落控制

（1）孤行控制：防止段落的一行被单独分在一页中。

（2）与下段同页：强制一个段落与下一个段落同时出现。主要用于将标题与标题后第一段的至少前几行保持在一页内。

（3）段中不分页：防止一个段落被分割到两页中。

（4）段前分页：强制在段落前自动分页。常用于强制每一章在新的一页开始。

（5）取消断字：使文档不要在指定段落内断字。常用于再现引语，保持引语的完整性，使引语中的单词和位置都与原来相同。

4.1　编辑"招聘启事"文档

"招聘启事"是单位人事部门经常要编辑的文档之一。完成本节后，要求掌握 Word 基本的字符格式设置及段落格式设置。

本例完成的效果图如图 4-1 所示，下面讲解编辑"招聘启事"文档的步骤。

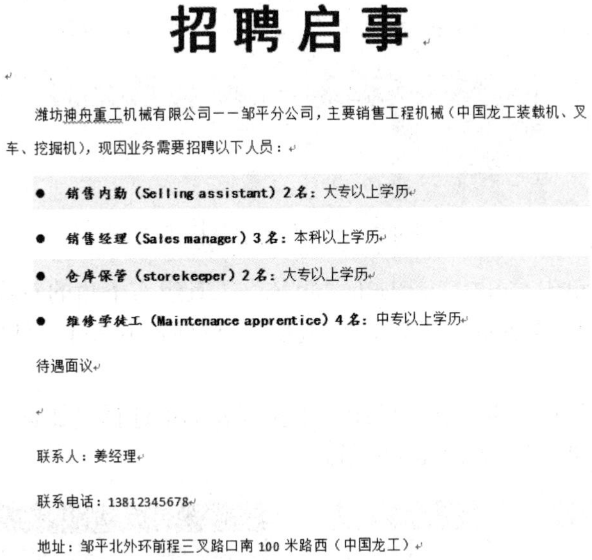

图 4-1　"招聘启示"文档

4.1.1　设置字符格式

文本格式编排决定字符在屏幕上和打印时的显示形式。Word 提供了强大的设置字体格式的功能，包括设置基本的字体、字号、字形、字体颜色、字符间距、字符的边框和底纹以及设置需要突出显示的文字等。在文章中适当地为文字设置格式，变换字体、字号及颜色等字符格式，可以使文章显得结构分明，重点突出。

对文字格式的设置，主要可以通过"开始"选项卡的"字体"工具组中的命令按钮来实现。下面介绍具体步骤：

（1）启动 Word 2010 程序，在空白文档中输入如图 4-2 所示的内容。

（2）选中标题"招聘启事"，在"开始"选项卡的"字体"工具组中，设置字体为"黑体"、"初号"，"加粗"，如图 4-3 所示。（也可在选中单元格后右击，在弹出的下拉列表框中选择"设置单元格格式"，再分别设置字体、字号和颜色等。）

招聘启事

潍坊神舟重工机械有限公司——邹平分公司，主要销售工程机械（中国龙工装载机、叉车、挖掘机），现因业务需要招聘以下人员：
销售内勤（Selling assistant）2 名：大专以上学历
销售经理（Sales manager）3 名：本科以上学历
仓库保管（store keeper）2 名：大专以上学历
维修学徒工（Maintenance apprentice）4 名：中专以上学历
待遇面议

联系人：姜经理
联系电话：13812345678
地址：邹平北外环前程三叉路口南 100 米路西（中国龙工）

图 4-2　招聘启事内容

图 4-3　设置标题字体格式

（3）选中标题，单击"开始"选项卡"字体"工具组右下角的对话框开启按钮 ，弹出"字体"对话框，如图 4-4 所示，从"字体颜色"下拉列表中选择"红色，强调文字颜色 2，深色 50%"。

（4）单击"高级"选项卡，在"间距"下拉列表框中选择"加宽"选项，设置"磅值"为 4 磅，单击"确定"按钮，如图 4-5 所示。

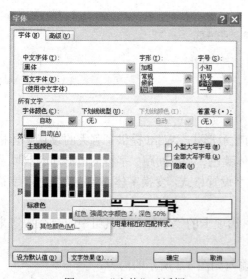

图 4-4　"字体"对话框

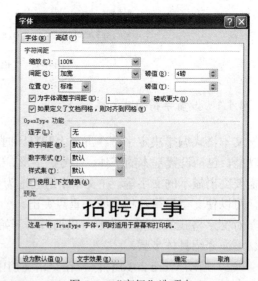

图 4-5　"高级"选项卡

提示：在选定文字时，只要将鼠标指针移动到选定区域上，就会自动显示"浮动工具栏"，方便用户进行常用的文字设置。

4.1.2　设置段落格式

在 Word 中输入文字时，每按一次"回车"键，就表示一个自然段的结束，另一个自然段的开始。为了便于区分每个独立的段落，在段落的结尾处都会显示一个段落标记符号 ↵。段落标记符不仅用来标记一个段落的结束，它还保留着有关该段落的所有格式，如段落样式、对齐方式、缩进大小、行距以及段落距等。

在进行段落设置之前，我们首先要理解 Word 中的"段落"就是一串文字、图形或符号，最后加上一个"回车"符的组合。

（1）将光标停留在标题段的任何位置，在"开始"选项卡的"段落"工具组中选择"居中"命令，使标题居中对齐，如图 4-6 所示。

（2）选中正文，单击"开始"选项卡"段落"工具组右下角的对话框开启按钮，弹出"段落"对话框。

（3）在"特殊格式"中选择"首行缩进"，自动设置"磅值"为 2 字符；设置"间距"为段前 0.5 行，"行距"为 1.5 倍行距，如图 4-7 所示。单击"确定"按钮完成段落设置。

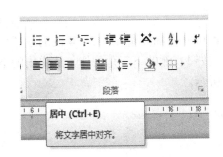

图 4-6　"段落"工具组

图 4-7　"段落"对话框

4.1.3　利用格式刷复制格式

格式刷复制格式的操作步骤如下：

（1）选中正文第二段中的"销售内勤（Selling assistant）2 名："，单击"开始"选项卡"字体"工具组右下角的对话框开启按钮，弹出"字体"对话框。设置"中文字体"为"楷体"，设置"西文字体"为"（使用中文字体）"，设置"字形"为加粗，单击"确定"按钮。

（2）选中刚才设置好格式的文本部分（也可将光标停留在文本中间的任何位置），单击"开始"选项卡"剪贴板"工具组中的"格式刷"按钮。

（3）此时，鼠标指针旁边出现一个小刷子，拖动鼠标选中第三段中的"销售经理（Sales

manager）3 名：", 即可复制字体格式。以同样的方式，设置第四段和第五段相应文本的格式。

提示 1: 单击"格式刷"按钮，只能完成一次格式刷操作。如果想每次只要复制一次格式然后不断地使用格式刷，可以双击"格式刷"按钮，这样鼠标左边就会一直出现小刷子，就可以不断地使用格式刷了。若要取消可以再次单击"格式刷"按钮，或者按键盘上的 Esc 键。

提示 2: 若想清除字体格式，可在"开始"选项卡"字体"工具组中单击"擦除"按钮，即可清除所选格式。

4.1.4　设置项目符号和编号

给文档中的段落添加项目符号或编号，可以增强文档的可读性，使文档内容具有"要点明确、层次清楚"的效果。具体步骤如下：

（1）添加编号：选择正文的第 2～4 段，单击"开始"选项卡"段落"工具组中"编号"右侧的下三角按钮；在弹出的列表框中选择需要的样式，如"1)"，如图 4-8 所示。

图 4-8　"编号"列表

（2）修改项目符号：选择正文的第 2～4 段（也可将光标停留在第 2～4 段的任意位置），单击"开始"选项卡"段落"工具组中"项目符号"按钮右侧的下三角按钮，从弹出的下拉列表框中选择要修改成的项目符号，如，如图 4-9 所示。

图 4-9　"项目符号"列表

提示 1: 要删除已添加的项目符号或编号，可以选定要删除项目符号或编号的段落，然后双击"项目符号"按钮或"编号"按钮即可。

提示 2: Word 2010 预设了一些多级别列表，可以通过单击"开始"选项卡"段落"工具组中的"多级列表"按钮进行设置，本书第 7 章将会作详细介绍。

4.2 制作"产品说明书"文档

"产品说明书"是产品生产厂家为客户提供的重要资料。完成本节后，要求掌握 Word 文档中文字及段落的边框、底纹和分栏设置。

本例完成的效果如图 4-10 所示，下面讲解编辑"产品说明书"文档的步骤。

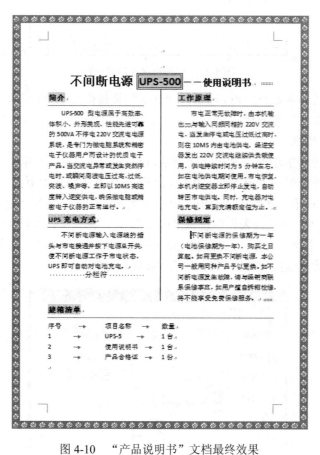

图 4-10 "产品说明书"文档最终效果

4.2.1 设置边框和底纹

为了突出文档中的文本内容，可以为文档添加边框和底纹。下面分别介绍为文字和段落添加边框和底纹的操作步骤。

1. 为文字添加边框

（1）打开素材，选定文档标题中的"UPS-500"，单击"开始"选项卡"段落"工具组中的"边框"按钮，在弹出的下拉列表框中选择"边框和底纹"命令，打开如图 4-11 所示的"边框和底纹"对话框。

（2）在"样式"列表框中选择边框样式为"双细线"，在"颜色"下拉列表框中选择边框的颜色为"红色，强调文字颜色 2，深色 50%"，并在"应用于"下拉列表框中选择"文字"。

（3）单击"确定"按钮，即可为选定的文字添加边框。

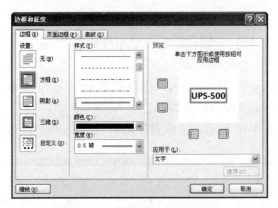

图 4-11　"边框底纹"对话框

提示：打开"边框和底纹"对话框后，"边框"按钮会显示为 状，此时单击此按钮会立即打开"边框和底纹"对话框。

2. 为段落添加边框

要单纯在段落外添加边框，利用上述方法就可以做到。如果仅想在某一边或几边添加边框线，就需要将边框套用到"段落"上才做得到。具体操作步骤如下：

（1）将插入点置于正文的第二段中，单击"边框"按钮，打开"边框和底纹"对话框。

（2）在"应用于"下拉列表框中选择"段落"，在"样式"列表框中选择边框样式为"单实线"，在"颜色"下拉列表框中选择边框的颜色为"深蓝，文字 2，淡色 40%"，在"宽度"下拉列表框中选择边框线的宽度为"1.5 磅"，如图 4-12 所示。

图 4-12　在对话框中设置要添加的段落边框

（3）在"预览"组中默认是为段落的每条边添加边框，单击相应的按钮即可取消该边框，本例取消左、右、下边框。

（4）单击"确定"按钮，即可为段落的上边添加边框线。使用格式刷将第四、六、八段加上同样的边框。

3. 为文字、段落添加底纹

为文字或段落添加适当的底纹，可以按照下述步骤进行操作：

（1）选定标题行中的"UPS-500"，单击"开始"选项卡"段落"工具组中"底纹"按钮 右侧的下三角，在弹出的下拉列表框中选择底纹颜色为"深蓝，文字 2，淡色 80%"。

（2）还可以以纯色为背景添加不同的花纹，让底色有更多的变化。选定正文第一段文字

"简介",单击"边框"按钮,打开"边框和底纹"对话框,切换到"底纹"选项卡,如图 4-13 所示。

图 4-13 "底纹"选项卡

（3）设置底纹"填充"为"深蓝,文字 2,淡色 80%";设置"图案"组中的"样式"为 12.5%,设置"图案"组中的"颜色"为"白色,背景 1";在"应用于"下拉列表框中选择将花纹应用于选定"文字"。单击"确定"按钮,即可添加底纹。

4. 为页面设置应用艺术型边框

如果要让文档变得更活泼丰富,还可以为整个文档应用花纹边框线。具体操作步骤如下:

（1）单击"开始"选项卡"段落"工具组中"边框和底纹"按钮右侧的下三角,选择"边框和底纹"命令,打开"边框和底纹"对话框,切换到"页面边框"选项卡,如图 4-14 所示。

图 4-14 "页面边框"选项卡

（2）在"应用于"下拉列表框中选择"整篇文档",在"艺术型"下拉列表框中选择一种花纹边框,单击"确定"按钮,即可为页面添加边框。

提示：如果要删除已添加的页面边框,可以再次打开"边框和底纹"对话框中的"页面边框"选项卡,在"设置"组中选择"无"选项即可。

4.2.2 设置分栏

分栏经常用于排版报纸、杂志和词典,它可使版面美观、便于阅读,同时对回行较多的版面可起到节约纸张的作用。

值得注意的是，仅在页面视图或打印预览视图下，才能真正看到多栏并排显示的效果。在普通视图中我们见到的仍然是一栏，只不过显示的是分栏的栏宽。

1. 创建分栏

（1）选定正文的第 1～4 段，单击"页面布局"选项卡"页面设置"工具组中的"分栏"按钮，在弹出的下拉列表框中选择分栏效果为"两栏"。

（2）单击"分栏"下拉列表框中的"更多分栏"命令，打开如图 4-15 所示的"分栏"对话框。

（3）选中"分隔线"复选框，在栏间设置分隔线。在"应用于"下拉列表框中选择分栏格式应用的范围为"所选文字"。

（4）单击"确定"按钮。

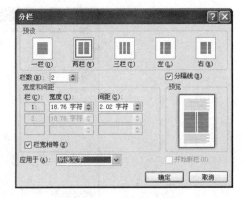

图 4-15　"分栏"对话框

2. 修改分栏

用户可以修改已存在的分栏，例如，改变分栏的数目、分栏的宽度以及分栏之间的间距等。具体操作步骤如下：

（1）将插入点停留在刚才设置好分栏段落的任何位置。

（2）单击"分栏"下拉列表框中的"更多分栏"命令，出现"分栏"对话框。

（3）设置"间距"为"6 字符"。

（4）单击"确定"按钮。

3. 插入分隔符

完成分栏后，Word 会从第一栏开始依次向后排列文档内容，如果希望某段处于一栏的开始处，可以采用在文档中插入分栏符的方法，使当前插入点以后的文字移至下一栏。具体操作如下：

（1）选中正文的 5～8 段，通过"分栏"对话框，将其分为"两栏"。设置"分隔线"，并将栏间距设置为"6 字符"（这时，我们会发现分栏的效果并不理想）。

（2）将插入点停留在第 6 段"保修规定"的前面，单击"页面布局"选项卡"页面设置"工具组中的"分隔符"按钮，从弹出的下拉列表框中选择"分栏符"命令。此时，插入点前后两段文字分别被放置在两个分栏中。

提示： 如果要取消分栏排版，可将插入点放置在需要取消分栏设置所在段落的任何位置，单击"分栏"按钮，从弹出的下拉列表框中选择"一栏"命令。

4.2.3　使用制表位对齐文本

所谓制表位，是指按 Tab 键时插入点所停留的位置。用户可以在文档中设置制表位，按 Tab 键后，插入点移到制表位位置处并停下来。Word 提供了几种不同的制表位，使用户很容易将文本按列的方式对齐。在 Word 2010 中可以通过以下两种方法设置制表位：

（1）通过直接在文档窗口的标尺上单击指定点来设置制表位，使用该方法设置比较方便，但是很难保证精确度。

（2）通过"开始"选项卡"段落"工具组中的"制表位"对话框来设置制表位，可以精确设置制表位的位置，这种方法比较常用。

接下来，分别通过两种方法在正文的最后添加如图 4-16 所示的"装箱清单"效果。

装箱清单		
序号	项目名称	数量
1	UPS-5	1 台
2	使用说明书	1 台
3	产品合格证	1 份

图 4-16　"装箱清单"效果

1．利用水平标尺设置制表位快速对齐文本

（1）参照"4.2.1 设置边框和底纹"完成"装箱清单"段落的底纹边框设置。

（2）将光标定位到下一行，单击垂直滚动条上方的"标尺"按钮，在文档窗口中显示标尺。

（3）在水平标尺最左端有一个"制表符对齐方式"按钮。在单击该按钮时，按钮上将显示相应的对齐方式，制表符将按左对齐、居中、右对齐、小数点和竖线的顺序循环改变。在本例中选择左对齐。

（4）出现左对齐制表符之后，在水平标尺上要设置制表位的地方单击，标尺上立即出现相应类型的制表符（重复步骤（3）和（4）的操作，可以设置多个不同对齐方式的制表符）。

（5）按下 Tab 键，将插入点移到正文该制表位处，这时输入的文本在此对齐。如上图 4-16 所示为利用制表位对齐文本的效果。

提示 1：如果要改变制表位的位置，只需将插入点放在设置制表位的段落中或者选定多个段落，然后将鼠标指针指向水平标尺上要移动的制表符，按住鼠标左键在水平标尺上向左或向右拖动。

提示 2：如果要删除制表位，只需将插入点放在制表位的段落中或者选定多个段落，然后将鼠标指针指向到水平标尺上要删除的制表符，按住鼠标左键向下拖出水平标尺即可。

2．利用"制表位"对话框设置制表位对齐文本

也可以利用"制表位"对话框实现上述操作，完成文本的快速对齐，具体操作步骤如下：

（1）将插入点置于要对齐文本的空行中，单击"开始"选项卡"段落"工具组右下角的对话框开启按钮，弹出"段落"对话框。

（2）单击对话框中的"制表位"按钮，出现如图 4-17 所示的"制表位"对话框。

图 4-17　"制表位"对话框

（3）在"制表位位置"框中输入第一个制表位为"5 字符"，在"对齐方式"组中选择"左对齐"，"前导符"组中选择"1 无"；第二个制表位为"12 字符"，对齐方式为"左对齐"，"前导符"组中选择"1 无"。

（4）单击"设置"按钮，然后单击"确定"按钮。

（5）按下 Tab 键，将插入点移到相应的制表位处，这时输入的文本在此对齐，如上图 4-16 所示。

提示：制表位前导符是在使用制表位定位时，正文左侧空白处显示的字符。

4.3　综合实践——编辑"合作协议书"文档

4.3.1　学习任务

"合作协议书"是在商业活动中经常会用到的文档。完成本节后，要求掌握字符、段落格式设置，分栏设置，文字、段落边框底纹的设置等知识点。本例完成的效果如图 4-18 所示。

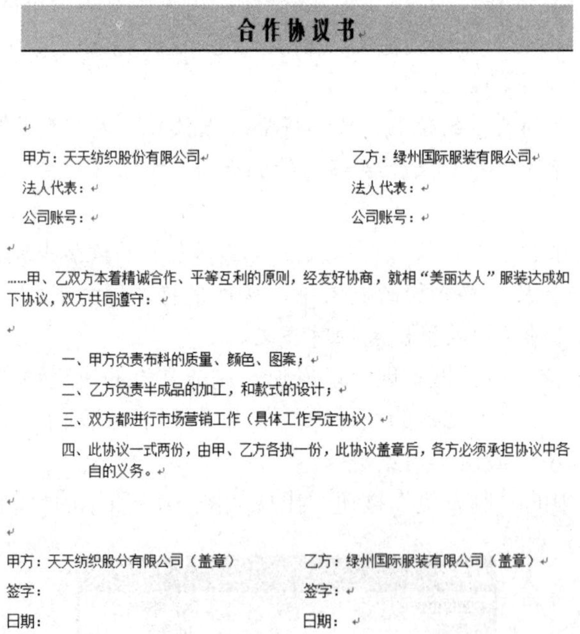

图 4-18　"合作协议书"文档

4.3.2　知识点（目标）

（1）设置字符格式。

（2）设置段落格式。

（3）设置项目符号及编号。

（4）设置边框底纹。

（5）设置分栏。

（6）设置制表位。

4.3.3　操作思路及实施步骤

（1）启动 Word 2010，然后选择"页面布局"→"页面设置"→"页边距"→"普通"命令，设置普通文档。

（2）输入协议书的标题和内容，如图 4-19 所示。

> 合作协议书
>
> 甲方：天天纺织股份有限公司
> 法人代表：
> 公司账号：
>
> 乙方：绿州国际服装有限公司
> 法人代表：
> 公司账号：
>
> ……甲、乙双方本着精诚合作、平等互利的原则，经友好协商，就相"美丽达人"服装达成
> 如下协议，双方共同遵守：
>
> 甲方负责布料的质量、颜色、图案；
> 乙方负责半成品的加工，和款式的设计；
> 双方都进行市场营销工作（具体工作另定协议）；
> 此协议一式两份，由甲、乙方各执一份，此协议盖章后，各方必须承担协议中各自的义务。

图 4-19　"合作协议书"内容

（3）选中标题"合作协议书"，在"开始"选项卡"字体"工具组中设置字体为"方正姚体"，字号为"小二"，单击"加粗"按钮 **B**；在"段落"工具组中单击"居中对齐"按钮。然后单击"段落"工具组右下角的 按钮，在弹出的"段落"对话框中，将"缩进和间距"选项卡的"间距"组中的"段前"和"段后"均设置为 3 行，"行距"设置为"最小值"，"设置值"为 16 磅，单击"确定"按钮。

（4）选中标题"合作协议书"，单击"开始"选项卡"段落"工具组中的"边框和底纹"按钮右侧的下三角，选择"边框和底纹"命令，打开"边框和底纹"对话框，设置标题段的段落底纹为"蓝色，强调文字颜色 1，淡色 60%"，应用于"段落"；设置标题段的边框为"1.5磅黑色下划线"，应用于"段落"。

（5）选中协议的内容，单击"开始"选项卡"段落"工具组中的 按钮，在弹出的下拉列表框中选择"行距"命令，弹出"段落"对话框，将"间距"选项卡中的"段前"和"段后"值均设置为 6 磅，"行距"为"最小值"16 磅。

（6）选中协议内容的开始部分（从"甲方：……"至"……公司账号"六行内容），单击"页面布局"选项卡"页面设置"工具组中的"分栏"按钮，在弹出的下拉列表框中选择"更多分栏"命令，弹出"分栏"对话框，将"栏数"设置为 2，"栏间距"设置为"8 字符"。

（7）选中协议的具体条款，单击"开始"选项卡"段落"工具组的 按钮，弹出"段落"对话框，在"缩进"组中将"左侧"和"右侧"分别设置为 4 字符和 0 字符，将"特殊格式"设置为"悬挂缩进"，"磅值"设置为 1 厘米。单击"开始"→"段落"工具组中"编号"按钮右侧的下三角，在弹出的下拉列表框中选择合适的编号样式，如"一、"。

（8）将光标停留在条款后空五行处，在标尺上刻度约 22 的位置，设置一个左对齐的制表符，然后按 Tab 键完成如图 4-20 所示的内容输入。至此，合作协议书制作完成。

甲方：天天纺织股分有限公司（盖章）　　　乙方：绿州国际服装有限公司（盖章）

签字：　　　　　　　　　　　　　　　　　签字：

日期：　　　　　　　　　　　　　　　　　日期：

图 4-20　"落款"内容

4.3.4　任务总结

通过本案例的练习，读者主要应从以下几方面掌握 Word 中文档编辑的操作。

（1）字符、段落格式的设置及编辑。

（2）项目符号、编号的设置及编辑。

（3）字符和段落的边框底纹设置。

（4）分栏操作。

（5）使用制表位对齐文本的设置。

 **本章小结**

本章主要介绍 Word 中与文档编辑相关的基本操作。主要讲解了字符格式、段落格式的设置与编辑；应用与移除项目符号和编号；使用底纹和边框突出显示段落；使用制表位对齐文本；使用格式刷复制文本格式等知识点。通过本章的学习，读者应熟练掌握上述基本操作。

 **疑难解析（问与答）**

问：可以同时设置多个段落的格式吗？

答：段落格式是以"段"为单位的，因此，要设置某一个段落的格式时，可以直接将光标定位在该段落中，执行相关命令即可。若要同时设置多个段落的格式，就需要先选中这些段落，再进行格式设置。

问：如何设置带圈字符？

答：在设置文档格式时，除了可以设置一般的字符格式和段落格式外，还可设置一些特殊的文档格式，带圈字符就是其中的一种。选定需要设置的文本，单击"开始"选项卡"字体"工具组中的"带圈字符"按钮，在弹出的对话框中选择所需"圈号"样式，单击"确定"按钮，即完成设置。

问：Word 中如何不显示回车、换行等符号？

答：单击"开始"选项卡"段落"工具组中的"显示/隐藏编辑标记"按钮即可。

习题四

一、判断题

1．插入一个分栏符能够将页面分成两栏。　　　　　　　　　　　　　　　（　　）

2．如果要对文本格式化，必须先选定文本，然后再对其进行操作。　　　　（　　）

3．页边距可以通过标尺设置。　　　　　　　　　　　　　　　　　　　　（　　）

二、选择题

1．在同一页面中，如果希望页面上半部分为一栏，下半部分为两栏，应插入的分隔符号为（　　）。

　　A．分页符　　　　　　B．分栏符　　　　　　C．分节符（连续）　　　　D．分节符（奇数页）

2．Word 中的手动换行符是通过（　　）产生的。

　　A．插入分页符　　　　B．插入分节符　　　　C．按 Enter 键　　　　　　D．按 Shift+Enter 组合键

3．以下选项卡中不是 Word 2010 的标准选项卡的是（　　）。

　　A．审阅　　　　　　　B．图标工具箱　　　　C．开发工具　　　　　　　D．加载项

三、操作题

1．制作如图 4-21 所示的"公司管理制度"文档。

制作过程应包括：字符及段落的格式设置、边框底纹的设置、特殊字符的设置和项目符号的设置，最终达到理想效果。

公司管理制度

❖ 员 工 守 则 ❖

　　一、遵纪守法，忠于职守，爱岗敬业。
　　二、维护公司声誉，保护公司利益。
　　三、服从领导，闲心下属，团结互助。
　　四、爱护公物，勤俭节约，杜绝浪费。
　　五、不断学习，提高水平，精通业务。
　　六、积极进取，勇于开拓，求实创新。

图 4-21　公司管理制度

2．制作如图 4-22 所示的"蛙泳"文档。

制作过程应包括：字符及段落的格式设置、边框底纹的设置、分栏的应用和使用制表位对齐文本，最终达到理想效果。

蛙泳

蛙泳是一种模仿青蛙游泳动作的一种游泳姿势，也是最古老的一种泳姿，早在 2000-4000 年前，在中国、罗马、埃及就有类似这种姿势的游泳。 18 世纪中期，在欧洲，蛙泳被称为"青蛙泳"。 由于蛙泳的速度比较慢，在 20 世纪初期的自由泳比赛中（不规定姿势的自由游泳），蛙泳不如其它姿势快，使得蛙泳技术受到排挤。在当时的游泳比赛中，一度没有人愿意采用蛙泳技术参加比赛，随后国际泳联规定了泳姿，蛙泳技术才得以发展。 蛙泳的技术环节分为：蛙泳身体姿势、蛙泳腿部技术、蛙泳手臂技术、蛙泳配合技术。

蛙泳世界纪录一览表

项目	世界纪录	创造纪录日期	创造纪录地点
男子 50 米	27.18	2002 年 8 月 2 日	柏林
男子 100 米	59.30	2004 年 7 月 8 日	加利福尼亚
男子 200 米	2:09.04	2004 年 7 月 8 日	加利福尼亚
女子 50 米	30.57	2002 年 7 月 30 日	曼彻斯特
女子 100 米	1:06.37	2003 年 7 月 21 日	巴塞罗那
女子 200 米	2:22.99	2001 年 4 月 13 日	杭州

图 4-22　"游泳"文档

3．制作如图 4-23 所示的文档。

大熊猫的生活方式

大熊猫为什么选择食竹这种生活方式，至今令人费解。从生态学角度看，大熊猫特化的食性表示生态位狭窄，通过压缩生态位（食物的宽度）来避免竞争。大熊猫正是依靠最广泛分布于北温带，营养低劣却贮量丰富而稳定的食物存活至今，使人们觉得它们是进化历程中的一个久经考验的胜利者。

鸟类音乐会

鸟类的鸣叫可以分为鸣唱，鸣叫和鸣效3种类型。鸣唱又叫做鸣啭、啭鸣或歌声，通常是在性激素控制下产生的响亮而富于变化的多音节连续旋律，有些种类的鸣唱非常婉转悠扬。繁殖期由雄鸟发出的婉转多变的叫声即是典型的鸣唱。鸣唱是占区鸟类用于划分和保卫领域，宣告此地已被占据，警告同种雄鸟不得进入，吸引雌鸟前来配对的重要方式。鸟类鸣唱所发出的“歌声”比叫声复杂多变，大多发生在春夏繁殖期间，通常由雄鸟发出。鸣叫则不受性激素控制，两性都能产生，通常是短促单调的声音，鸣叫发出的声音有很多含义，用于个体间的联络和通报危险等信息活动，大致可分为可分为呼唤、警戒、惊叫、恫吓4大类型。有时要区分叫声与歌声并不容易。但一般说来，叫声通常没有季节变化的影响，雌、雄鸟均能发出，是鸟类个体之间用于通讯联络的重要方式。鸣效是指鸟类模仿其它鸟类的叫声或声音。效鸣的生物学意义至今还不甚明了。

图 4-23 “大熊猫的生活方式”文档

第 5 章　Word 图形和表格处理

- 熟练掌握文档中文本框的创建、格式的编辑、文本框间的链接等操作。
- 熟练掌握文档中图片的插入、编辑等操作。
- 熟练掌握文档中艺术字的插入、编辑等操作。
- 掌握通过 SmartArt 创建组织结构图的操作。
- 掌握文档中表格的快速创建、调整表结构、设置表格格式，理解表格布局和设计。

基本知识讲解

1. 选定图形对象

在对某个图形对象进行编辑之前，首先要选定该图形对象。选定图形对象有以下几种方法：

（1）如果要选定一个图形，则用鼠标单击该图形。此时，图形周围出现句柄。

（2）如果要选定多个图形，则按住 Shift 键，然后用鼠标分别单击要选定的图形。

（3）如果要选定的多个图形比较集中，可以将鼠标左键移动到要选定图形对象的左上角，按住鼠标左键向右下角拖曳。拖动时会出现一个虚线方框，当把所有要选定的图形对象全部框住时，释放鼠标左键。

2. 环绕样式

环绕决定了图形之间、图形与文字之间、表格与文字之间的交互方式。环绕有两种基本形式：嵌入和浮动。浮动意味着可将图片拖动到文档的任何位置，而不像嵌入到文档的文字层中的图片那样受到一些限制。环绕样式主要分为以下几种：

（1）嵌入型：插入到文字层。可以拖动图形，但只能从一个段落标记移动到另一个段落标记中。

（2）四周环绕：文本中放置图形的位置会出现一个方形的"洞"。文字会环绕在图形周围，使文字和图形之间产生间隙。可将图形拖到文档的任意位置。

（3）紧密型环绕：实际上，在文本中放置图形的地方创建了一个形状与图形轮廓相同的"洞"，使文字环绕在图形周围。可以通过环绕顶点改变文字环绕的"洞"的形状。可将图形拖到文档的任意位置。

（4）衬于文字下方：嵌入在文档底部或下方的绘制层。可将图形拖动到文档的任意位置。

（5）浮于文字上方：嵌入在文档上方的绘制层。可将图形拖动到文档的任意位置，文字位于图形下方。

（6）穿越型环绕：文字围绕着图形的环绕顶点。文字应该填充图形的空白区域，但没有证据表明可以实现这种功能。从实际应用来看，这种环绕样式产生的效果和表现出的行为与"紧密型"环绕相同。

（7）上下型环绕：实际上创建了一个与页边距等宽的矩形。文字位于图形的上方或下方，但不会在图形旁边。可将图形拖动到文档的任意位置。

3．SmartArt 图形类型

Word 2010 中提供的 SmartArt 图形类型包括"列表"、"流程"、"循环"、"层次结构"、"关系"、"矩阵"、"棱锥图"和"图片"等，每种类型的图形有各自的作用。

（1）列表：用于显示非有序信息块或者分组的多个信息块或列表的内容，该类型中包含36 种布局样式。

（2）流程：用于显示组成一个总工作的几个流程的行径或一个步骤中的几个阶段，该类型中包含 44 种布局样式。

（3）循环：用于以循环流程表示阶段、任务或事件的过程，也可以用于显示循环行径与中心点的关系，该类型中包含 16 种布局样式。

（4）层次结构：用于显示组织中各层次的关系或上下层关系。该类型中包含 13 种布局样式。

（5）关系：用于比较或显示若干个观点之间的关系。有对立关系、延伸关系或促进关系等，该类型中包含 37 种布局样式。

（6）矩阵：用于显示部分与整体的关系，该类型中包含 4 种布局样式。

（7）棱锥图：用于显示比例关系、互连关系或层次关系，按照从高到低或从低到高的顺序进行排列，该类型中包含 4 种布局样式。

（8）图片：包括一些可以插入图片的 SmartArt 图形，该类型中包含 31 种布局样式。

4．设置表格尺寸

设置表格的列宽和行高有以下几种方法：

（1）通过拖动鼠标：将光标指向要调整列的列边框和行的行边框，当光标形状变为上下或左右的双向箭头时，按住鼠标左键拖动即可调整列宽和行高。

（2）通过指定列宽和行高值：选择要调整列宽的列或行高的行，然后切换到功能区中的"布局"选项卡，在"单元格大小"选项组设置"宽度"和"高度"的值，按 Enter 键即可调整列宽或行高。

（3）通过 Word 自动调整功能：切换到功能区中的"布局"选项卡，在"单元格大小"选项组中单击"自动调整"按钮，从弹出的菜单中选择所需的命令即可。

5.1　制作"产品介绍"文档

"产品介绍"能够最快、最直接的为用户展现一件产品的主要性能特点。可以使用 Word 设计并制作图文并茂、内容丰富的文档。本例完成的效果图如图 5-1 所示，下面讲解创建此文档的操作步骤。

图 5-1　"产品介绍"文档最终效果

5.1.1　插入和编辑文本框

文本框是一种特殊的文本对象，既可以作为图形对象处理，也可以作为文本对象处理。在文档中使用文本框，是为了使被框住的文字像图形对象一样具有独立排版的功能。

Word 2010 中提供的文本框可以使选定的文本或图形移到页面的任意位置，进一步增强了图文混排的功能。使用文本框还可以对文档的局部内容进行竖排、添加底纹等特殊形式的排版。

Word 2010 中提供了内置的文本框架样式模板，使用这些模板可以快速创建出带有样式的文本框，然后只需在文本框中输入所需的文字即可。

1. 插入文本

启动 Word 2010，新建一个空白文档，接下来具体操作步骤如下：

（1）单击"页面布局"选项卡"页面背景"工具组中的"页面颜色"按钮，在弹出的"主题颜色"下拉列表框中选择"蓝色，强调文字颜色 1，淡色 60%"作为页面颜色。参照本案例提供的素材，在空白文档的最上方输入产品介绍的标题，并设置相应的格式。

（2）单击"插入"选项卡"文本"工具组中"文本框"按钮的下三角，弹出如图 5-2 所示的"内置"菜单，从中选择一种文本框样式，可以快速绘制带格式的文本框，本例中选择"简单文本框"。

（3）单击文本框的边框即可将其选定，此时文本框的四周出现 8 个句柄，按住鼠标左键拖动句柄，可以调整文本框到合适的大小。将鼠标指针指向文本框的边框，鼠标指针变成四向箭头时，按住鼠标左键拖动，即可调整文本框到合适的位置（参照效果图 5-1）。

图 5-2　"内置"菜单列表

（4）此时，光标在文本框中闪烁着，接下来将实验素材中蓝色字体部分的内容输入到文本框中（也可复制粘贴）。

提示：如果要手工绘制文本框，则从"文本框"下拉列表框中选择"绘制文本框"命令，按住鼠标拖动，即可绘制一个文本框；也可选择"绘制竖排文本框"命令，设置一个文字竖向排列的文本框。

2．设置文本框的边框

具体步骤如下：

（1）单击文本框的边框将其选定，这时会发现菜单栏的最后会出现"格式"选项卡。

（2）单击"格式"选项卡"形状样式"工具组中的"形状轮廓"按钮，从弹出的下拉列表框中设置"粗细"命令，选择所需的线条粗细为 1 磅。

（3）单击"格式"选项卡"形状样式"工具组中的"形状轮廓"按钮，在弹出的下拉列表框中选择"虚线"命令，从其子菜单中选择"其他线条"命令，弹出"设置形状格式"对话框，在"短划线类型"下拉列表框中选择一种线型，如图 5-3 所示。

（4）单击"格式"选项卡"形状填充"工具组中的"无填充色"按钮，将文本框设置为透明。

（5）单击"关闭"按钮。

3．设置文本框的内部边距与对齐方式

用户可以设置文本框的内部边距与对齐方式，具体操作步骤如下：

（1）右击文本框，在弹出的快捷菜单中选择"设置形状格式"命令，打开"设置形状格式"对话框。

（2）切换到"文本框"选项卡，在"内部边距"选项组中，设置"左"、"右"、"上"和"下" 4 个文本框中的数值均为 0.3 厘米，调整文本框内文字与文本框四周边框之间的距离，如图 5-4 所示。

图 5-3 "线型"对话框

图 5-4 "文本框"选项卡

（3）单击"关闭"按钮。

4. 文本框的链接

在应用文本框的过程中，经常会遇到输入到文本框中的内容超出了文本框大小的情况，这时需通过文本框的链接方式将超出的文字转移到另一个文本框中。其具体的操作步骤如下：

（1）在文档中新建两个简单文本框并选定，选择"格式"选项卡"大小"工具组，将两个文本框的"长"、"宽"都设置为 6.5 厘米，并放置到合适的位置（参照素材的最终效果）。

（2）将实验素材中绿色文字部分复制粘贴到第一个文本框中，会发现内容超出了文本框，如图 5-5 所示。选中有超出文字的文本框，并单击"格式"选项卡"文本"工具组中的"创建链接"按钮 ，此时光标显示为"茶杯"状。

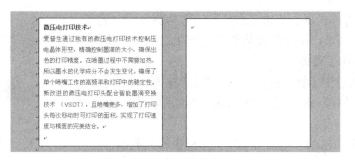

图 5-5 "创建链接"之前

（3）将光标放在空白文本框中，单击即可创建文本链接。此时超出的文字将显示在空白文本框内，如图 5-6 所示。以同样的方法还可链接第三个、第四个文本框。

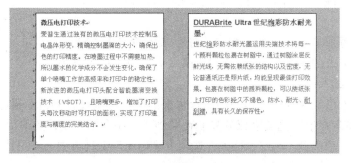

图 5-6 "创建链接"之后

（4）选中两个文本框并右击，在弹出的快捷菜单中选择"设置形状格式"，在出现的对话框中，将"填充"设置为"无填充"，将"线条颜色"设置为"无线条"，结果如图 5-7 所示。

图 5-7　"设置形状格式"后效果

提示：只有空的文本框才可以被设置为链接目标。如果要取消文本框间的链接，需选定有超出文字的文本框，单击"格式"选项卡"文本"工具组中的"断开链接"按钮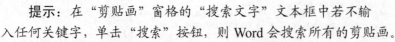，即可取消文本框之间的链接。

5.1.2　插入和编辑图片

Word 不仅是一个编辑文本的工具，它也是一个可以插入图片和绘制图形的工具。

在 Word 2010 中，用户可以在文档中插入图片，以提高文档的美观性。插的图片可以有两种，一种是来自外部存储文件的图片，另一种是来自 Office 剪辑库的图片。

1．插入剪贴画

Word 2010 内部提供了剪辑库，其中包含 Web 元素、背景、标志、地点和符号等，可以直接插入到文档中。在文档中插入剪贴画的具体操作步骤如下：

（1）将插入点置于标题行的下面，单击"插入"选项卡"插图"工具组中的"剪贴画"按钮，弹出如图 5-8 所示的"剪贴画"任务窗格。

（2）在任务窗格的"搜索文字"文本框中输入剪贴画的关键字"dividers"，在"结果类型"下拉列表框中设置搜索目标的类型为"插图"，单击"搜索"按钮。

（3）搜索的结果将显示在任务窗格的"结果"区中，选择一条合适的"分隔线"剪贴画，单击该剪贴画，即可将剪贴画插入到文档中。

图 5-8　"剪贴画"任务窗格

提示：在"剪贴画"窗格的"搜索文字"文本框中若不输入任何关键字，单击"搜索"按钮，则 Word 会搜索所有的剪贴画。

2．在文件中插入图片

在文档中插入已经保存在磁盘中的图片也很简单，可以按照下述步骤进行操作：

（1）将实验素材中黑色文字部分复制粘贴到"产品介绍"文档的最后，然后将插入点置于该文字区域的任意位置，单击"插入"选项卡"插图"工具组中的"图片"按钮，打开如图 5-9 所示的"插入图片"对话框。

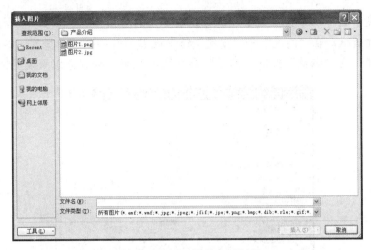

图 5-9　"插入图片"对话框

（2）从素材文件夹中选择要插入的图片"图片 1"，然后单击"插入"按钮，即可将图片插入到文档中。

提示 1：用户可以使用拖曳法插图，只要将文件夹中的图片拖曳到文档中需要插入图片的位置，释放鼠标左键即可。

提示 2：用户还可以在图片文件夹中选择要插入的图片，将其复制后，切换到 Word 文档中要插入图片的位置，将图片粘贴到文档中。

3．调整图片的大小和角度

在文档中插入图片后，用户可以通过 Word 提供的缩放功能来控制其大小，还可以旋转图片，具体操作如下：

（1）单击已插入的图片，使其周围出现 8 个句柄。

（2）如果要横向或纵向缩放图片，则将鼠标指针指向图片四边的任意一个句柄上；如果要沿对角线方向缩放图片，则将鼠标指针指向图片四角的任何一个句柄上。

（3）按住鼠标左键，沿缩放方向拖动鼠标至合适的大小，如图 5-10 所示。

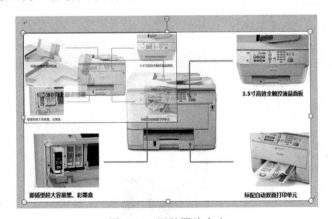

图 5-10　调整图片大小

（4）用鼠标拖动图片上方的绿色旋转按钮，可以任意旋转图片。

提示：如果要精确设置图片或图形的大小和角度，可以单击文档中的图片，然后选择"格式"选项卡"大小"工具组中的"形状高度"和"形状宽度"命令，在对应的文本框中设置图片的高度和宽度。还可以单击"大小"工具组右下角的对话框开启按钮，打开如图 5-11 所示的"布局"对话框，在"高度"和"宽度"框中设置图片的高度、宽度，以及在"旋转"框中输入旋转角度，在"缩放"组的"高度"和"宽度"框中按百分比来设置图片大小。

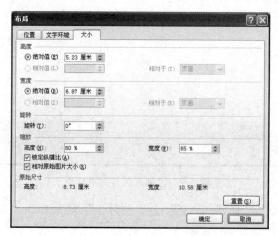

图 5-11　"布局"对话框

4. 剪裁图片

有时候需要对插入 Word 文档中的图片进行重新裁剪，只保留图片中需要的部分。比较以前的版本，Word 2010 的图片裁剪功能更加强大，不仅能够实现常规的图像裁剪，还可将图像裁剪为不同的形状。

在文档中插入图片后，图片会默认地设置为矩形，如果将图片更改为其他形状，可以让图片与文档配合得更为美观，具体操作步骤如下：

（1）单击选中要裁剪的图片，单击"格式"选项卡"大小"工具组中的"裁剪"按钮右侧的下三角，在弹出的下拉列表框中选择"裁剪为形状"选项，弹出如图 5-12 所示的列表，单击"基本形状"区内的"椭圆"图标。

（2）此时，图像就被裁剪为指定的形状，如图 5-13 所示。

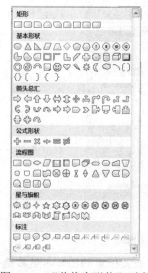

图 5-12　"剪裁为形状"列表

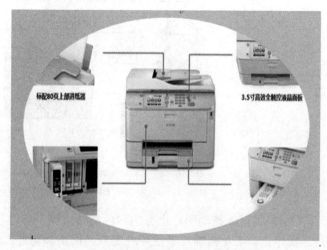

图 5-13　将图片裁剪为椭圆形

5. 设置图片的文字环绕效果

用户通常需要设置好文档中图片与文字的位置关系，即环绕方式。具体操作步骤如下：

（1）选定图片，单击"格式"选项卡"排列"工具组中的"自动换行"按钮。

（2）在弹出的下拉列表框中选择环绕方式为"四周型环绕"。

（3）用户可根据自己的需要，选中图片，按住鼠标左键将其拖到文档的合适位置。

提示 1：在文档中，图片和文字的相对位置有两种情况，一种是嵌入型的排版方式，此时图片和正文不能混排，也就是正文只能显示在图片的上方和下方，可以使用"开始"选项卡"段落"工具组中的"左对齐"、"居中"、"右对齐"等命令来改变图片的位置；另一种是非嵌入式的排版，也就是在"自动换行"列表中除"嵌入型"之外的方式，在这种情况下，图片和文字可以混排，文字可以环绕在图片周围或在图片的上方或下方，此时，拖动图片可以将图片放置到文档的任意位置。

提示 2：在"格式"选项卡"调整"工具组中，用户还可以对图片的亮度、对比度、着色等进行设置。

5.1.3　插入和编辑艺术字

艺术字是文档中具有特殊效果的文字。在文档中适当插入一些艺术字不仅可以美化文档，还能突出文档所要表达的内容。

1. 插入艺术字

Word 2010 提供了简单易用的艺术字设置工具，只需简单的操作，即可轻松地在文档中插入艺术字。具体操作步骤如下：

（1）将光标定位于文档标题的上一行，单击"插入"选项卡"文本"工具组中的"艺术字"按钮，即可弹出"艺术字样式"下拉列表框，如图 5-14 所示。

（2）选择所需的艺术字样式，即可弹出艺术字文本框，在其中输入"产品介绍"，如图 5-15 所示。

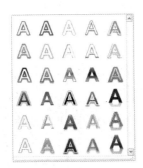

图 5-14　"艺术字样式"下拉列表框　　　　　　图 5-15　艺术字文本框

2. 设置文本填充效果

用户可以为插入的艺术字设置填充效果，如填充颜色或填充渐变等。具体操作步骤如下：

（1）选定艺术字，单击"格式"选项卡"艺术字样式"工具组中的"文本填充"按钮，弹出如图 5-16 所示的列表。

（2）在列表中选择颜色样式为"渐变"，弹出如图 5-17 所示的下一级列表。

（3）在下一级列表中选择渐变样式为"深色变体"中的"中心辐射"样式。

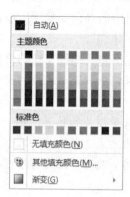

图 5-16　"文本填充"列表

图 5-17　"渐变"列表

3．设置文本效果

用户在创建艺术字时，如果对默认的艺术字形状不满意，还可以通过设置文本效果来更改艺术字的形状，具体操作步骤如下：

（1）选定艺术字，单击"格式"选项卡"艺术字样式"工具组中的"文本效果"按钮，弹出如图 5-18 所示的列表。

（2）在列表中单击"转换"样式，弹出如图 5-19 所示的下一级列表。

（3）在下一级列表中单击"腰鼓"样式，完成艺术字效果设置，如图 5-20 所示。

图 5-18　"文本效果"列表

图 5-19　"转换"列表

图 5-20　艺术字最终效果

5.2　制作"面试流程指南"文档

"面试流程指南"是各单位人事部门在招聘过程中经常要用到的文档之一。在 Word 2010 中，可以插入现成的形状，如矩形、圆形、线条、箭头、流程图符号和标注等，还可以对图形进行编辑并设置图形效果。最终效果如图 5-21 所示。

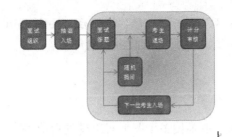

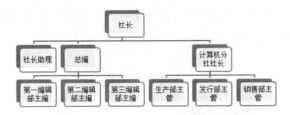

图 5-21　"面试流程指南"文档最终效果

5.2.1　绘制自选图形

在文档中绘制图形时，为了避免随着文档中其他文本的增删导致插入的图形位置发生错乱现象，最好在画布中进行。具体操作步骤如下：

（1）单击"插入"选项卡"插图"工具组中的"形状"按钮，弹出如图 5-22 所示列表，在其中选择"新建绘图画布"命令。

（2）开始绘制图形，单击"插入"选项卡"插图"工具组中的"形状"按钮，在其中选择"圆角矩形"。

（3）在画布中需要绘制图形的开始位置按住鼠标左键，拖曳鼠标到结束位置，即可绘制出圆角矩形。使用同样的方法，可以在画布中绘制基本的图形和连线，如图 5-23 所示。

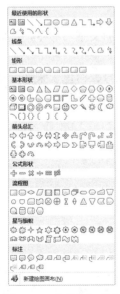

图 5-22　"形状"列表

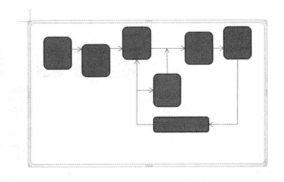

图 5-23　绘制多个图形及连线

提示：如果要绘制正方形，只需单击"矩形"按钮后，按住 Shift 键并拖动即可；如果要绘制圆形，只需单击"椭圆"按钮，按住 Shift 键并拖动即可。

5.2.2　编辑图形对象

1. 对齐图形对象

如果使用鼠标移动图形对象，很难使多个图形对象排列得很整齐。Word 提供了快速对齐图形对象的工具。具体操作步骤如下：

选定要对齐的图形，单击"格式"选项卡"排列"工具组中的"对齐"按钮，从"对齐或分布"菜单中选择"网格设置"，通过设置"垂直"、"水平"间隔线作为图形位置依据，对图形进行对齐排列，如图 5-24 所示。可逐个移动图形，进行对齐。

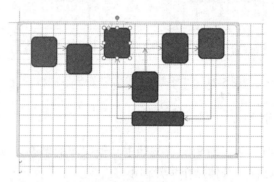

图 5-24　通过"网格设置"对齐图形对象

提示 1：若图形不是设置在画布里，则对齐更方便。按住 Ctrl 键的同时单击鼠标，可以同时选定要对齐的多个图形对象。单击"格式"选项卡"排列"工具组中的"对齐"按钮，从"对齐或分布"菜单中选择所需的对齐方式。

提示 2：按住 Ctrl 键的同时按键盘上的上、下、左、右箭头，可以对图形位置进行微调。

2. 在自选图形中添加文字

用户可以在封闭的图形中添加文字，具体操作步骤如下：

（1）右击要添加文字的图形，在弹出的快捷菜单中选择"添加文字"命令，此时插入点出现在图形的内部。

（2）输入所需的文字并对其进行排版，设置字体格式为小五号、白色、宋体，结果如图 5-25 所示。

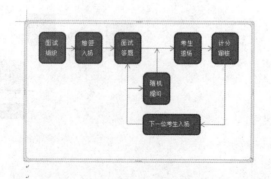

图 5-25　在自选图形中添加文字

3．叠放图形对象

在同一区域绘制多个图形时，后来绘制的图形将覆盖前面的图形。有时，可以根据需要改变图形对象的叠放次序。具体操作步骤如下：

（1）单击"插入"选项卡"插图"工具组中的"形状"按钮，在其下拉列表框中选择"圆角矩形"，在画布中新画一个图形，如图 5-26 所示。我们会发现，新的图形覆盖了它下层的图形。

（2）选定该图形，单击"格式"选项卡"排列"工具组中的"下移一层"按钮右侧的下三角，从"下移一层"下拉列表框中选择"置于底层"命令，效果如图 5-27 所示。

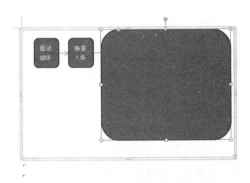
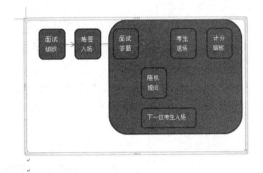

图 5-26　新画的图形　　　　　　　　图 5-27　"置于底层"后的效果

提示：若某图形被隐藏在其他图形下面，可以按 Tab 键或 Shift+Tab 组合键来选定该图形对象。

5.2.3　美化图形对象

在文档中绘制图形对象后，可以加上一些特殊的效果。

1．设置线条颜色及线型

在 Word 2010 中，设置线型的具体操作步骤如下：

（1）选定画布中最大的圆角矩形，单击"格式"选项卡"形状样式"工具组中的"形状轮廓"按钮，在弹出的"形状轮廓"菜单中选择线条颜色为"深蓝，文字 2"。

（2）在"形状轮廓"菜单中选择"虚线"，如图 5-28 所示，在弹出的对话框中选择线型为"圆点"。

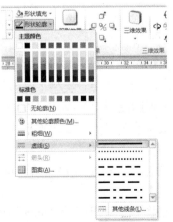

图 5-28　"形状轮廓"菜单

提示 1：如果在"形状轮廓"菜单中没有看到所需的颜色，则单击"形状轮廓"菜单中的"其他轮廓颜色"命令，用户可在打开的"颜色"对话框中选择或者自定义更丰富的颜色。如果要设置带图案的线条，则单击"形状轮廓"菜单中的"图案"命令，在打开的"带图案线条"对话框中选择一种图案。

提示 2：如果要设置其他的线型，可以单击"粗细"菜单下的"其他线条"命令，出现"设置自选图形"对话框。在"线条"组的"颜色"下拉列表中选择线条的颜色，在"粗细"文本框中设置线条的粗细。

2．设置填充颜色

如果要给图形设置填充颜色，具体操作步骤如下：

（1）选定画布中最大的圆角矩形，单击"格式"选项卡"形状样式"工具组中的"形状填充"按钮右侧的下三角。

（2）在弹出的"形状填充"下拉列表框中，选择"渐变"命令，在弹出的下一级列表框中选择渐变效果为"中心辐射"，效果如图 5-29 所示。

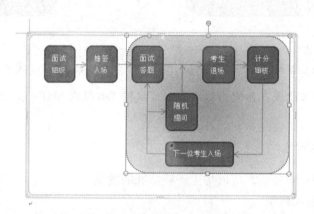

图 5-29　"填充颜色"后的效果

提示 1：如果要从图形对象中删除填充颜色，可先选定修改的图形对象，再单击"形状样式"工具组中"形状填充"按钮右侧的下三角，从弹出的下拉列表框中选择"无填充颜色"命令。

提示 2：用户还可以通过"格式"选项卡"形状样式"工具组中的"形状效果"按钮设置设置图形的阴影、三维等效果。

5.2.4　使用 SmartArt 图示功能

SmartArt 图形是 Word 中预设的形状、文字以及样式的集合，包括列表、流程、循环、层次结构、关系、矩阵、棱锥图和图片 8 种类型，每种类型下又包括若干个图形样式。使用 SmartArt 图形功能可以快速创建出专业而美观的图形化效果，而且对于创建好的图形还可以使用现有的编辑功能进行一些简单的处理，从而使图形更具专业水平。

1．插入 SmartArt 图形

要插入 SmartArt 图形，首先要选择一种 SmartArt 图形布局。插入 SmartArt 图形的具体操作步骤如下：

（1）单击"插入"选项卡"插图"工具组中的"SmartArt"按钮，打开"选择 SmartArt 图形"对话框，如图 5-30 所示。

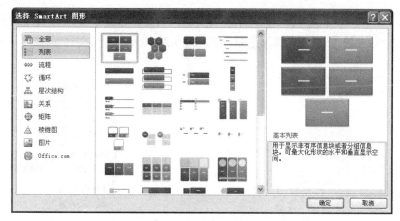

图 5-30　"选择 SmartArt 图形"对话框

（2）在该对话框的左侧列表中选择 SmartArt 图形的"列表"类型为"基本列表"，"层次结构"布局为"组织结构图"，产生的 SmartArt 图形效果如图 5-31 所示。

（3）单击图框，然后输入文本，如图 5-32 所示。

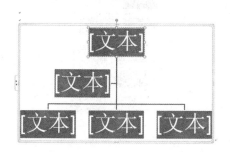

图 5-31　插入 SmartArt 图形效果

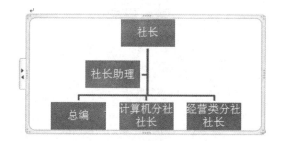

图 5-32　在图框中输入文字

提示：用户还可以在"文本窗格"中输入所需的文本（只需单击"设计"选项卡"创建图形"工具组中的"文本窗格"按钮，即可显示或隐藏文本窗格），并且还能够利用"设计"选项卡"创建图形"工具组中的"升级"按钮或"降级"按钮来调整形状的级别。

2．在 SmartArt 图形中删除或添加形状

前面已经创建了一个样本组织结构图，但是在实际建立组织结构图的时候，一般都是要在该样本组织结构图的基础上再删除或添加一些图框等。具体操作步骤如下：

（1）单击要删除的图框，然后按 Delete 键，即可删除选定的图框，如图 5-33 所示。

（2）选中组织结构图中要添加新图框的"总编"图框，单击"设计"选项卡"创建图形"工具组中的"添加形状"按钮右侧的下三角，从下拉列表框中选择"在下方添加形状"命令。如图 5-34 所示，新的图框放置在下一层并将其连接到所选图框上，然后在新图框中输入"第一编辑部主编"。

（3）为了添加与"第一编辑部主编"并列的其他部门领导，可以选定该图框，然后选择"添加形状"下拉列表框中的"在后面添加形状"命令，就可以为"第一编辑部主编"图框添加新的同组图框。重复该命令，可以添加多个同级图框，分别在新图框中输入"第二编辑部主编"和"第三编辑部主编"，如图 5-35 所示。

（4）为了给"计算机分社社长"添加下属，可以选定"计算机分社社长"图框，然后选

择"添加形状"下拉列表框中的"在下方添加形状"命令，在新添加的图框中分别输入"生产部主管"、"发行部主管"和"销售部主管"，如图 5-36 所示。

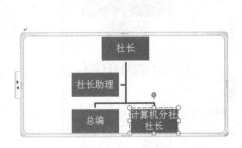

图 5-33　删除图框

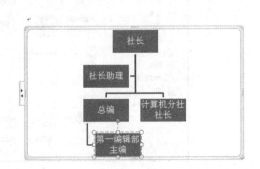

图 5-34　添加新图框

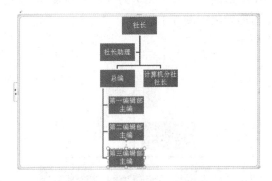

图 5-35　添加多个新的同级图框

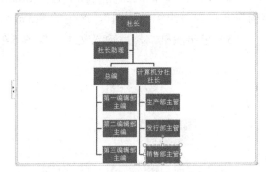

图 5-36　添加下属图框

3. 改变组织结构图的布局

在 Word 2010 的实际应用中，仅仅使用默认的组织结构图的布局是无法满足实际工作要求的。因此，Word 提供很多布局供用户选择使用，使得创建和修改组织结构图非常容易。

选中已经设置好的 SmartArt 图，单击"设计"选项卡"布局"工具组中如图 5-37 所示的层次结构图标，即可快速改变组织结构图的布局，如图 5-38 所示。

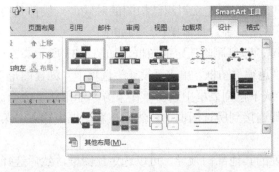

图 5-37　"布局"列表

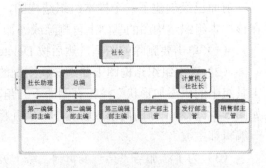

图 5-38　改变后的组织结构图的布局

提示： 在文档中插入 SmartArt 图形后，对于图形的整体样式、图形中的形状、图形中的文本等都可以重新进行设置。

5.3　制作 "职工工资表" 文档

"职工工资表" 文档是单位财务部门经常要用到的文档之一。表格作为一种简明扼要的表达方式，不仅结构严谨、效果直观，而且包含的信息量大，能够比文字更为清晰且直观地描述内容。在制作报表、合同文件、宣传单、工作总结以及其他各类文书时，经常需要在文档中插入表格，以清晰地表现各类数据。完成本案例后，可以掌握使用 Word 制作、编辑和美化商务办公表格的方法。

素材文档见 "\第 5 章\职工工资表.docx"，最终效果如图 5-39 所示。

部门	姓名	基础工资	岗位工资	工龄工资	应扣费用	应发工资	实发工资
研发部	范明	9800	800	320	120	10920.00	10,800.00
	孙楠楠	8000	800	450	90	9,250.00	9,160.00
	吴峻	7000	800	260	140	8,060.00	7,920.00
生产部	王洪亮	8000	800	320	230	9,120.00	8,890.00
	李浩南	4800	800	320	100	5,920.00	5,820.00
	江凯	5000	1100	320	120	6,420.00	6,300.00
	施爱华	4300	900	450	140	5,650.00	5,510.00
销售部	郑云	4700	900	230	90	5,830.00	5,740.00
	徐庆丰	5200	1100	450	100	6,750.00	6,650.00
	高达	6000	1000	260	230	7,260.00	7,030.00
	何琪敏	5500	980	260	220	6,740.00	6,520.00
合计		68,300	9980	3640	1580	81,920.00	80,340.00

图 5-39　"职工工资表" 文档

5.3.1　创建与编辑表格

在 Word 2010 中，表格是由行和列的单元格组成的，可以在单元格中输入文字或插入图片，使文档内容变得更加直观和形象，增强文档的可读性。

1. 创建表格

用户可以使用自动创建表格功能来插入简单的表格，具体操作步骤如下：

（1）将插入点置于文档中要插入表格的位置，单击 "插入" 选项卡 "表格" 工具组中的 "表格" 按钮，在该按钮下方出现如图 5-40 所示的示意表格。

（2）用鼠标在示意表格中拖动可以选择表格的行数和列数，同时在示意表格的上方显示相应的行列数。

（3）选定所需的行列数后，释放鼠标，即可得到所需的表格，如图 5-41 所示。

图 5-40　示意表格

提示：若要制作列数超过 10 或行数超过 8 的大表格时，就需要使用 "插入表格" 对话框，在其中能够准确地输入表格的行数和列数，还可以根据实际需要调整表格的列宽。单击 "插入" 选项卡 "表格" 工具组中的 "表格" 按钮，然后选择 "插入表格" 命令，打开如图 5-42 所示的 "插入表格" 对话框。在 "列数" 和 "行数" 文本框中输入要创建的表格包含的列数和行数。单击 "确定" 按钮，即可在文档输入点处创建表格。

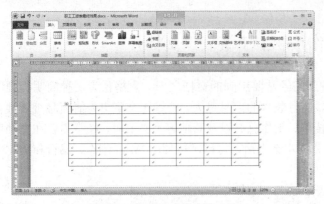

图 5-41　快速创建的空白表格　　　　　　图 5-42　"插入表格"对话框

2. 在表格中插入与删除行或列

很多时候在创建表格初期并不能准确估计表格的行列数量，因此，在编辑表格数据的过程中会出现表格行列数量不够用或在数据输入完成后有剩余的现象，这时通过添加或删除行和列即可很好地解决问题。具体操作步骤如下：

（1）单击表格中的某一个单元格，将光标停留在此处。

（2）单击"布局"选项卡"行和列"工具组中的"在上方插入"按钮或"在下方插入"按钮，即可在当前单元格的上方或下方插入一行。以此方法将表格的行数增加到 13 行。

（3）同理，要插入列可单击"在左侧插入"按钮或"在右侧插入"按钮。以此方法将表格的列数增加到 8 列。

提示 1：上述步骤也可以通过右键快捷菜单中"插入"命令的子命令来完成。

提示 2：单击表格右下角单元格的内部，按 Tab 键将在表格下面添加一行；将光标定位到表格右下角单元格外侧，按 Enter 键也可在表格下面添加一行。

提示 3：右击要删除的行或列，然后在弹出的快捷菜单中选择"删除行"或"删除列"命令，可删除该行或列。

3. 合并与拆分单元格和表格

在编辑表格时，经常需要根据实际情况对表格进行一些特殊的编辑操作，如合并单元格、拆分单元格和拆分表格等。在 Word 2010 中，合并单元格是指将矩形区域的多个单元格合并成一个较大的单元格，具体操作步骤如下：

（1）同时选定表格中第 1 列的第 2、3、4 行的三个单元格，如图 5-43 所示。

（2）单击"布局"选项卡"合并"工具组中的"合并单元格"按钮，将合并选定的单元格，如图 5-44 所示。

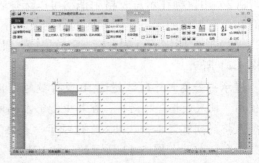

图 5-43　选定要合并的单元格　　　　　　图 5-44　合并单元格后的效果

（3）以同样的方法，将第 1 列的第 5~8 行的单元格，第 1 列的第 9~12 行和最后一行的第 1 列和第 2 列的单元格合并。

提示 1： 选定单元格，单击"布局"选项卡"合并"工具组中的"拆分单元格"按钮，在打开的"拆分单元格"对话框中分别输入要拆分成的列数和行数（如果选定了多个单元格，可以选中"拆分前合并单元格"复选框，在拆分前把单元格合并），单击"确定"按钮，即可将其拆分为指定的列数和行数。

提示 2： 将插入点置于要拆分表格的行分界处，单击"布局"选项卡"合并"工具组中的"拆分表格"按钮，在插入点所在行以下的部分就会从原表格中分离出来，变成一个独立的表格。

5.3.2　表格中文本的输入及编辑

1．在表格中输入文本

在表格中输入文本与在表格外的文档中输入文本一样，首先将插入点移到要输入文本的单元格中，然后输入文本。如果输入的文本超过了单元格的宽度时，则会自动换行并增大行高。如果要在单元格中开始一个新段落，可以按"回车"键，该行的高度也会相应增大。

如果要移动到下一个单元格中输入文本，可以单击该单元格，或者按 Tab 键或向右箭头键移动插入点，然后输入相应的文本。输入后的效果如图 5-45 所示。

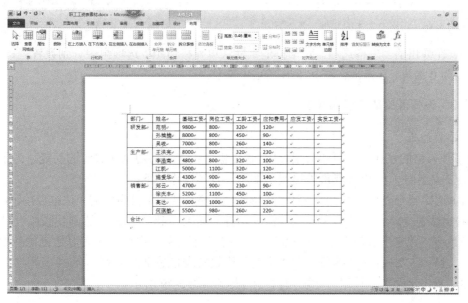

图 5-45　输入文本后的表格

2．设置单元格中文本的对齐方式

在前面的章节中介绍过文字的水平对齐方式（针对版心），相关操作在表格中仍然适用，只是将参照物变为"单元格"。在表格中不但可以水平对齐文字，而且增加了垂直方向的对齐操作。具体操作步骤如下：

选中整个表格中的文字，单击"布局"选项卡"对齐方式"工具组中的"水平居中和垂直居中"按钮，如图 5-46 所示。可将表格中的文字设置成水平和垂直方向都居中对齐。

3．设置文字方向

除了设置表格中文本的位置外，还可以灵活设置文字方向。具体操作步骤如下：

（1）选中表格第一列中的"研发部"、"生产部"和"销售部"三个单元格。

（2）单击"布局"选项卡"对齐方式"工具组中的"文字方向"按钮，即可将文字方向设置成纵向。

提示：多次单击"文字方向"按钮，可切换各个可用的文字方向。

4. 设置整张表格的单元格边距

在 Word 2010 中，单元格边距是指单元格中的内容与边框之间的距离；单元格间距是指单元格和单元格之间的距离。在编辑表格时，可以根据实际需要自定义单元格的边距和间距。具体操作步骤如下：

（1）选择整个表格，单击"布局"选项卡"对齐方式"工具组中的"单元格边距"按钮，弹出 "表格选项"对话框，如图 5-47 所示。

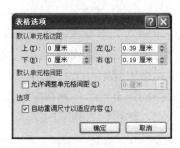

图 5-46　表格中文本的 9 种对齐方式　　　　图 5-47　"表格选项"对话框

（2）在弹出的"表格选项"对话框的"默认单元格边距"选项组中分别设置上、下、左、右的边距为 0 厘米、0 厘米、0.39 厘米、0.19 厘米。

5.3.3　设置表格的边框和底纹

1. 添加边框

为了使表格的设计更具专业效果，Word 提供了设置表格边框和底纹的功能。为了使表格看起来更有轮廓感，可以将其最外层边框加粗。具体操作如下：

（1）选定整个表格，单击"设计"选项卡"表格样式"工具组中的"边框"按钮，从"边框"下拉列表框中选择"边框和底纹"命令，打开如图 5-48 所示的"边框和底纹"对话框。

（2）在"边框"选项卡中，可以在"应用于"下拉列表框中先设置好边框的应用范围，然后在"设置"、"样式"、"颜色"和"宽度"中设置表格边框的外观。

（3）单击"确定"按钮。添加边框后的表格如图 5-49 所示。

部门	姓名	基础工资	岗位工资	工龄工资	应扣费用	应发工资	实发工资
研发部	范明	9800	800	320	120		
	孙楠楠	8000	800	450	90		
	吴岷	7000	800	260	140		
生产部	王洪亮	8000	800	320	230		
	李浩南	4800	800	320	100		
	江凯	5000	1100	320	120		
	施爱华	4300	900	450	140		
销售部	郑云	4700	900	230	90		
	徐庆丰	5200	1100	450	100		
	高达	6000	1000	260	230		
	何琪敏	5500	980	260	220		
合计							

图 5-48　"边框和底纹"对话框　　　　　　图 5-49　添加边框后的表格

2. 设置底纹

为了区分表格标题与正文，使其外观醒目，经常会给表格标题添加底纹，具体操作步骤如下：

（1）选定要添加底纹的单元格，单击"设计"选项卡"表格样式"工具组中的"底纹"按钮右侧的下三角，从弹出的颜色菜单中选择所需的颜色（当鼠标指向某种颜色后，可在单元格中立即预览其效果）。

（2）用同样的方法为其他标题添加底纹，最终效果如图 5-50 所示。

部门	姓名	基础工资	岗位工资	工龄工资	应扣费用	应发工资	实发工资
研发部	范明	9800	800	320	120		
	孙楠楠	8000	800	450	90		
	吴峻	7000	800	260	140		
生产部	王洪亮	8000	800	320	230		
	李浩南	4800	800	320	100		
	江凯	5000	1100	320	120		
	施爱华	4300	900	450	140		
销售部	郑云	4700	900	230	90		
	徐庆丰	5200	1100	450	100		
	高达	6000	1000	260	230		
	何琪敏	5500	980	260	220		
合计							

图 5-50　为表格添加底纹后的效果

提示： 无论是新建的空表还是已经输入数据的表格，都可以使用表格的快速样式来设置表格的格式。选中表格，单击"设计"选项卡"表格样式"工具组中的任何一种样式，即可在文档中实现此样式的排版效果。

5.3.4　表格中数据的计算

Word 2010 的表格提供了一些简单的计算功能，如加、减、乘、除与求平均值等。这些功能虽然比较简单，但是在实际工作中可以为用户带来很大的方便。

就像使用 Excel 软件一样，单元格可以利用类似于电子表格中的 A1、A2、B1、B2 等作为参考的位置，表格的列用英文字母表示，表格的行用数字表示。要求计算出员工的应发工资、实发工资和合计值，具体操作步骤如下：

（1）将插入点置于"范明"所在行的"应发工资"下方的单元格中。

（2）单击"布局"选项卡"数据"工具组中的"公式"按钮，弹出"公式"对话框，如图 5-51 所示。

（3）在"公式"文本框中输入"=SUM(C2, D2,E2)"；在"编号格式"下拉列表框中选择数据格式为"#,##0.00"。单击"确定"按钮，即可在单元格中显示结果。

（4）重复步骤（1）～（3），计算出其他员工的应发工资，只需修改 SUM()中的单元格地址。

图 5-51　"公式"对话框

（5）接下来计算"实发工资"。将插入点置于"范明"所在行的"实发工资"下方的单元格中。单击"布局"选项卡"数据"工具组中的"公式"按钮，弹出"公式"对话框。

（6）在"公式"文本框中输入"=G2-F2"；在"编号格式"下拉列表框中选择数据格式

为"#,##0.00"。单击"确定"按钮，即可在单元格中显示结果。

（7）重复步骤（5）、（6），计算出其他员工的实发工资。

（8）将插入点置于最后一行"合计"单元格右边的单元格中。单击"布局"选项卡"数据"工具组中的"公式"按钮，弹出"公式"对话框。

（9）在"公式"文本框中输入"=SUM(ABOVE)"；在"编号格式"下拉列表框中选择数据格式为"#,##0"。单击"确定"按钮，即可在单元格中显示结果。

（10）重复步骤（8）、（9），计算出所有员工每项工资条目的总和，最终结果如图 5-52 所示。

部门	姓名	基础工资	岗位工资	工龄工资	应扣费用	应发工资	实发工资
研发部	范明	9800	800	320	120	10920.00	10,800.00
	孙楠楠	8000	800	450	90	9,250.00	9,160.00
	吴峻	7000	800	260	140	8,060.00	7,920.00
生产部	王洪亮	8000	800	320	230	9,120.00	8,890.00
	李浩南	4800	800	320	100	5,920.00	5,820.00
	江凯	5000	1100	320	120	6,420.00	6,300.00
	施爱华	4300	900	450	140	5,650.00	5,510.00
销售部	郑云	4700	900	230	90	5,830.00	5,740.00
	徐庆丰	5200	1100	450	100	6,750.00	6,650.00
	高达	6000	1000	260	230	7,260.00	7,030.00
	何琪敏	5500	980	260	220	6,740.00	6,520.00
合计		68,300	9980	3640	1580	81,920.00	80,340.00

图 5-52　计算结果

5.4　综合实践——制作"电子小报"文档

5.4.1　学习任务

电子小报是我们经常会用到的一种文档形式。它包含了文字和图片，涉及文字处理、图片插入、文本框的使用及排版等操作，具有信息量大、内容丰富的特点。小报的内容放在"电子小报素材.docx"中，文档效果如图 5-53 所示。

图 5-53　"电子小报"文档效果

5.4.2　知识点（目标）

（1）分栏操作。

（2）编辑文档。

（3）创建表格。

（4）使用文本框布局页面。

（5）图片设置。

（6）艺术字设置。

（7）插入形状。

（8）设置项目符号和编号。

5.4.3　操作思路及实施步骤

（1）新建文档：启动 Word 2010，出现一个空白文档，选择"文件"→"保存"命令，弹出"另存为"对话框。在"保存位置"下拉列表框中选择要保存文件的位置；在"文件名"文本框中输入"电子小报"，单击"确定"按钮。

（2）页面设置：单击"页面布局"选项卡"页面设置"工具组中的"页边距"按钮，在弹出的下拉列表框中选择"自定义边距"，弹出"页面设置"对话框。在"页边距"组中设置上、下页边距为 1.5 厘米，左、右页边距为 1 厘米，方向为"横向"；单击"纸张"选项卡，设置纸张大小为 A4；单击"版式"选项卡，设置页眉为 1.5 厘米，页脚为 0 厘米。

（3）分栏操作：将整个页面分成两栏。单击"页面布局"选项卡"页面设置"工具组中的"分栏"按钮，在弹出的下拉列表框中选择"更多分栏"，弹出"分栏"对话框。设置"栏数"为 2，"间距"为 6 字符，其他为默认值。

（4）添加水印效果：单击"页面布局"选项卡"页面背景"工具组中的"水印"按钮，在弹出的下拉列表框中选择"自定义水印"，弹出"水印"对话框。选择"文字水印"，输入"文字"为"校园报"，单击"确定"按钮，出现水印效果。

（5）设置艺术字：单击"插入"选项卡"文本"工具组中的"艺术字"按钮，在弹出的下拉列表框中选择一个合适的艺术字样式。在艺术字编辑框中输入文字内容为"校园报"。在"开始"选项卡"字体"工具组中，设置艺术字字体为"华文新魏"，字号为 72。单击"格式"→"排列"工具组中的"位置"按钮，在弹出的列表框中选择"其他布局选项"，弹出"布局"对话框，单击"文字环绕"活页夹，选择"浮于文字上方"，单击"确定"按钮，使艺术字浮于图片上方。文中其他艺术字格式设置可参照此步骤。

（6）创建表格：单击"插入"选项卡"表格"工具组，选择表格行列数为 7 行 5 列。选中表格第一行所有列，单击"布局"选项卡"合并"工具组中的"合并单元格"按钮，并在表格第一行输入内容"校运动会奖牌排行榜（前四名）"并选中。单击"设计"选项卡"表格样式"工具组中的"底纹"按钮右侧的下三角，在弹出的下拉列表框中选择底纹颜色为"深蓝，文字 2，淡色 60%"。输入素材所示的表格内容。选中整张表格，单击"布局"选项卡"对齐方式"工具组中的"水平居中"按钮，使表格中的所有文字居中对齐；单击"布局"选项卡"单元格大小"工具组中的"自动调整"按钮，在弹出的下拉列表框中选择"根据内容自动调整表格"，完成表格设置。利用公式计算出"合计"的结果。

（7）使用文本框布局页面：单击"插入"选项卡"文本"工具组中的"文本框"按钮，在弹出的下拉列表框中选择"绘制文本框"，在页面合适的位置拖动鼠标，绘制文本框。参照"电子小报"最终效果中"让座"文档的布局，一共绘制四个文本框，并放置在合适的位置。在素材中将"让座"文档的内容复制粘贴到第一个文本框中，发现文本框只能显示部分内容。单击"格式"选项卡"文本"工具组中的"创建链接"按钮，鼠标变成"茶杯"的形状，然后单击下一个空白文本框，则在第一个文本框中显示不下的内容自动在第二个文本框中显示。同理完成第二个、第三个文本框的链接，最后对该文档布局进行调整。选中文本框后右击，在弹出的快捷菜单中选择"设置形状格式"，弹出"设置形状格式"对话框，设置"填充"为"无填充"，设置"线条颜色"为"无线条"。

（8）设置图片：在当前的文档中，单击"插入"选项卡"插图"工具组中的"剪贴画"按钮，在弹出的"剪贴画"窗格中，单击"搜索"按钮，在搜索结果中选择一幅合适的图片并单击，完成图片插入。选中图片，单击"格式"选项卡"排列"工具组中的"位置"按钮，在弹出的下拉列表框中选择"其他布局选项"，弹出"布局"对话框，单击"文字环绕"活页夹，选择"衬于文字下方"，单击"确定"按钮，使图片衬于"校园报"艺术字下方。

（9）插入形状制作导读栏：单击"插入"选项卡"插图"工具组中的"形状"按钮，然后分别选择"圆角矩形"、"矩形"和"圆形"，绘制如效果图所示的导读栏图形。按住 Shift 键，选中刚才绘制的每个图形，单击"格式"选项卡"排列"工具组中的"组合"按钮，在弹出的下拉列表框中选择"组合"，将图形组合成一个整体。单击"格式"选项卡"形状样式"工具组中的"形状填充"按钮，在弹出的下拉列表框中选择"渐变"，在弹出的次级列表框中选择"中心辐射"。

（10）设置项目符号：在图形右边的圆角矩形框上右击，在弹出的快捷菜单中选择"添加文字"命令，在矩形框中输入文字，设置为字体格式为楷体，小五，加粗。选中输入的文字，单击"开始"选项卡"段落"工具组中的"项目符号"按钮右侧的下三角，在弹出的下拉列表框中选择一个合适的项目符号。

最后，调整图片、艺术字、文本框等元素的大小和位置，完成小报的制作。

5.4.4　任务总结

通过本案例的练习，读者应主要从以下几方面掌握 Word 中的图、表及文本框操作：
（1）艺术字的插入与编辑。
（2）文本框的插入与编辑。
（3）图形的插入与编辑。
（4）表格的插入与编辑。

本章主要介绍 Word 中与文本框、图形以及表格相关的基本操作。主要讲解了如何插入与编辑文本框；如何插入艺术字；如何快速插入整个表格，以及使用多种工具和技术修改和格式化表格；如何插入图形、艺术字、剪贴画和 SmartArt 图形，以及如何设置这些对象的格式。通过本章的学习，读者应熟练掌握上述基本操作。

疑难解析（问与答）

问：一个文本框中的内容超过了文本框范围，在对这个文本框实现链接时，不能完成链接操作的原因是什么？

答：当出现这种现象时，最好检查一下被链接的目标文本框是否为空文本框，因为只有没有内容的文本框，才可以被设置为链接目标。

问：在文档中插入了多个图片，但插入的图片不能移动位置和实现组合操作的原因是什么？

答：当出现这种现象时，最好检查一下插入图片的环绕格式，插入的图片如果是嵌入式的，将不能对图片进行组合及移动位置，需要将图片的环绕方式更改为"浮于文字上方"格式才能实现图片的移动和组合操作。

问：如何将应用预设样式的表格恢复为默认格式？

答：为表格应用了预设样式后，要将其恢复为默认效果时，单击"设计"选项卡"表格样式"工具组中的"网络型"按钮，即可恢复为默认格式。

习题五

一、判断题

1. 图片被裁剪后，被裁剪的部分仍作为图片文件的部分被保存在文档中。   （ ）

2. Word 2010 在文字段落样式的基础上新增了图片样式，用户可以自定义图片样式并列入到图片样式库中。   （ ）

3. 按一次 Tab 键就右移一个制表位，按一次 Delete 键左移一个制表位。   （ ）

二、选择题

1. 在表格中，如需运算的空格恰好位于表格最底部，需将该空格以上的内容累加，可通过插入以下（   ）公式实现。

    A. =ADD(BELOW)   B. =ADD(ABOVE)

    C. =SUM(BELOW)   D. =SUM(ABOVE)

2. 下列对象中，不可以设置链接的是（   ）。

    A. 文本上   B. 背景上

    C. 图形上   D. 剪贴图上

3. SmartArt 图形不包含下面的（   ）。

    A. 图表   B. 流程图

    C. 循环图   D. 层次结构图

三、操作题

1. 制作如图 5-54 所示的"无偿献血海报"文档。

制作过程应包括：插入图片、形状、文本框和艺术字，并对各个对象进行编辑，最终达到理想效果。

2．制作如图 5-55 所示的"员工人事资料表"文档。

姓名		性别		籍贯		
出生年月		现职位		联系电话		相片
身份证号						
现住址						
家庭状况						
学历	学校名称				学历等级	毕业日期
经历	工作单位			职位	工资	离职原因
技术专长	技术类别			等级	补充说明	
备注						

图 5-54　无偿献血海报　　　　　　　　　　图 5-55　员工人事资料表

3．制作如图 5-56 所示的图文混排效果。

图 5-56　图文混排效果

第6章　Word 2010 文档排版

本章学习目标

- 熟练掌握 Word 2010 文档的页面设置（页边距、页面方向、首字下沉等）。
- 熟练掌握 Word 2010 文档的打印设置与文档的分节设置等操作。
- 学会 Word 2010 文档中套用样式的操作以及创建新样式的方法。

基本知识讲解

1. Word 2010 中文档纸张的规格

在进行文档创建后，大多数的情况下都需要将文档打印出来。在打印文档时，常常需要根据不同的情况使用不同大小的纸张，并设置不同的打印方向。根据一篇文档使用纸张和页边距的大小，可以确定文档的中心、每页的字数。因此根据文档需要选择合适的纸张大小是非常重要的。

许多国家使用ISO 216国际标准来定义纸张的尺寸，此标准源自德国，在 1922 年通过，定义了 A、B、C 三组纸张尺寸，其中包括办公最常用的A4纸张尺寸。而我国对纸张幅面规格的传统表示方法是用"开数"。开数是指一张全张纸上排印多少版或裁切多少块纸。一张全张纸称全开；将全张纸排两块版、对折一次或从中间裁切一次称 2 开；对开纸从中间裁切或对折后变为 4 开，再依次裁切或对折分别称为 8 开、16 开、32 开等，常用的尺寸为 16 开。现在我国的开本尺寸已走向国际标准化，也逐步开始使用 A 系列和 B 系列的开本尺寸。

2. 页边距

整个页面的大小在选择纸张后已经固定，然后就要确定正文所占区域的大小。要确定正文区域的大小，可以通过设置正文到四周页面边界间的区域大小，也就是接下来要讲到的页边距的概念，如图 6-1 所示，页边距有"上边距"、"下边距"、"左边距"和"右边距"。

3. 样式

样式和模板是 Word 2010 中提供的最好的节省时间的工具之一，它们的优点就是保证所有文档的外观都非常漂亮，而且使相关文档的外观都是一致的。第 3 章中已经介绍过模板的使用，本节将介绍样式的概念和有关操作。

（1）什么是样式。

样式是指一组已经命名的格式的组合，有的书中也称为一些格式化指令的集合，它有一个名称并且可以保存起来。例如，可以指定某一样式为三号宋体，首行缩进，靠右对齐。在保存后可以很快地把它重复运用于文档中的正文。

运用样式比手动的设置各个文档内容的格式化要方便快捷得多，而且可以保持文档的一致性。如果以后修改了原有样式的定义，文档中应用该样式的所有正文都会自动相应地改变，反映新的样式格式化，可以形象地称之为"一改全改"。运用了样式之后，还可以自动生成文档的目录、大纲和结构图，使文档更加井井有条。

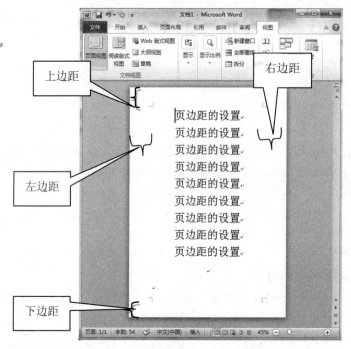

图 6-1   Word 2010 页边距

（2）样式的分类。

在 Word 中的图片、图形、表格、文字和段落等文档元素都可以使用样式，下面分别介绍。

1）图片、图形与表格样式。

Word 2010 的一个显著特色就是增加了图片、图形、表格、艺术字、自动形状、文本框等对象的样式，样式包括渐变效果、颜色、边框、形状和底纹等多种格式，可以帮助用户快速设置上述对象的格式。

例如在文档中插入一张图片，单击选定该图片后，会自动打开"图片工具"的"格式"选项卡。在"格式"选项卡的"图片样式"工具组中，提供了一组预设了颜色、边框、效果等的样式供用户选择。只需在单击对象后，再单击所需的样式即可套用，如图 6-2 所示。注意，当鼠标指针悬停在一个图片样式上方时，文档中的图片会即时预览实际效果。

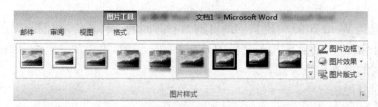

图 6-2   图片样式

2）文字和段落样式。

文字和段落样式的设定能够让整篇文档的内容更加整齐规范。相对于图形、图片和表格样式规范的是边框、效果、底纹等内容，文字和段落样式规范的则是整个段落和字体的格式。如图 6-3 所示为"开始"选项卡中的"样式"工具组。

图 6-3 "样式"工具组

3）列表样式。

列表样式主要用于项目符号和编号列表。利用列表样式可以选择列表格式，如使用黑体、宋体还是其他字体等，使用数字还是符号，并可以设置缩进和其他字符。与其他样式一样，此样式可以将不同的样式应用于列表的各个部分，如 1 级列表、2 级列表等，如图 6-4 所示为"开始"选项卡"段落"工具组中"多级列表"样式下拉列表框。

图 6-4 "多级列表"样式下拉列表框

4）链接段落和字符样式。

主要用于设置段落和字符之间的链接样式。

提示：在第 3 章中用到的模板就是样式的集成。借助于各类模板，可以更快地完成工作。使用模板文档、表单和业务资料新建文档，然后就可以在模板中添加或修改文本并对模板进行设计，比如添加公司徽标、正文内容、图像或删除不适用的文本等操作。

6.1 制作"新网站推广方案"文档

现在的公司和商家都有网站，线上交易已经占据很大一部分市场份额，但是很多企业认为，只要自己的网站制作完成就算大功告成了。但是，当我们在网站上面放入统计系统后发现，很多网站每天的流量只有几个人次，所以企业网站建设完成后还有一个很重要的推广工作。本节是以制作一个"新网站推广方案"文档为例，使学生掌握文档的页边距、首字下沉和页面背景设置等操作。

本例完成的效果如图 6-5 所示，下面讲解具体的操作步骤。

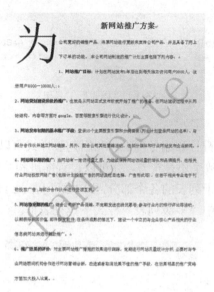

图 6-5 "新网站推广方案"文档效果

6.1.1 设置页面大小和页边距

在进行文档编辑之前，首先要进行页面的格式设置，对文档的页面进行布局。具体操作步骤如下：

（1）启动 Word 2010 后，首先新建一个空白文档，保存新文档，命名为"新网站推广方案"。

（2）选择"页面布局"选项卡后，在下面的功能区选择"页面设置"工具组中的"页边距"按钮，单击"页边距"按钮下面的下三角，在弹出的下拉列表框中选择"自定义边距"，效果如图 6-6 所示。

（3）在弹出的"页面设置"对话框中，修改"页边距"组中上下边距为 4.2 厘米，左右边距为 3.5 厘米。"纸张方向"设置为"纵向"，效果如图 6-7 所示，设置完成后先不要单击"确定"按钮，还需要进一步设置纸张。

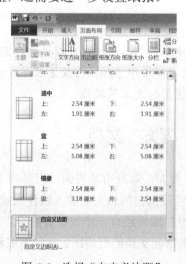

图 6-6 选择"自定义边距"

图 6-7 "页面设置"对话框

（4）在"页面设置"对话框中单击"纸张"选项卡，并在"纸张大小"下拉列表框中选择"A4"，如图 6-8 所示，单击"确定"按钮，关闭"页面设置"对话框。

图 6-8　"纸张"设置

6.1.2　设置页面背景

在 Word 文档中，通过设置页面背景，可以为文档添加图片或文字水印，也可以为文档设置页面颜色和页面边框。本案例需要设置背景色为紫色，添加公司 Logo 水印，为文档添加页面边框等操作。具体操作步骤如下：

（1）打开 6.1.1 节中已经设置过页面大小和页边距的文档"新网站推广方案.docx"。单击"页面布局"选项卡，在下面的功能区单击"页面背景"工具组中"水印"按钮下面的下三角。弹出如图 6-9 所示的下拉列表框。

（2）在弹出的下拉列表框中选择"自定义水印"命令，弹出"水印"对话框，如图 6-10 所示。在"水印"对话框中选择"文字水印"单选按钮。在"语言"下拉列表框中选择"英语（美国）"，在"文字"下拉列表框中输入需要设置为水印的文字"fanteste"，颜色选择"紫色"，版式为"斜式"，单击"确定"按钮。如果还需要设置其他的字符格式，也可以在"字体"和"字号"下拉列表框中选择相应的选项，本例中对字符格式不做其他要求。

图 6-9　选择"自定义水印"

图 6-10　"水印"对话框

（3）返回文档编辑界面，观察为文档添加完紫色文字水印后的效果，如图 6-11 所示。

（4）为整个文档设置页面背景色，美化文档。单击"页面布局"选项卡，在下面的功能区单击"页面背景"工具组中"页面颜色"按钮下面的下三角，在弹出的下拉列表框中选择"填充效果"命令，如图 6-12 所示。

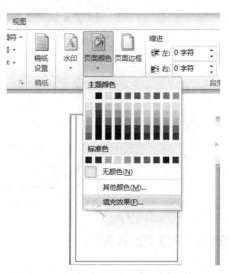

图 6-11　添加完水印文字后的效果　　　　图 6-12　页面背景的"填充效果"选择

（5）如图 6-13 所示，在弹出的"填充效果"对话框中选择"双色"单选按钮，颜色 1 选择白色，颜色 2 选择"紫色，强调文字颜色 4，淡色 80%"，透明度保持不变，底纹样式选择"中心辐射"单选按钮，在"变形"组中选择右边的样式后单击"确定"按钮。返回文档编辑界面，观察添加了水印和页面填充后的效果，最后给文档添加页面边框。

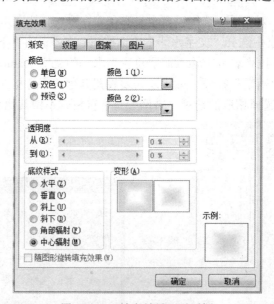

图 6-13　"填充效果"对话框

（6）同样单击"页面布局"选项卡，单击"页面背景"工具组中的"页面边框"按钮，弹出"页面边框"对话框，本例中选择最简单的黑色双线条方框。在左边的"设置"组中选择

"方框"，样式选择"双实线"，单击"确定"按钮，如图 6-14 所示。如果需要设置艺术型的边框，可以在"艺术型"下拉列表框中选择。

图 6-14　"边框和底纹"对话框

（7）单击"快速访问工具栏"上的"保存"按钮，及时保存编辑的文档。

6.1.3　设置首字下沉

有时候给 Word 排版是为了让文字更加美观、个性化，可以使用 Word 中的"首字下沉"功能来让某段的首个文字放大或者更换字体，这样一来就给文档添加了几分美观。首字下沉用途非常广，在报纸、书籍和杂志上也会经常看到首字下沉的效果。接下来为 6.1.2 节中编辑的"新网站推广方案"文档设置首字下沉效果。

（1）打开已保存的"新网站推广方案"文档。

（2）选择"插入"选项卡，在功能区单击"文本"工具组中"首字下沉"按钮下面的下三角，在弹出的下拉列表框中选择"首字下沉选项"，如图 6-15 所示。

（3）如图 6-16 所示，在弹出的"首字下沉"对话框中单击"下沉"按钮，下沉行数选择"3"，单击"确定"按钮，及时保存修改后的文档。

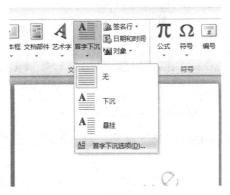

图 6-15　首字下沉选项

图 6-16　"首字下沉"对话框

返回文档编辑区，将素材中的内容输入到文档中，观察设置了首字下沉后的效果，如图 6-17 所示。

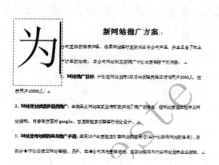

图 6-17　设置"首字下沉"后的文档效果

6.1.4　审阅文档

在日常工作中，某些文档需要上级领导审阅或者经过大家的讨论后才能执行，所以就需要在这些文件上进行一些批示、修改。Word 2010 提供了批注、修订、更改等审阅工具，可以大大提高办公效率。

1．添加批注

批注是指阅读时在文中空白处对文章进行批示和注解。对已保存的"新网站推广方案"添加批注的具体操作步骤如下：

（1）打开文档，首先选中需要插入批注的文字"10000 人"，选择"审阅"选项卡，在功能区中的"批注"工具组中单击"新建批注"按钮，如图 6-18 所示。

（2）随即在文档的右侧出现一个批注框，用于添加需要输入的批注信息。批注内容为"8000-10000 人"，如图 6-19 所示。

图 6-18　"批注"工具组

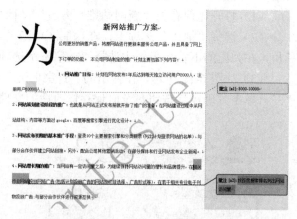

图 6-19　添加批注后的效果

（3）重复步骤（2）的操作，选中文档的"相关行业网站"文字，输入批注信息"按百度搜索排名列出网站访问量"。

提示 1：Word 2010 的批注信息前面都会自动加上"批注"二字以及批注的编号，以方便编辑者查看。

提示 2：如果要删除批注，选中批注框并右击，在弹出的快捷菜单中选择"删除批注"命令即可。

2．修订文档

在打开修订文档功能的情况下，Word 会自动跟踪对文档的所有更改，包括插入、删除和格式更改，并对更改的内容作出标记。为了清楚地标记出修订文档的人员，可以对用户名先进行更改。具体操作步骤如下：

（1）在Word文档中选择"审阅"选项卡，在功能区的"修订"工具组中单击"修订"按钮下方的下三角，在弹出的下拉列表框中选择"更改用户名"选项。

（2）弹出"Word 选项"对话框，选择左边的"常规"选项卡，在"对 Microsoft Office 进行个性化设置"组合框下的"用户名"文本框中将用户名更改为"test1"，在"缩写"文本框中输入"t1"，然后单击"确定"按钮，如图 6-20 所示。

图 6-20　"Word 选项"对话框

（3）在功能区的"修订"工具组中单击"修订"按钮，随即进入修订状态。

此时，将文档中的"营销软件"文字删除，文档会自动显示修改的作者、时间以及删除的内容，效果如图 6-21 所示。

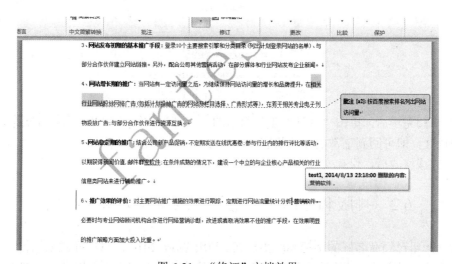

图 6-21　"修订"文档效果

补充知识：当完成所有的修订后，用户可以通过"导航窗格"功能，通篇浏览所有的审阅摘要。选择"审阅"选项卡，在功能区的"修订"工具组中单击"审阅窗格"按钮，在弹出的下拉列表框中选择"垂直审阅窗格"选项。此时，在文档的左侧出现一个导航窗格，并显示审阅记录，如图 6-22 所示。

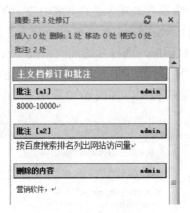

图 6-22　导航窗格

3．更改文档

在文档的修订工作完成以后，可以跟踪修订内容，并执行接受或拒绝修订。具体操作步骤如下：

（1）打开修订后的文档，选择"审阅"选项卡，在"更改"工具组中单击"上一条"按钮 上一条 或"下一条"按钮 下一条 ，可以定位到当前修订的上一条或下一条记录。

（2）可以在"更改"工具组中单击"接受"按钮下方的下三角，在弹出的下拉列表框中选择"接受对文档的所有修订"，如图 6-23 所示。

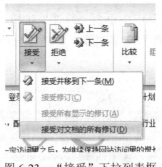

图 6-23　"接受"下拉列表框

（3）审阅完毕后，单击"修订"工具组中的"修订"按钮，可以退出修订状态，然后删除相关的批注，即可回到正常的编辑状态。

（4）完成修改后，保存文档。

6.2　排版和打印"房地产市场调查分析"文档

样式是一组已经命名好的字符和段落格式。利用 Word 2010 提供的样式来编辑文档，可以大大简化工作，提高效率，快速地创建需要的文档格式。本节根据"房地产市场调查分析"实例的格式化来讲解样式的具体使用方法。要求掌握样式的使用，包括套用系统内置样式，以及自定义样式的方法，最后对文档进行打印设置。本例完成的效果如图 6-24 所示。下面讲解具体的操作步骤。

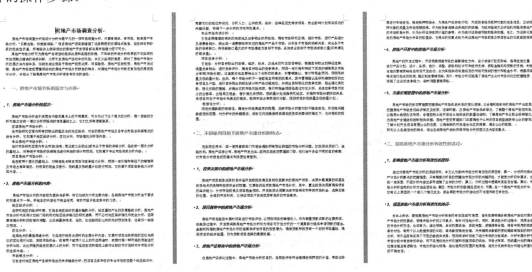

图 6-24　"房地产市场调查分析"文档效果

6.2.1　套用内置样式编排文档

Word 2010 系统自带了一个样式库，系统预设了一些默认的样式，如"正文"，"标题 1"、"标题 2"、"强调"等，用户既可以套用这些内置样式设置文档格式，也可以根据需要更改样式。

编辑素材时，要求具有统一格式风格的文档，需要对多个段落重复设置相同的文本格式，通过样式来重复应用格式，既保证了格式的统一，也减少了工作量，具体操作步骤如下。

1．使用快速样式库

具体操作步骤如下：

（1）打开素材"6.2 素材-房地产市场调研报告"，选中要设置为标题的文字"房地产市场调查分析"，选择"开始"选项卡，在"样式"工具组中单击"标题"按钮套用格式"标题"，如图 6-25 所示，随后在文档中显示标题的设置效果，如图 6-26 所示。

图 6-25　"标题"样式

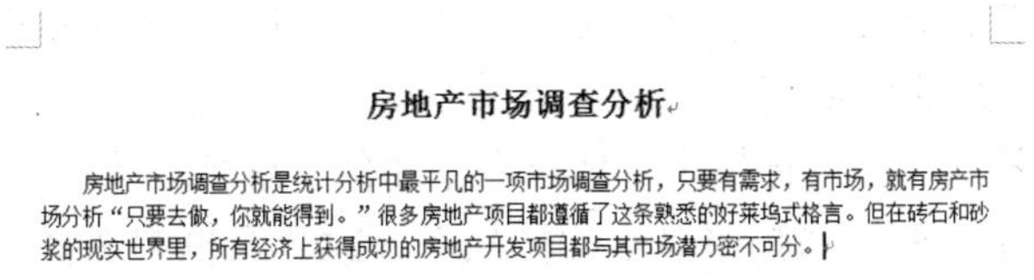

房地产市场调查分析

　　房地产市场调查分析是统计分析中最平凡的一项市场调查分析，只要有需求，有市场，就有房产市场分析"只要去做，你就能得到"。很多房地产项目都遵循了这条熟悉的好莱坞式格言。但在砖石和砂浆的现实世界里，所有经济上获得成功的房地产开发项目都与其市场潜力密不可分。

图 6-26　设置标题样式后的效果

（2）使用同样的方法，选中要套用格式"标题 1"的文本"一、房地产市场分析的层次与内容"，选择"开始"选项卡，在"样式"工具组中单击"标题 1"按钮。再选中"1、房地产市场分析的层次"文本设置"标题 2"样式，观察设置样式后的效果，如图 6-27 所示。

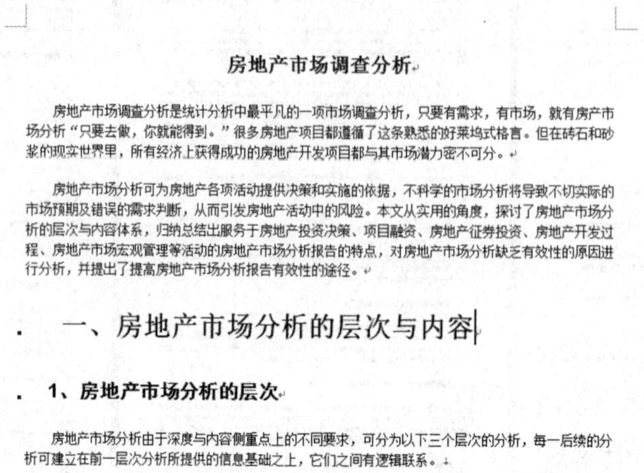

房地产市场调查分析

房地产市场调查分析是统计分析中最平凡的一项市场调查分析，只要有需求，有市场，就有房产市场分析"只要去做，你就能得到。"很多房地产项目都遵循了这条熟悉的好莱坞式格言。但在砖石和砂浆的现实世界里，所有经济上获得成功的房地产开发项目都与其市场潜力密不可分。

房地产市场分析可为房地产各项活动提供决策和实施的依据，不科学的市场分析将导致不切实际的市场预期及错误的需求判断，从而引发房地产活动中的风险。本文从实用的角度，探讨了房地产市场分析的层次与内容体系，归纳总结出服务于房地产投资决策、项目融资、房地产证券投资、房地产开发过程、房地产市场宏观管理等活动的房地产市场分析报告的特点，对房地产市场分析缺乏有效性的原因进行分析，并提出了提高房地产市场分析报告有效性的途径。

．　**一、房地产市场分析的层次与内容**|

．　**1、房地产市场分析的层次**

房地产市场分析由于深度与内容侧重点上的不同要求，可分为以下三个层次的分析，每一后续的分析可建立在前一层次分析所提供的信息基础之上，它们之间有逻辑联系。

图 6-27　设置"标题 1"、"标题 2"后的效果

（3）选中文档中所有的一级标题和二级标题分别设置"标题 1"和"标题 2"样式。

提示：如果在快速样式库中没有看到所需的样式，可单击滚动条下方"其他"按钮，展开快速样式库，如图 6-28 和图 6-29 所示。

图 6-28　"其他"按钮

图 6-29　展开快速样式库

2．使用"样式"任务窗格

除了应用"快速样式库"的方法外，还可以利用"样式"窗格应用内置样式。具体的操作步骤如下：

（1）撤消使用"快速样式"设置好"标题 1"和"标题 2"、"标题"样式的文档，返回文档的初始状态。

（2）选择"开始"选项卡，单击"样式"工具组右下角的"对话框启动器"按钮，弹出"样式"任务窗格，如图 6-30 所示。

（3）在弹出的"样式"任务窗格中，单击右下角的"选项"按钮，弹出"样式窗格选项"对话框，如图 6-31 所示。在"选择要显示的样式"下拉列表框中选择"所有样式"选项，单击"确定"按钮。通过这个操作可以列出文档中所有的样式。

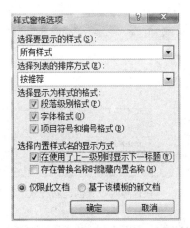

图 6-30　"样式"任务窗格　　　　　　　图 6-31　"样式窗格选项"对话框

（4）返回"样式"任务窗格，然后在"样式"下拉列表框中使用滚动条查看样式名称。后面的操作与使用"快速样式"相同，选中标题文字后在"样式"任务窗格选择"标题"选项即可设置样式。同样在文档中设置"标题 1"和"标题 2"样式，效果与使用"快速样式"方法设置的效果相同。

6.2.2　创建新样式

除了直接使用样式库中内置的样式外，也可以根据需要创建新的样式或修改原有的样式。

1．创建新样式

在 6.2.1 节的文档编辑中，内置样式"标题 1"在文档中字体为二号，偏大，可创建一个新的样式来替代"标题 1"，并应用到文档中，具体操作步骤如下：

（1）选择"开始"选项卡，在功能区的"样式"工具组中单击"对话框启动器"按钮，弹出"样式"任务窗格。

（2）在"样式"任务窗格的最下面单击"新建样式"按钮，弹出"根据格式设置创建新样式"对话框，如图 6-32 所示。给新的样式命名为"新标题 1"，在"名称"文本框中输入"新标题 1"。

（3）在对话框的最下侧单击"格式"按钮右侧的下三角，在弹出的下拉列表框中选择需要设置的内容，本例选择"字体"，弹出"字体"对话框，设置字体的格式如图 6-33 所示。设置完成后单击"确定"按钮，返回"根据格式设置创建新样式"对话框。设置后的效果如图 6-34 所示。注意勾选"添加到快速样式列表"复选框。

（4）设置完成后单击"确定"按钮，生成新样式。因为在创建中勾选了"添加到快速样式列表"复选框，因此新样式"新标题 1"已添加到快速样式库中，如图 6-35 所示，同时在"样式"任务窗格中也增加了新建的样式"新标题 1"。

（5）后面的操作与套用内置样式相同，选中文字后，单击相应的样式"新标题 1"进行样式的应用，应用新样式后的效果如图 6-36 所示。

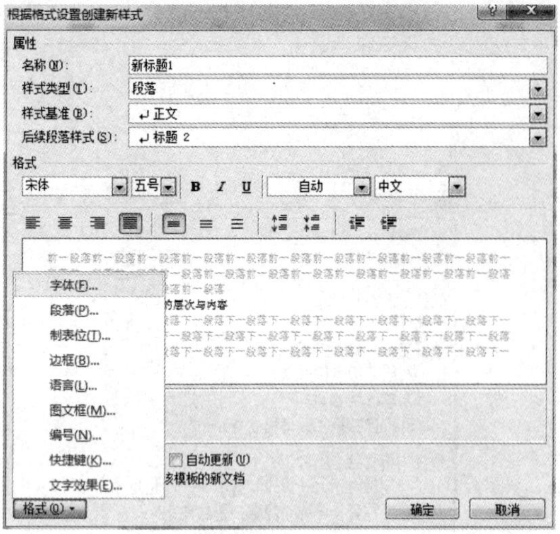

图 6-32　"根据格式设置创建新样式"对话框　　　　图 6-33　设置字体格式

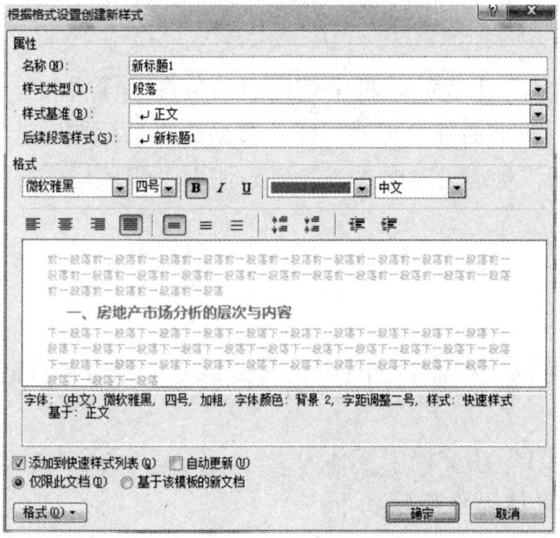

图 6-34　"新标题 1"样式设置完成后　　　　图 6-35　"新标题 1"样式添加后的快速样式库

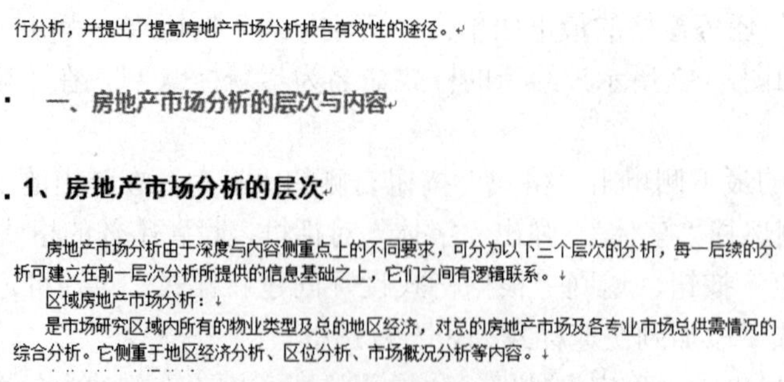

行分析，并提出了提高房地产市场分析报告有效性的途径。

· 一、房地产市场分析的层次与内容

. 1、房地产市场分析的层次

　　房地产市场分析由于深度与内容侧重点上的不同要求，可分为以下三个层次的分析，每一后续的分析可建立在前一层次分析所提供的信息基础之上，它们之间有逻辑联系。
　　区域房地产市场分析：
　　是市场研究区域内所有的物业类型及总的地区经济，对总的房地产市场及各专业市场总供需情况的综合分析。它侧重于地区经济分析、区位分析、市场概况分析等内容。

图 6-36　应用新样式"新标题 1"后的效果

2. 更改样式

　　快速样式库中的样式是具有专业外观的文档，在大多数情况下，没有必要从头到尾新建样式，而只需更改快速样式库中的样式即可达到理想的效果。将"房地产市场调查分析"文档中应用的"标题 2"样式进行更改，来学习"更改样式"的操作步骤，具体如下：

（1）首先选择需要更改样式属性的文本。本例选择文本"1、房地产市场分析的层次"。

（2）选择"开始"选项卡下的"样式"工具组，在快速样式库中右击"标题 2"，在弹出的快捷菜单中选择"修改"命令，如图 6-37 所示，打开"修改样式"对话框，如图 6-38 所示。

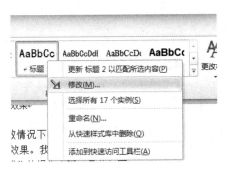

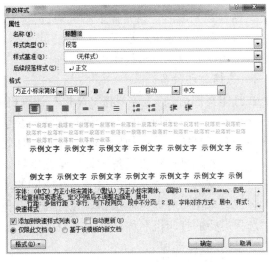

图 6-37　选择"修改"命令　　　　　　图 6-38　"修改样式"对话框

（3）在"修改样式"对话框中将字体的格式设置为微软雅黑，小四，倾斜，设置完成后单击"确定"按钮，如图 6-39 所示。

（4）无需对文档中所有的二级标题应用修改后的样式"标题 2"，只要应用过"标题 2"样式的文字会自动进行更新，修改为新样式的格式，效果如图 6-40 所示。

图 6-39　设置字体格式　　　　　　　图 6-40　应用修改后的"标题 2"样式的效果

（5）保存文档。

补充知识：如果有样式不需要使用，可以进行删除。"快速样式库"和"样式"任务窗格中都可以删除样式。从快速样式库中删除样式，只是不显示在快速样式库中，但它仍然存在于

"样式"任务窗格中。从"样式"任务窗格中删除样式才能彻底地删除样式。

删除的方法：在"样式"窗格中，选择要删除的样式并右击，在弹出的快捷菜单中选择"删除 XX 样式"。

6.2.3 打印文档

文档创建完成后，常常需要将其通过打印机打印输出。为了得到最终的打印效果，在打印之前通常要对页面进行设置，并预览打印效果，这样可以避免不必要的纸张浪费，如果预览后达到了预期的效果，再打印出来。

1. 选择打印设备

在打印文档前，首先需要将打印机与计算机相连，查看是否安装了打印机的驱动程序，确认安装了驱动程序后，便可打印成功。如果 Word 中的打印设备不正确，还需要选择打印机设备。具体操作步骤如下。

单击"文件"→"打印"命令，在中间的"打印机"区域中单击"打印机"按钮，在打开的下拉列表框中选择需要的打印机名称，如图 6-41 所示。

图 6-41　"打印机"设备选择

2. 设置打印范围

如果一篇文档有多页内容，默认情况下，单击"文件"选项卡"打印"菜单项右边区域中的"打印"按钮后，会打印文档的全部内容，如图 6-42 所示。

图 6-42　打印所有页

如果只想打印部分文档内容，就需要设置打印范围。在本例中，文档有 3 页，需打印出第 2 页，具体操作步骤如下：

（1）打开编辑好的文档，首先将光标定位在需要打印文档的第 2 页中。再单击"文件"→"打印"命令，在中间的"设置"区域中有多个选项，如图 6-43 所示。

（2）单击"设置"下的"打印所有页"右侧的下三角，在弹出的下拉列表框中选择"打印当前页面"，如图 6-44 所示。返回"打印"选项卡，再单击"打印"按钮，打印第 2 页完成。

图 6-43　"打印"设置

图 6-44　选择"打印当前页面"

补充知识：如果需要设置其他的打印范围，可在"打印所有页"下拉列表框中选择"打印所有页"命令，即打印文档中的所有内容；选择"打印当前页面"，则只会打印光标插入点所在的页；如果要打印自定义的页数，则可以在"页数"文本框中直接输入页数，或选择"打印自定义范围"命令。输入页数范围时需要注意：连续的页数以"-"连接，如"3-5"，表示打印第 3 页到第 5 页之间的所有页；如果要打印不连续的页数用符号"，"连接，如"3,5"，表示只打印第 3 页和第 5 页。

3．设置双面打印

在打印文档时，为了节约纸张，常常会用到双面打印。在打印完打印纸的一面后，等到提示打印第二面时，可以手动加载纸张打印该文档的第二页。选择"设置"组中"单面打印"按钮右侧的下三角，在弹出的下拉列表框中选择"手动双面打印"即可。

除了手动操作外，也可以在"打印所有页"下拉列表框中选择"仅打印奇数页"选项，单击"确定"按钮。待打印完奇数页后，将纸叠翻过来，然后在"打印所有页"下拉列表框中选择"仅打印偶数页"选项，单击"确定"即可。

补充知识：

（1）设置打印份数。

默认情况下，在打印文档时，每页只打印一份。如果需要一次打印多份文档，在"打印"按钮右侧的"份数"微调按钮中设置份数即可，如图 6-45 所示。

图 6-45　"份数"微调按钮

（2）打印预览。

在打印之前，应先预览效果。通过预览，可以查看文档打印出来后的实际效果。如果对预览的效果不满意，可以返回到编辑界面重新编辑和修改，直到满意后再进行打印输出。查看预览的操作步骤如下。

　　选择"文件"→"打印"命令，在窗口最右侧区域显示的文档内容就是打印预览效果。此时可以通过调整滚动条和缩放按钮查看浏览文档，如图 6-46 所示为"房地产市场调查分析"文档第 2 页的打印预览效果。

　　　2　共3页　　　　　　　　　　53% ⊖ ─── ⊕

图 6-46　打印预览效果

6.3　综合实践——编辑排版"财务部工作计划"文档

6.3.1　学习任务

　　财务部作为公司的核心部门之一，肩负着对成本计划的控制和各部门的费用支出的重担，财务部工作人员应合理的调节各项费用支出，使财务工作在规范化、制度化的良好环境中更好地发挥作用。本案例主要是对"财务部工作计划"文档进行编辑和排版，其最终效果如图 6-47 所示。

6.3.2　知识点（目标）

　　（1）Word 文档的水印设置。
　　（2）"页面布局"工具组的页面设置。
　　（3）"开始"选项卡中"样式"工具组的更改样式、应用样式。
　　（4）打印文档的设置。

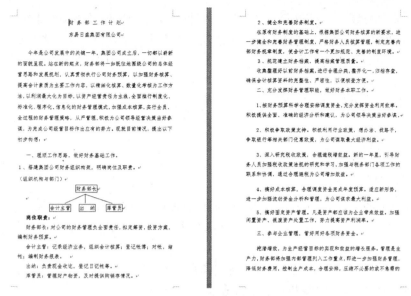

图 6-47　"财务部工作计划"文档效果

6.3.3　操作思路及实施步骤

本案例主要包括对文档的页面设置、设置水印文字、首字下沉以及内置样式的修改和应用等知识点的练习。具体操作步骤如下：

（1）启动 Word，打开素材文档"6.3 素材-财务部工作计划"。

（2）单击"页面布局"选项卡，在其下方功能区中单击"页面设置"工具组中"纸张大小"按钮下方的下三角，在弹出的下拉列表框中选择"A4"。

（3）再单击"页边距"按钮下方的下三角，在弹出的下拉列表框中单击"窄"，设置窄页边距。

（4）在"页面背景"工具组中单击"水印"按钮下方的下三角，在弹出的下拉列表框中选择"自定义水印"命令。在弹出的"水印"对话框中输入文字水印文字"财务部内部文件"，其他设置保持默认值，单击"确定"按钮。

（5）在"页面背景"工具组中单击"页面边框"按钮，在弹出的"边框和底纹"对话框中选择"方框"，样式选择"双实线"，单击"确定"按钮。注意及时保存文档。

（6）选择"插入"选项卡"文本"工具组中的"首字下沉"命令，在弹出的下拉列表框中选择"首字下沉选项"，在弹出的"首字下沉"对话框中，位置选择"下沉"，下沉行数选择"2"，设置首字下沉 2 行，单击"确定"按钮。

（7）选择"开始"选项卡"样式"工具组，在内置样式"标题"按钮上右击，在弹出的下拉列表框中选择"修改..."。弹出"修改样式"对话框，设置字体为二号，红色，加粗，单击"确定"按钮。返回文档编辑区，选中文档标题文字"财务部工作计划"，应用刚才修改的样式"标题"。

（8）在文档中选择文本"东易日盛集团有限公司"，应用样式"副标题"。

（9）选择"开始"选项卡"样式"工具组，在内置样式"标题 1"按钮上右击，在弹出的下拉列表框中选择"修改..."。弹出"修改样式"对话框，设置字体为小三，单击"确定"按钮。返回文档编辑区，选中一级标题文字"一、理顺工作思路，做好财务基础工作"，应用刚才修改的样式"标题 1"。将文档中所有的一级标题文字应用样式"标题 1"。

（10）同样的操作方法，选择"开始"选项卡"样式"工具组，在内置样式"标题 2"按钮上右击，在弹出的下拉列表框中选择"修改..."。弹出"修改样式"对话框，设置字体为四号，单击"确定"按钮。返回文档编辑区，选中文档二级标题文字"1、搭建集团公司财务组织构架，明确岗位及职责"，应用刚才修改的样式"标题 2"。将文档中所有的二级标题文字应用样式"标题 2"。

（11）保存文档。

6.3.4　任务总结

通过本案例的练习，从以下几个方面介绍了对 Word 文档进行排版所涉及的知识内容：

（1）文档的页面设置。页面设置包括很多方面，有纸张的选择、纸张的版式、页面的大小和页边距等。

（2）文档的水印设置。本文档以文字水印为例进行讲解，在实际应用中还有图片水印。

（3）文档的页面背景中涉及页面边框等操作。

（4）文档首字下沉格式的设置。

（5）文档中套用内置样式的方法，以及修改快速样式库中的样式，并应用修改过的样式。

本章主要介绍 Word 2010 文档排版的初级操作，包括文档的页面大小和页边距的选择，文档页面背景的设置，首字下沉的设置，文档的批注、修订、更改等审阅工具的用法；套用内置样式的方法，以及创建新样式和更改已有样式的操作方法，最后介绍了文档的打印操作。对于本章的基本操作，应熟练掌握，为后续的长文档排版打下基础。

疑难解析（问与答）

问：如果"打印机"下拉列表框中没有需要的打印机名称，怎么办？

答：如果"打印机"下拉列表框中没有目标打印机，可以在 Windows 系统中先安装打印机驱动程序，然后在"打印机"下拉列表中选择"添加打印机"命令，在弹出的"查找打印机"对话框中查找打印设备。

问：怎样通过样式来选择相同格式的文本？

答：对文档应用样式后，可以快速选定应用同一样式的所有文本。具体操作方法如下：在"样式"任务窗格中，单击某样式右侧的下拉按钮，在弹出的下拉列表框中选择"选择所有 N 个实例"命令。其中的 N 表示当前文档中应用该样式的实例个数。

问：怎样在文档中插入封面？

答：在编辑报告时，为了使文档更加完整，可以使用 Word 2010 提供的封面样式库。具体操作如下：在文档的任意位置单击，选择"插入"选项卡，单击"页"工具组中的"封面"按钮，在弹出的下拉列表框中选择需要的封面样式。所选样式的封面将自动插入到文档的首页，此时只需在提示输入信息的相应位置输入相关内容即可。

问：怎样选择适合的背景图片？设置的背景能打印出来吗？

答：在选择背景图片时，不能选择颜色太强烈的图片，否则会影响文档正文的正常显示。在 Office 旧版本中，文档的背景是不能打印的，在 Word 2010 中可以打印背景，方法是：选择"文件"→"选项"命令，在弹出的"Word 选项"对话框的"显示"组中选择"打印选项"中的"打印背景色和图像"复选框即可。

 习题六

一、判断题

1．Word 2010 在文字段落样式的基础上新增了图片样式，可自定义图片样式并列入到图片样式库中。
（　　）

2．在"根据格式设置创建新样式"对话框中可以新建表格样式，但表格样式在"样式"任务窗格中不显示。
（　　）

3．为文档添加水印效果时，除了添加文字水印效果外，也可以将图片作为水印显示在文档中，并且可以设置图片的缩放尺寸和显示效果。
（　　）

4．如需对某个样式进行修改，可单击"插入"选项卡中的"更改样式"按钮。
（　　）

5．页边距是文档中首行首个文字到页边界的距离。
（　　）

6．在审阅时，对于文档中的所有修订标记只能全部接受或全部拒绝。
（　　）

二、选择题

1．关于样式、样式库和样式集，以下表述正确的是（　　）。

　　A．快速样式库中显示的是用户最常用的样式

　　B．用户无法自行添加样式到快速样式库

　　C．多个样式库组成了样式集

　　D．样式集中的样式存储在模板中

2．打印预览时若要打印文件，则下列说法中正确的是（　　）。

　　A．必须退出预览状态后才可以打印　　　　B．直接单击"打印"按钮可以直接打印

　　C．在打印预览状态不能打印　　　　　　　D．只能在打印预览状态打印

3．在 Word 2010 的页面设置中可以设置（　　）。

　　A．打印范围　　　　B．纸张方向　　　　C．是否打印批注　　　　D．页眉文字

4．在 Word 2010 操作中，需要对文档设置首字下沉，下列说法正确的是（　　）。

　　A．在"开始"选项卡中选择"首字下沉"

　　B．在设置"首字下沉"时，下沉的行数用户无法自行设置

　　C．在设置"首字下沉"时，下沉的行数、字体用户都可以自行设置

　　D．一旦设置"首字下沉"后，无法取消该操作

5．下列应用样式的方法，不正确的是（　　）。

　　A．使用"样式"窗格中的样式，可将其直接运用到文档中

　　B．用户可以自定义样式，然后再将样式应用于文档中

　　C．使用预先定义好的快速样式库中的样式

　　D．将不需要的样式从快速样式库中删除可以彻底删除样式

三、操作题

1．启动 Word 2010，创建文档"竞赛信息.docx"，由三页组成。要求如下：

（1）第一页中第一行的内容为"英语"，样式为"标题 1"；页面垂直对齐方式为"居中"；页面方向为纵向、纸张大小为 16 开；

（2）第二页中第一行的内容为"日语"，样式为"标题 2"；页面垂直对齐方式为"顶端对齐"；页面方向为横向、纸张大小为 A4；

（3）第三页中第一行的内容为"口语竞赛"，样式为"正文"；页面垂直对齐方式为"底端对齐"。

2．打开练习素材文件中的"杭州西溪国家湿地公园.docx"文档，进行操作并存盘，操作要求如下：

（1）在第一行前插入一行，输入文字"西溪国家湿地公园"，设置字体格式为 24 磅、加粗、居中、无首行缩进，段后间距为 1 行。

（2）对"景区简介"下的第一个段落，设置首字下沉。

（3）使用自动编号。

1）对"景区简介"、"历史文化"、"三堤五景"、"必游景点"设置编号，编号格式为"一、二、三、四"。

2）对五景中的"秋芦飞雪"和必游景点中的"洪园"重新编号，使其从 1 开始，后面的各编号应能随着改变。

（4）表格操作。将"中文名：西溪国家湿地公园"所在行开始的 4 行内容转换成一个 4 行 2 列的表格，并设置无标题行。套用表格样式为"彩色型 1"。

（5）分别插入图片"西溪湿地洪园.jpg"和"西溪湿地博物馆"，图片的样式分别为"柔化边缘矩形，效果为 10 磅"和"柔化边缘椭圆，效果为 25 磅"。

（6）为文档的图加上图注，内容分别为"洪园"和"中国湿地博物馆"。

3．启动 Word 2010，打开"练习 6-3"素材，操作要求如下：

（1）对素材的标题和章节标题分别应用"标题 1"样式，"标题 2"样式，"标题 3"样式。

（2）对文章的正文设置首字下沉，下沉 3 行，文档设置红色边框，宽度 0.5 磅。

（3）添加文字水印效果，水印文字为"论文"。

（4）设置页边距为"窄"页边距。

第 7 章　Word 长文档编辑排版

本章学习目标

- 学会使用文档结构图和大纲视图，通过设置大纲级别来插入目录。
- 熟练掌握插入页眉和页脚的方法，学会使用分隔符。
- 学会在文档中添加脚注和尾注，熟练使用书签在文档中快速定位。
- 学会在文档中插入超链接。
- 熟练掌握在文档中添加批注的方法，学会在文档中检查拼写和语法错误。

基本知识讲解

1. Word 文本的选定技巧

（1）选择单词：双击要选择单词的任何部位（包括英文和汉语单词），就可以选择一个单词或词组。

（2）选择一句：一句是指由句号、感叹号或段落标记分隔的对象。按住 Ctrl 键，单击要选择句子的任何位置，可以选择一个句子。

（3）选择多行：将鼠标指针移到该行的最左侧，当鼠标指针变成指向右上方的白色箭头时，单击鼠标即可选中一行。如果按住鼠标左键不放，上下拖动就可以选择多行。

（4）选中一个段落：将鼠标指针指向段落的左侧，当鼠标指针变成指向右上方的白色箭头时，双击鼠标即可选中一段。

（5）选择任意两点间的对象：单击要选择对象的开始位置，按住 Shift 键，再找到结束位置并单击该处即可。

（6）选择不连续的对象：单击选择第一个对象，按住 Ctrl 键，再继续选择其他对象，直至选择完毕。

（7）选中矩形文本块：将鼠标指针指向文本矩形块的一角，按住 Alt 键同时拖动鼠标指针至矩形块的对角。

（8）选择整篇文档：将鼠标指针指向要选择文档的左侧，当鼠标指针变成指向右上方的白色箭头时，三击鼠标即选中整篇文档。

2. Word 的视图模式

Word 2010 中的视图模式有以下 5 种：

（1）页面视图：它以页面的形式显示编辑的文档，所有的图形对象都可以在这里完整地显示出来，是最接近打印结果的视图模式。

（2）阅读版式视图：它以图书的分栏样式显示 Word 2010 中的文档，所有的按钮等窗口元素都被隐藏起来，用户可以单击"工具"按钮选择各种阅读工具。

（3）Web 版式视图：它不以实际打印的效果显示文字，而是将文字显示得大一些，并使段落自动换行以适应当前窗口的大小。

（4）大纲视图：它主要用于 Word 2010 中文档的设置和显示标题的层级结构，并且可以方便地折叠和展开各种层级的文档。大纲视图广泛应用于 Word 2010 中长文档的快速浏览、复制和文档结构的重组。

（5）草稿视图：它取消了页面边距、分栏、页眉页脚和图片等元素，仅显示标题和正文，是最节省计算机系统硬件资源的视图方式。

3．Word 的分隔符

Word 中的分隔符有两种：分页符和分节符。

（1）分页符：标记一页终止并开始下一页的点。如果想在文档的某个位置强制开始下一页，可以使用分页符。

（2）分节符分为以下 4 种类型：

1）下一页：插入一个分节符，并在下一页上开始新节。

2）连续：插入一个分节符，新节从同一页开始。

3）奇数页：插入一个分节符，新节从下一个奇数页开始。

4）偶数页：插入一个分节符，新节从下一个偶数页开始。

7.1　编排"学生手册"长文档

在大学中，学生手册对于大学生来说有着重要现实的意义，有了它可以更好地学习和生活，明确自己发展的方向，安排好在大学中的学习和生活。素材文档见"实例素材文件\第 7 章\学生手册.docx"。

7.1.1　使用文档结构图

文档结构图是一个独立的窗格，位于 Word 界面窗口的左侧，能够显示整个文档的层次结构，它由文档中的各级标题组成，可以对整个文档进行快速的浏览和定位。

下面介绍文档结构图的使用方法。

（1）打开 Word 2010，新建文档，在文档中输入"学生手册"的内容。

（2）在"学生手册"文档中设置各级标题。

（3）在 Word 2010 主界面中单击"视图"选项卡，在"显示"工具组中勾选"导航窗格"复选框，如图 7-1 所示，打开显示文档结构图的窗格，如图 7-2 所示。

图 7-1　勾选"导航窗格"复选框

提示 1：若想使用文档结构图，必须在文档中设置各级标题，否则文档结构图就是空的。

提示 2：文档标题的等级由高到低，从第 1 级至第 9 级。如果不是标题，可以设置为正文，正文不会在文档结构图中显示。

图 7-2　显示"文档结构图"的窗格

7.1.2　使用大纲视图

对于一篇比较长的文档，要想仔细阅读并清楚了解它的内容与结构是一件很难的事情。有了大纲视图，便可以很轻松地看清它的文档结构。

下面介绍大纲视图的使用方法。

（1）打开"学生手册"文档，单击"视图"选项卡"文档视图"工具组中的"大纲视图"按钮，如图 7-3 所示。

（2）单击"大纲视图"按钮后，打开大纲视图，如图 7-4 所示，在"大纲视图"中利用"大纲工具栏"就可以对文本进行大纲等级设置了。

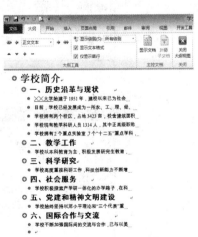

图 7-3　"大纲视图"按钮　　　　　　　　图 7-4　文档的"大纲视图"

补充知识 1：在大纲视图中，不仅能够查看文档的结构，还可以通过拖动标题来移动、复制和重组文本，因此它特别适合编辑长文档，能让你查看整体的文档结构，并可根据需要进行相应的调整。

补充知识 2：在大纲视图中查看文档时，可以通过双击标题前的加号来对标题下的正文进行折叠和打开。这种方式可以帮助我们快速高效地查看文档。

7.1.3　使用超链接

超链接可以在两种对象之间建立一种链接关系，当单击一个对象时就会打开另外一个对象。在 Word 2010 中超链接分为两种：链接文档内部的对象和链接文档外部的对象。

下面在"学生手册"文档中建立超链接，具体步骤如下：

（1）打开"学生手册"文档，选中要建立超链接的文本，单击"插入"选项卡，再单击"超链接"按钮，如图 7-5 所示。

图 7-5　"超链接"按钮

（2）在弹出的"插入超链接"对话框中单击"现有文件或网页"按钮，在地址栏中输入网址，如图 7-6 所示，就可以建立外部链接了。如果想建立内部链接，则单击"本文档中的位置"按钮，在右侧的列表框中选择本文档中的位置，如图 7-7 所示。

图 7-6　建立外部链接

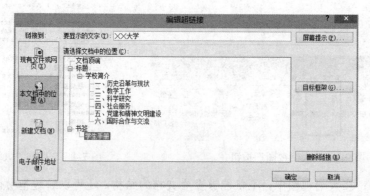

图 7-7　建立内部链接

（3）设置好"插入超链接"对话框后，单击"确定"按钮，返回文档编辑界面，这时可以看到已设置超链接的文本已经变成了蓝色，并且在文本的下面有下划线，表明当前的文本中插入了超链接，如图 7-8 所示，可以通过单击“××大学”链接到××大学的主页了。

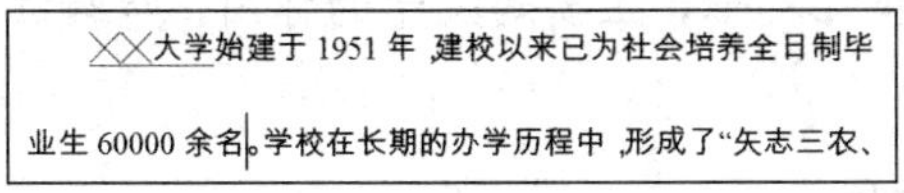

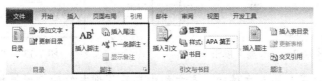

××大学始建于 1951 年，建校以来已为社会培养全日制毕业生 60000 余名。学校在长期的办学历程中，形成了“矢志三农、

图 7-8　插入超链接后的文本效果

7.1.4　使用脚注和尾注

在 Word 2010 中还有两个非常有用的功能，就是脚注和尾注。脚注和尾注对文档中的内容起注释的作用。脚注位于页面的底部，可以作为文档某处内容的注释；尾注也是注释，与脚注不同，它位于文档的末尾，可以是对文档中内容的说明或文档中引文的出处。

Word 2010 中的脚注和尾注由两个互相链接的部分组成，即注释标记和注释文本。Word 可以自动生成标记编号，也可以由用户自己创建标记编号。当删除注释标记时，对应的注释文本同时被删除。对自动编号的注释标记进行添加、删除或移动操作时，Word 将自动对注释标记重新编号。

下面在“学生手册”文档中添加脚注和尾注，具体操作步骤如下：

（1）打开“学生手册”文档，将光标定位在要插入脚注或尾注的位置，单击“引用”选项卡，找到“脚注”工具组，如图 7-9 所示。

图 7-9　“脚注”工具组

（2）在“脚注”工具组中可以看到“插入脚注”和“插入尾注”等按钮，如果对脚注或尾注没有格式要求，可以直接单击对应按钮。如果想对“脚注”和“尾注”进行更详细的设置，则单击“脚注”工具组右下角的按钮，弹出“脚注和尾注”对话框，如图 7-10 所示。

（3）在弹出的对话框中先选择注释类型，这里以脚注为例，根据实际需要设置脚注的格式和应用范围，设置完毕后单击“插入”按钮，光标切换到页面底部输入脚注内容，单击文档其他位置，脚注插入结束，效果如图 7-11 所示。

图 7-10　“脚注和尾注”对话框

××大学始建于 1951 年，建校以来已为社会培养全日制毕业生 60000 余名。学校在长期的办学历程中，形成了“矢志三农、勤奋求实，自强不息、追求卓越，培养高素质应用型人才”的鲜明办学特色。

目前，学校已经发展成为一所农、工、理、经、管、文、艺、法等学科协调发展的多科性大学。设有农学与植物保护学院、资源与环境学院、园林园艺学院、动物科技学院、机电工程学院、建筑工程学院、生命科学学院、食品科学与工程学院、经济与管理学院、人文社科学院、理学与信息科学学院、艺术与传媒学院、外国语学院、化学与药学院、合作社学院、继续教育学院、中加商务学院、国际教育学院和海都学院（独立学院）。举办 50 个本科专业，拥有 8 个一级学科硕士点、34 个二级学科硕士点和 3 个专业学位硕士点，硕士点总数达到 49 个。现有全日制在校生 27000 余人。

学校拥有两个校区，占地 3423 亩，校舍建筑面积 95 万平

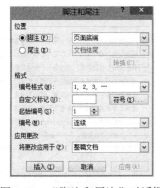

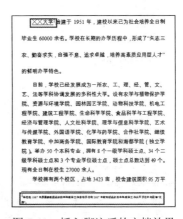

图 7-11　插入脚注后的文档效果

提示 1：尾注的插入方法与脚注类似，区别在于尾注插入的位置在文章或节的末尾。

提示 2：尾注的作用与脚注类似，主要起提示的作用，与脚注不同的是在尾注中还可以加入参考文献。

7.1.5　使用书签快速定位

在 Word 2010 中，书签主要用于定位，在文档中添加书签可以使光标快速切换到书签所在的位置，具体步骤如下：

（1）打开"学生手册"文档，将光标定位在要插入书签的位置，单击"插入"选项卡，在"链接"工具组中找到"书签"按钮，如图 7-12 所示。

（2）单击"书签"按钮，在弹出的"书签"对话框中输入书签名称，如图 7-13 所示。单击"添加"按钮，书签插入成功，以后就可以使用书签在文档中快速定位了。

图 7-12　"书签"按钮　　　　　　　图 7-13　"书签"对话框

补充知识：书签正常插入文档后，在文档中是看不到书签的，如果想看到书签的位置，可单击"文件"选项卡，选择"选项"命令，在弹出的"Word 选项"对话框中选择"高级"选项，勾选"显示书签"复选框，如图 7-14 所示。这时回到文档界面就可以看到书签的位置上有个"I"字形的符号，如图 7-15 所示。

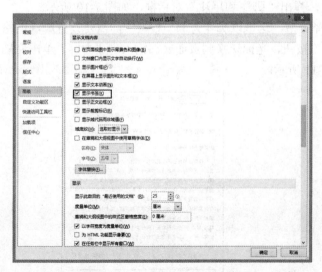

图 7-14　勾选"显示书签"复选框　　　　　　图 7-15　显示书签后的效果

7.2　编排和审校"毕业论文"长文档

各个高校对学生的毕业论文都会作统一要求，学会编辑长文档可以使毕业生快速高效地完成毕业论文的撰写工作，轻松应对毕业面临的其他问题。下面就讲解如何编辑"毕业论文"。

首先，打开 Word 2010，新建文档，输入"毕业论文"的内容，接着对"毕业论文"进行编排和审校。素材文档见"实例素材文件\第 7 章\个人信贷业务岗位培训教材.docx"。

7.2.1　设置大纲级别与多级编号

1.设置大纲级别

给标题设置正确的大纲级别，是给论文添加目录的前提，也就是说只有设置了大纲等级，才能生成目录。

设置大纲级别有两种方法：

（1）打开"毕业论文"文档，单击"视图"选项卡，再单击"大纲视图"按钮，打开大纲视图，就可以使用"大纲工具栏"设置文档的大纲级别了。

（2）打开"毕业论文"文档，选中要设置大纲级别的文本，如选中"绪　论"，在文本上右击，在弹出的快捷菜单中选择"段落"，弹出"段落"对话框，在"大纲级别"中就可以设置大纲级别为 1 级，如图 7-16 所示。

补充知识：使用大纲视图设置大纲级别时，被选中的文本格式会发生改变，变成大纲级别中设定的格式；使用"段落"对话框设置大纲级别，被选中的文本格式不会发生变化。

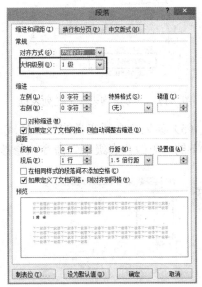

图 7-16　在"段落"对话框中设置大纲级别

2.设置多级编号

设置多级编号，可以在设置标题大纲级别时自动生成序号，在修改或删除标题时，后面的标题会自动排序，非常方便。设置多级编号的具体步骤如下：

（1）打开"毕业论文"文档，单击"开始"选项卡，再单击"多级列表"按钮，弹出"多级列表"下拉列表框，如图 7-17 所示。

（2）选择"定义新的多级列表"命令，弹出"定义新多级列表"对话框，在"单击要修改的级别"列表框中选择 1 级，在"编号格式"中编辑格式，在下拉列表框中选择编号样式，如果想在编号中加入其他文本，可直接在"编号格式"中添加文本，如"第 1 章"，如图 7-18 所示。可以单击"字体"按钮设置编号的字体格式。最后设置编号对齐方式、对齐位置和文本缩进位置。

（3）重复步骤（2）设置 2 级、3 级列表，设置完毕后，单击"确定"按钮完成列表设置，返回文档界面。

（4）将光标定位在要设置标题的文本所在行，如"Gauss 消去法"，单击"多级列表"按钮，这时就会在"多级列表"下拉列表框中出现刚刚定义的新列表，如图 7-19 所示，单击新列表就能将文本设置成新的列表格式。

图 7-17　"多级列表"下拉列表框

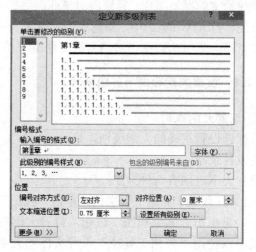

图 7-18　"定义新多级列表"对话框

（5）如果单击新定义的列表样式后，发现自动设置的多级列表不对，可以通过"多级列表"下的"更改列表级别"命令来修改，如图 7-20 所示。

图 7-19　新定义的多级列表

图 7-20　更改列表级别

（6）重复步骤（4）和（5），完成整篇文档的标题级别设置。

　　不管使用大纲还是多级列表都是使文档中的标题有等级，这样就可以和正文内容进行区分，为下一步生成目录做必要的准备。

7.2.2　插入并设置页眉和页脚

页眉和页脚通常用来显示文档的附加信息，如时间和日期、页码、公司标识等。页眉在页面的顶部，页脚在页面的底部。

下面在"毕业论文"文档中插入页眉和页脚，具体步骤如下：

（1）打开"毕业论文"文档，单击"插入"选项卡，再单击"页眉"按钮，在弹出的下拉列表框中选择"编辑页眉"命令，如图 7-21 所示。

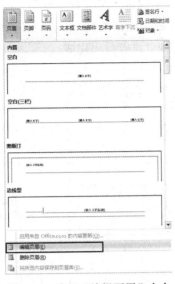

图 7-21　选择"编辑页眉"命令

（2）单击"编辑页眉"后，进入页眉编辑界面，如图 7-22 所示，可以直接输入页眉内容，也可以使用工具编辑页眉。

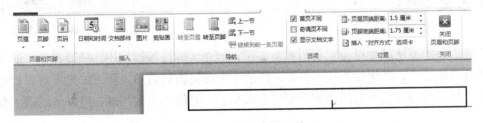

图 7-22　页眉编辑界面

（3）在页眉中输入"硕士毕业论文"，这时会发现所有的页眉都输入了相同的内容。如果想去掉封皮的页眉，可以在工具栏的"选项"工具组中勾选"首页不同"复选框；如果想在奇数页和偶数页中显示不同的页眉，可以勾选"奇偶页不同"复选框，如图 7-23 所示，这时就可以再输入一个页眉，如"解线性方程组的直接法"，如图 7-24 所示，得到两个不同的页眉。

图 7-23　"页眉和页脚"选项

解线性方程组的直接法   硕士毕业论文

图 7-24   奇偶页不同的页眉

（4）在页脚中插入页码，与插入页眉类似，单击"插入"选项卡，再单击"页脚"按钮，选择"编辑页脚"命令，进入页脚编辑界面，单击工具栏中的"页码"按钮，选择"页面底端"命令，选择一种页码格式，如"普通数字 2"，如图 7-25 所示。

（5）如果对插入的页码格式不满意，可以右击页码，在弹出的快捷菜单中选择"设置页码格式"，弹出"页码格式"对话框，如图 7-26 所示，在这里设置好"编号格式"和"页码编号"后单击"确定"按钮，在页脚中设置页码完成。

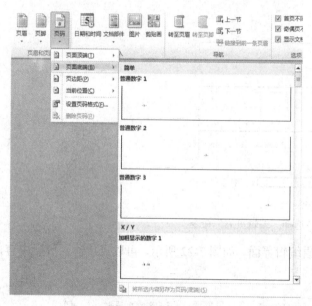

图 7-25   插入页码

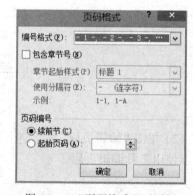

图 7-26   "页码格式"对话框

通过上面的方法就可以设置页眉和页脚了，但在实际排版过程中，只设置单一的页眉和页脚难以满足要求，必须对封皮、摘要、目录等单独编辑页眉和页脚，如果再对封皮等单独新建文档显然会为我们今后的工作带来更多的负担，要解决上述问题，可以通过插入分节符来实现。

7.2.3   插入分隔符

分隔符分为两种：分页符和分节符。分页符的作用是强制文档在新的一页开始编辑后面的文本，一般用在新的一章内容的开始。分节符的作用是将整篇文档分成几个部分，然后就可以对每个部分设置独立的页眉、页脚和进行页面设置等。

1．插入分页符

下面讲解在"毕业论文"中插入分页符，具体步骤如下：

（1）打开"毕业论文"文档，将光标定位到"1 绪论"的前面，单击"页面布局"选项卡，再单击"分隔符"按钮，在弹出的下拉列表框中选择"分页符"，如图 7-27 所示。

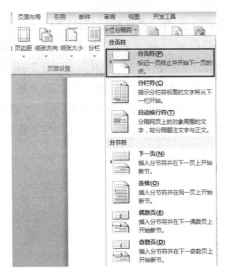

图 7-27　插入分页符

（2）插入分页符前后的效果如图 7-28 和图 7-29 所示。重复步骤（1），在其他的章节前面都插入分页符。

结　论 2
参考文献 2
附　录 A 2
致　谢 2
大连理工大学学位论文版权使用授权书 2

1 绪　论

　　在科学计算中的许多问题，例如，电学中的网络问题，船体放样中的样条函数计算，实验数据的曲线拟合以及微分方程的差分方法或有限元方法求解等问题，最终都归结为求解线性代数方程组。那么，如何利用电子计算机来快速、有效地求解线性方程组的问

图 7-28　插入分页符前的效果

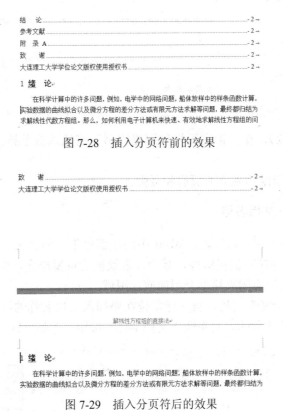

致　谢 2
大连理工大学学位论文版权使用授权书 2

解线性方程组的直接法

1 绪　论

　　在科学计算中的许多问题，例如，电学中的网络问题，船体放样中的样条函数计算，实验数据的曲线拟合以及微分方程的差分方法或有限元方法求解等问题，最终都归结为

图 7-29　插入分页符后的效果

2．插入分节符

在"毕业论文"文档中插入分节符，将文档分成 3 节，将封皮和摘要放在第 1 节，毕业论文正文内容放在第 2 节，论文版权使用授权书放在第 3 节。

在"毕业论文"中插入分节符的具体步骤如下：

（1）首先打开"毕业论文"文档，将光标定位在"1 绪论"的前面，按下键盘上的左箭头按键，即使光标定位在要分节位置的前一个位置，然后单击"页面布局"选项卡，再单击"分隔符"按钮，在弹出的下拉列表框中选择"下一页"，如图 7-30 所示。

（2）这时在插入分节符的位置增加了一个空白页，按下键盘上的 Delete 键删除空白页。单击"插入"选项卡，再单击"页眉"按钮，在弹出的下拉列表框中选择"编辑页眉"命令，进入页眉编辑界面，这时可看到"首页页眉 -第 2 节-"的字样，表明分节成功，文档已经分成了两节，如图 7-31 所示。

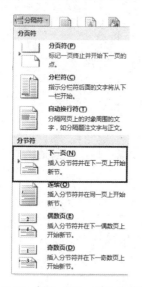 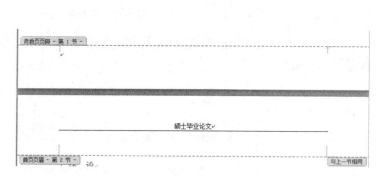

图 7-30　插入"下一页"分节符　　　　　　　图 7-31　分节后的文档

（3）重复步骤（2），在"论文版权使用授权书"前插入分节符，将整个文档分成 3 个部分。

（4）分别对每一节编辑独立的页眉和页脚。

7.2.4　使用域插入文档名称

域就是 Word 文档中的一些字段，Word 中的域都有唯一的名字，并且有不同的取值，熟练使用 Word 域，可增强排版的灵活性，减少许多烦琐的重复操作，提高工作效率。

下面以插入文档名称为例来简单介绍如何使用域。

（1）打开"毕业论文"文档，将光标定位在要插入文档名称的位置。

（2）单击"插入"选项卡，再单击"文档部件"按钮，选择"域"命令，如图 7-32 所示。

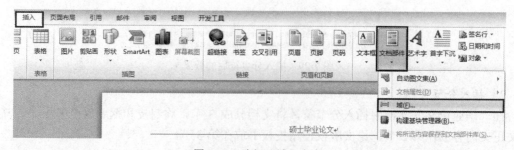

图 7-32　选择"域"命令

（3）单击"域"命令后，在弹出的"域"对话框中选择"类别"为"文档信息"，如图 7-33 所示。

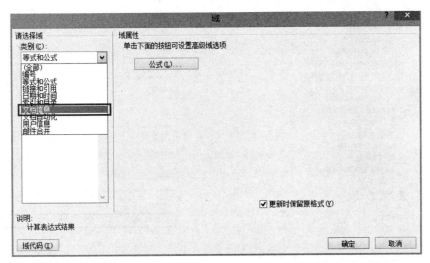

图 7-33　"域"对话框

（4）在"域名"下拉列表框中选择 FileName，如图 7-34 所示。

（5）选择域名后单击"确定"按钮，文档名称就插入到文档中了，如图 7-35 所示。

毕业论文

解线性方程组的直接法

Direct Methods for Solving Linear Equations

图 7-34　"域名"下拉列表框　　　　　图 7-35　使用域插入文档名称最终效果

7.2.5　插入目录

设置好大纲级别之后，就可以插入目录了。首先，打开文档结构图查看一下是否将所有标题都已设置大纲级别，如图 7-36 所示。

如果大纲级别设置的没有问题，就可以插入目录了。将光标定位到要插入目录的位置，单击"引用"选项卡，再单击"目录"按钮，选择"插入目录"命令，如图 7-37 所示。在弹出的"目录"对话框中，设置目录的格式，如图 7-38 所示。单击"确定"按钮，就自动生成了目录，如图 7-39 所示。

图 7-36 文档结构图

图 7-37 插入目录

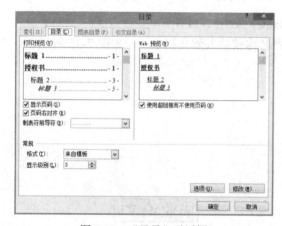

图 7-38 "目录"对话框

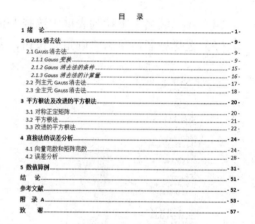

图 7-39 生成目录效果

7.2.6 添加批注

批注是作者或审阅者为文档添加的注释或批语，也可以是阅读时的感想。6.1.4 节中已介绍了添加批注的方法，下面在"毕业论文"文档中添加批注。

打开"毕业论文"文档，选中要添加批注的文本，单击"审阅"选项卡，再单击"批注"按钮，进入编辑批注内容的界面，输入批注内容后，单击批注之外的其他位置，完成批注的编辑，如图 7-40 所示。

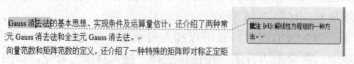

图 7-40 添加批注的文本

如果想对已经存在的批注进行修改，可以直接将鼠标定位在批注上进行修改。如果想删除批注，则将鼠标移动到包含批注的文本上右击，在弹出的快捷菜单中选择"删除批注"命令即可删除批注，如图 7-41 所示。

7.2.7　拼写和语法检查

拼写和语法检查是 Word 2010 中很有用的一项功能，它可以快速、有效地检查文本的中英文单词的书写错误。

图 7-41　删除批注

下面使用拼写和语法功能来检查"毕业论文"中的英文摘要。

（1）打开"毕业论文"文档，单击"文件"选项卡，再单击"选项"按钮，弹出"Word 选项"对话框，单击"校对"选项卡，如图 7-42 所示，设置拼写和语法检查选项。

图 7-42　"Word 选项"对话框的"校对"选项卡

（2）设置完成后，单击"确定"按钮，返回文档界面。选择需要检查的文本，单击"审阅"选项卡，然后单击"拼写和语法"按钮，弹出"拼写和语法：英语（美国）"对话框，如图 7-43 所示。

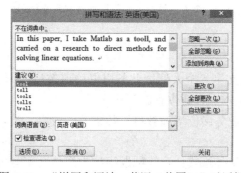

图 7-43　"拼写和语法：英语（美国）"对话框

（3）在"拼写和语法：英语（美国）"对话框中，有拼写或语法错误的地方会以红色的字体显示，在下面的"建议"列表框中会给出接近的单词，可以选择正确的单词，单击"更正"按钮进行更正，如果认为没有错误，可以单击"忽略一次"按钮，忽略检测出来的错误不做更正。也可以单击"全部忽略"按钮或"全部更改"按钮批量处理。

7.3　综合实践——编辑"个人信贷业务岗位培训教材"文档

7.3.1　学习任务

本实训的目标是为公司制作一本岗前培训教材，使员工可以快速适应工作。涉及的知识点包括字体格式化、设置大纲级别、插入分隔符、插入页眉和页脚、插入目录以及拼写和语法检查。其最终效果如图 7-44 所示。

图 7-44　"个人信贷业务岗位培训教材"文档最终效果

7.3.2　知识点（目标）

（1）制作封皮，输入文字"个人信贷业务岗位培训教材"，设置字体为黑体，字号为初号，水平居中，调整标题至本页合适位置。

（2）编写"个人信贷业务岗位培训教材"各章节的内容，设置正文字体为宋体，字号为四号。

（3）设置大纲级别及字体格式：1 级标题字体为黑体，字号为三号；2 级标题字体为黑体，字号为小三；3 级标题字体为黑体，字号为四号。

（4）在文档的各章开始位置插入分页符，将封皮和文档中的各章分成独立的节，设置奇偶页不同的页眉。奇数页页眉设置为"个人信贷业务岗位培训教材"，偶数页页眉设置为篇章的题目。

（5）查看文档结构图，插入目录。

7.3.3　操作思路及实施步骤

本例主要的操作是关于 Word 长文档的排版问题，具体步骤如下：

（1）打开 Word 2010 新建空白文档，首先，制作封皮，输入文本"个人信贷业务岗位培训教材"，选中刚刚输入的文本并右击，在弹出的快捷菜单中选择"字体"命令，如图 7-45 所示。

（2）在弹出的"字体"对话框中设置"中文字体"为黑体，"字形"为加粗，"字号"为初号，如图 7-46 所示，设置完毕单击"确定"按钮即可。

图 7-45　"字体"命令

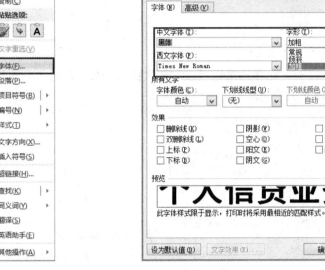

图 7-46　"字体"对话框

（3）选中文本"个人信贷业务岗位培训教材"，在"格式"工具栏中将文本设置为水平居中，如图 7-47 所示，并调整文本至本页中间偏上的位置。

图 7-47　格式工具栏

（4）编写"个人信贷业务岗位培训教材"各章节的内容，设置正文的字体为宋体，字号为四号。

（5）选中文本"第一篇　制度篇"，设置字体为黑体，字号为三号，右击选中的文本，在弹出的快捷菜单中选择"段落"命令，如图 7-48 所示。

（6）在弹出的"段落"对话框中，设置"大纲级别"为 1 级，如图 7-49 所示。

（7）重复步骤（5）和（6），设置文档中其他各级标题的字体格式和大纲级别。

（8）在文档中插入分页符，将光标定位在文本"第一篇　制度篇"的前面，单击"页面布局"选项卡，单击"分隔符"按钮，在弹出的下拉列表框中选择"分页符"，如图 7-50 所示，这时文本"第一篇　制度篇"就跳到新的一页的开始。

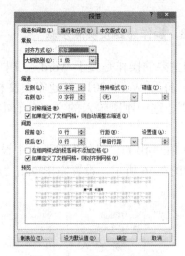

图 7-48　"段落"命令　　　　　　　　　　　图 7-49　"段落"对话框

（9）重复步骤（8），在各篇章标题前，依次插入分页符，插入分页符后的效果可以在大纲视图中查看，如图 7-51 所示。

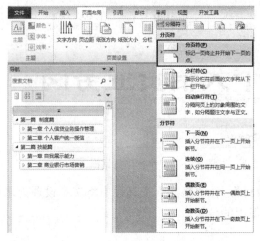

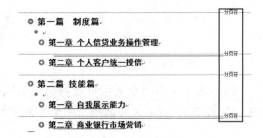

图 7-50　插入分页符　　　　　　　图 7-51　在大纲视图下查看插入分页符效果

（10）在文档中插入分节符，将光标定位在文本"第一篇　制度篇"的前面，按下键盘上的左箭头按键，单击"页面布局"选项卡，再单击"分隔符"按钮，在弹出的下拉列表框中选择"下一页"，如图 7-52 所示，这时在插入分节符的位置增加了一个空白页，按 Delete 键删除空白页。

（11）插入分节符后，设置文档的页眉和页脚，文档的第 1 节只有一页，即封皮，不需要设置页眉和页脚，直接设置第 2 节的页眉和页脚。单击"插入"选项卡，再单击"页眉"按钮，在弹出的下拉列表框中选择"编辑页眉"命令，如图 7-53 所示，进入编辑页眉界面。

（12）重复步骤（11），在每一章的标题前插入分节符。

（13）设置页眉的选项，单击"链接到前一条页眉"按钮，切断与上一节的链接，如果不切断链接会使第 1 节也设置成与第 2 节相同的页眉。由于首页已经包含正文内容，所以这里不需要勾选"首页不同"复选框，为了设置奇偶页不同的页眉，这里需要勾选"奇偶页不同"复选框，如图 7-54 所示。

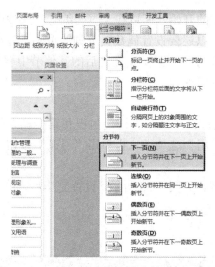

图 7-52　插入分节符

图 7-53　"编辑页眉"命令

（14）编辑页眉，在奇数页页眉中输入文本"个人信贷业务岗位培训教材"，在偶数页页眉中输入文本"第一篇　制度篇　第一章　个人信贷业务操作管理"。

（15）重复步骤（14），编辑第 3、4、5 节的页眉，奇数页页眉为"个人信贷业务岗位培训教材"，偶数页页眉为篇章标题。

图 7-54　设置页眉选项

（16）编辑页脚，在页脚中添加页码，单击"插入"选项卡，再单击"页脚"按钮，选择"编辑页脚"命令，进入编辑页脚界面，单击"链接到前一条页眉"按钮，断开与第 1 节页脚的关联，单击"页码"按钮，选择"页面底端"，再选择"普通数字 2"样式，如图 7-55 所示，页码就插入到页脚中了。

（17）设置页脚中的页码格式。选中页码右击，在弹出的快捷菜单中选择"设置页码格式"，弹出"页码格式"对话框，如图 7-56 所示。

图 7-55　在页脚插入页码

图 7-56　"页码格式"对话框

（18）设置页码格式，由于第 2 节是文档正文的开始，所以在"页码编号"选项中设置起始页码为 1。由于使用了"奇偶页不同"选项，所以还要设置偶数页页脚的页码，与奇数页不同，在"页码格式"对话框中，"页码编号"要设置为"续前节"。在之后的其他节中要将"页码编号"选项都设置为"续前节"，才能使文档的页码连续。

（19）重复步骤（18），设置其他各节的页码。

（20）插入目录，将光标定位在首页封皮，通过按"回车"键使封皮和第一篇之间产生一个新的空白页，输入文本"目录"，然后单击"引用"选项卡，再单击"目录"按钮，选择"插入目录"命令，如图 7-57 所示。

（21）在弹出的"目录"对话框中设置目录格式，如图 7-58 所示，设置完毕后，单击"确定"按钮，目录就自动插入到新的空白页中了。

图 7-57　插入目录命令

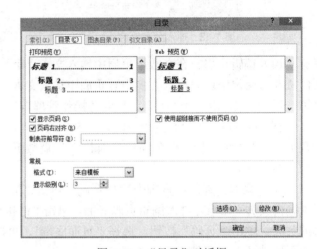

图 7-58　"目录"对话框

7.3.4　任务总结

通过本案例的练习，介绍了使用 Word 2010 排版长文档的知识，包括以下几个方面：

（1）设置各级标题的字体格式。

（2）设置各标题的大纲级别。

（3）插入分隔符。

（4）插入页眉和页脚。

（5）插入目录。

文档录入完毕后，为了使文档整齐、美观、完整，还要设置标题的大纲级别，插入页眉、页脚和目录等。设置了大纲级别的文档，在大纲视图下还可以进行章节的整体调整，使文档的结构更加完美。

　本章小结

本章主要介绍 Word 2010 中编辑长文档所使用的一些功能，包括设置大纲级别、插入分隔符、插入页眉和页脚以及插入目录等方面的知识，最后结合实例讲解了在实际操作过程中如何

使用这些功能。对于本章的内容，读者应认真学习和掌握，为今后编辑长文档打下坚实基础。

 疑难解析（问与答）

问：设置大纲级别和多级列表有什么区别？

答：设置大纲级别和多级列表的目的都是为文档设置标题级别，标题有了级别之后才可以用它生成目录。两者的区别在于：设置大纲级别时，只能设置标题的等级，对标题本身的格式不会有任何的影响，而多级列表除了设置标题的等级之外，还可以设置标题的格式，被选中设置多级列表的文本格式会被修改成多级列表中对应的某一级的格式。所以如果整篇文章编辑完成后，再设置标题等级时，可使用大纲级别的方式，如果在编辑文档的过程中设置标题等级使用多级列表的方式更加适合。

问：在 Word 中添加页眉时会自动出现一条横线，如何删除横线？

答：在预览中可以看到段落底部添加了一条水平线，页眉中的水平线实际上是用段落的下边框线制作出来的。删除横线的方法如下：首先选中页眉，单击"页面布局"选项卡，再单击"页面边框"按钮，如图 7-59 所示，在弹出的"边框和底纹"对话框中选择"边框"选项卡，在"设置"中选择"无"，如图 7-60 所示，单击"确定"按钮即可删除横线。

图 7-59　"页面边框"按钮　　　　　图 7-60　"边框和底纹"对话框

一、判断题

1．页眉与页脚一经插入就不能修改了。　　　　　　　　　　　　　　　　（　　）

2．利用分节符可以在同一个文档中设置多种不同格式的页码。　　　　　（　　）

3．在 Word 中，各级标题层次分明的是大纲视图。　　　　　　　　　　（　　）

4．使用脚注可以轻松为文档中的文本添加注释，注释会被添加到文档的末尾。（　　）

5．使用超链接可以链接到文档内的任意位置。　　　　　　　　　　　　（　　）

6．如果想在文档中插入页眉和页脚，可以在"视图"选项卡中找到相应的命令来完成。（　　）

7．可以利用多级编号为文档中的文本设置大纲级别。　　　　　　　　　（　　）

二、选择题

1. 分节符只有在（　　）与大纲视图方式中才能显示，不能在打印预览方式及打印结果中见到。

　　A．页面视图　　　　　　B．阅读版式视图　　C．Web 版式视图　　　　D．草稿视图

2. Word 中最多可以创建（　　）级别的多级符号。

　　A．7　　　　　　　　　B．8　　　　　　　　C．9　　　　　　　　　D．10

3. 在 Word 2010 中，下面关于页眉和页脚的叙述错误的是（　　）。

　　A．一般情况下，页眉和页脚适用于整个文档

　　B．在编辑页眉与页脚时可同时插入时间和日期

　　C．在页眉和页脚中可以设置页码

　　D．一次可以为每一页设置不同的页眉和页脚

4. 在 Word 2010 中，可使用（　　）选项卡中的"分隔符"命令在指定位置进行强制分页。

　　A．插入　　　　　　　　B．引用　　　　　　C．页面布局　　　　　　D．视图

5. 在 Word 中，如果在输入的文字或标点下出现红色波浪线以提示拼写错误时，用户（　　）。

　　A．必须在该词上单击，选择系统建议的词

　　B．必须在该词上右击，选择系统建议的词

　　C．必须改正

　　D．可以忽略而不理会该拼写错误

6. 在 Word 2010 中，可使用（　　）选项卡中的"新建批注"命令对选中的文本添加批注。

　　A．插入　　　　　　　　B．引用　　　　　　C．审阅　　　　　　　　D．视图

7. 在（　　）视图中不仅能够查看文档的结构，还可以通过拖动标题来移动、复制和重组文本，因此它特别适合编辑长文档。

　　A．页面视图　　　　　　B．阅读版式视图　　C．Web 版式视图　　　　D．大纲视图

三、操作题

1. 编排长文档"二级公共基础知识总结"。

（1）制作封皮，设置"二级公共基础知识总结"字体为宋体，字号为 40，字形为加粗，调整文字位置，效果如图 7-61 所示。

（2）设置正文字体为宋体，字号为小四。

（3）设置各章标题字体为黑体，字号为三号，字形为加粗，居中，大纲级别为 1 级；各节标题字体为黑体，字号为四号，字形为加粗，居中，大纲级别为 2 级。

（4）在每章的开头插入分页符和分节符，使文档分为 5 节，并且每一章都开始新的一页；设置奇偶页不同的页眉，奇数页页眉设置为"二级公共基础知识总结"，偶数页页眉设置为篇章的名称；在页脚中插入页码。

（5）插入目录，最终效果如图 7-62 所示。

2. 编排长文档"文学概论"。

（1）制作封皮，设置"文学概论"字体为黑体，字号为小初，字形为加粗，调整文字位置，在页面上方适当位置输入文字"作者：张三"，对文本"张三"插入超链接，输入网址 http://weibo.com/zhangsan，效果如图 7-63 所示。

（2）设置正文字体为宋体，字号为四号；设置各章标题字体为宋体，字号为二号，字形为加粗，居中，大纲级别为 1 级，段前段后间距均为 10 磅；各节标题字体为黑体，字号为三号，字形为加粗，居中，大纲级

别为 2 级。

图 7-61　封皮效果　　　　　图 7-62　"二级公共基础知识总结"文档最终效果

（3）在页眉中插入"文学概论"，字体为宋体，字号为小五，居中；在页脚中插入页码，居中。

（4）插入目录，最终效果如图 7-64 所示。

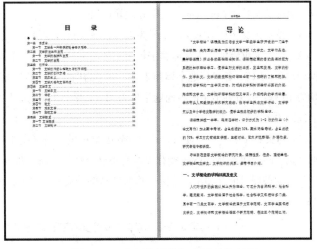

图 7-63　封皮效果　　　　　图 7-64　"文学概论"文档最终效果

3．编排长文档"课题简介"。

（1）设置正文字体为宋体，字号为五号，各段首行缩进 2 个字符。

（2）设置多级编号，各章标题为 1 级编号，字体为宋体，字号为三号，段前段后间距为 2 行；各节标题为 2 级编号，字体为宋体，字号为四号，段前段后间距为 1 行；各节下的每个问题为 3 级编号，字体为宋体，字号为小四，段前段后间距为 0.5 行。

（3）对文中第 1 段的"国家 863 高技术研究发展计划"文字添加批注为"国家高技术研究发展计划（863 计划）是中华人民共和国的一项高技术发展计划。这个计划是以政府为主导，以一些有限的领域为研究目标的一个基础研究的国家性计划。"

（4）插入页眉"课题简介"，字体为宋体，字号为五号，加双实线边框，在页脚中插入页码。最终效果如图 7-65 所示。

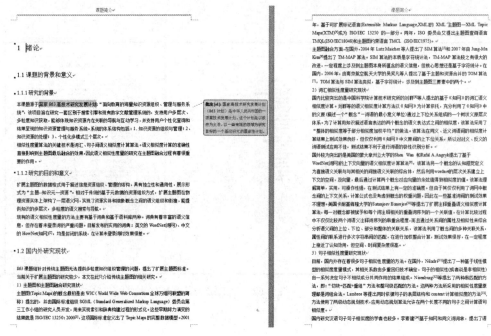

图 7-65　"课题简介"文档最终效果

4. 编排长文档"Word 2003 文字处理软件"。

（1）设置正文字体为宋体，字号为五号，各段首行缩进 4 个字符。

（2）设置大纲级别，各章标题字体为宋体，字号为三号，字形为加粗，居中，大纲级别为 1 级，段前段后间距均为 15 磅；各节标题字体为宋体，字号为四号，字形为加粗，左对齐，大纲级别为 2 级，段前段后间距均为 10 磅；设置各节下的各问题字体为宋体，字号为五号，字形为加粗，左对齐，大纲级别为 3 级，段前段后间距均为 5 磅。

（3）对文档中的"……便可以进行 Word 2003 的启动（图 3-1）"插入脚注为"由于 Windows 操作系统版本的区别，同一版本 Windows 操作系统有不同个性化主题以及每个用户所安装的应用软件有所不同，因此本章所显示的截图可能会和用户实际操作时的截图外观有所出入，但是我们关心的内容应该基本相似。"，如图 7-66 所示。

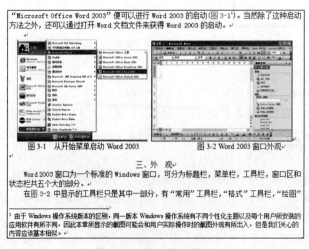

图 7-66　插入脚注效果

（4）利用"拼写和语法"检查并修改文档中的单词错误。

（5）插入目录，最终效果如图 7-67 所示。

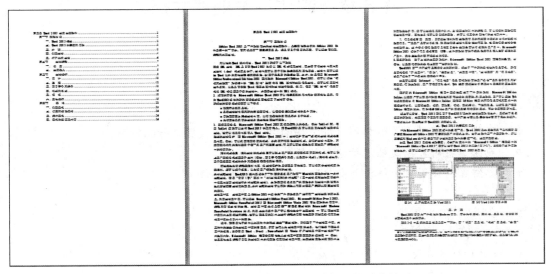

图 7-67　"Word 2003 文字处理软件"文档最终效果

第 8 章　制作批量处理文档

本章学习目标

- 熟练掌握将数据源附加到数据文档的方法，并对数据进行编辑。
- 熟练掌握对数据文档进行组合的操作。
- 熟练掌握使用"邮件合并向导"进行邮件合并操作。

基本知识讲解

1. 设置邮件合并或数据文档涉及的步骤

（1）设置文档类型：信函、电子邮件、信封、标签或目录。

（2）将数据源与文档相关联：新建数据源、Outlook 联系人或其他源。

（3）结合普通文档功能与 Word 合并域来设计数据文档。

（4）测试预览完成的文档，查看包含不同的数据记录时文档有什么区别。

（5）最后将数据文档与数据源合并起来，创建一个打印结果、一个保存的文档或一个电子邮件文档。

2.数据文档类型

基本上，可以设计的数据文档分为两类：一类是每条数据记录都会生成一个文档；另一类是生成单个文档，多个记录可以出现在该文档的给定页中。Word 为这两种基本类型的数据文档提供如下 5 个选项：

（1）信函：用于编写和设计只有收件人信息不同的群发邮件。

（2）电子邮件：在概念上，它与套用信函一样，但它更适合无纸的网络分发。

（3）信封：它在概念上也与套用信函相同，只不过得到的文档是信封。

（4）标签：该选项用于打印一张或多张标签页。

（5）目录：它在概念上与标签类似，可以将多条数据记录打印到一个页面上。

8.1　制作邀请函

在日常工作中，经常需要发送一些信函或邀请函之类的邮件给客户或合作伙伴。邀请函的开头通常包含对客户的称呼和简单问候，主体部分说明致函的事项、时间、地点和活动内容等，必要的话还要附上回执，落款部分则写明联系人、联系方式等。经过分析不难发现，可以将它们分为固定和变化的两个部分。例如邀请函中的活动内容、时间、地点、落款以及邀请函的页面布局和文档的模板等，这些部分都是固定的内容；而客户的姓名和称谓等就属于变化的数据，往往存储在企业的数据库系统或者 Excel 表格中。

使用 Microsoft Office Word 2010 提供的"邮件合并"功能可以很好地解决这个问题。它可以将内容变化的部分制作成数据源，将内容固定的部分制作成一个主文档，然后将两者合并起来，这样就可以一次性生成面向不同客户的邀请函。图 8-1 所示为一封邀请函的效果图，由一页 A4 纸对折打印而成。

图 8-1　"邀请函"最终效果

8.1.1　编辑主文档与数据源

会议邀请函是常用的一种信函，可以运用 Word 自带的邀请函模板，也可以从空白文档开始创建。下面从空白文档开始创建邀请函，其操作步骤如下：

（1）启动 Word 2010，在空白文档的第一页输入"邀请函"三个字，单击"页面布局"选项卡，在"页面布局"工具组中选择"分隔符"→"下一页"分节符命令，在第二页上输入如图 8-2 所示的内容。

> 尊敬的：
>
> 　　为进一步满足第二语言教学对汉语句式研究的迫切需要，促进语法研究新成果向国际汉语教学应用的转化，北京语言大学汉语学院拟于 2014 年 8 月 20 日在北京语言大学举办"汉语国际教育语境下的句式研究与教学专题研讨会"。鉴于您在第二语言研究领域的丰厚学术成果，诚邀您出席并发表鸿文，嘉惠学林。
>
> 　　　　　　　　　句式研究与教学研讨会筹备组
> 　　　　　　　　　　　　2014 年 6 月 24 日

图 8-2　"邀请函"内容

（2）单击"页面布局"选项卡，再单击"页面布局"工具组中的"纸张大小"按钮，选择"A4"。

（3）单击"页面设置"工具组右下角的 按钮，打开"页面设置"对话框，在"页边距"选项卡的"页码范围"中选择"书籍折页"，如图 8-3 所示。

（4）单击"页面布局"选项卡"页面背景"工具组中的"页面边框"按钮，在弹出的"边框和底纹"对话框的"页面边框"选项卡中设置"艺术型"边框，如图 8-4 所示。

（5）将光标定位于第一页，设置"邀请函"文字大小为初号，水平居中，单击"页面布局"选项卡"页面设置"工具组中的"文字方向"，选择"垂直"命令，"纸张方向"选择"横向"；单击"页面设置"工具组右下角的 按钮，打开"页面设置"对话框，在"版式"选项卡的"页面垂直对齐方式"中选择"居中"。

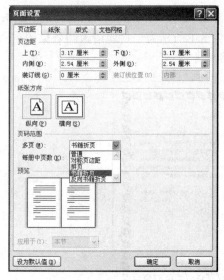

图 8-3　设置"书籍折页"　　　　　　　图 8-4　设置页面边框

通过以上操作步骤，就完成了如图 8-1 所示的邀请函文档中固定内容的部分，接下来要对文档变化的部分进行编辑。

8.1.2　完成邮件合并

本例中，公司的客户名单全部保存在 Excel 工作簿文件"通讯录.xlsx"中，部分内容如图 8-5 所示。邮件合并的具体操作步骤如下：

（1）选择数据源：单击"邮件"选项卡，在"开始邮件合并"工具组的"选择收件人"下选择"使用现有列表"，在弹出的"选择数据源"对话框中选择客户资料文件"通讯录.xlsx"，单击"打开"按钮，在弹出的"选择表格"对话框中选择数据所在的工作表，本例选择 Sheet1$，单击"确定"按钮。

（2）插入域：将光标定位在第二页文字"尊敬的"之后，单击"邮件"选项卡，在"编写和插入域"工具组的"插入合并域"下选择"姓名"，如图 8-6 所示。

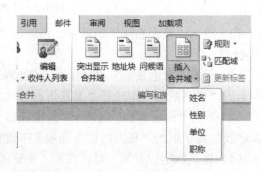

图 8-5　客户资料"通讯录.xlsx"　　　　　图 8-6　插入域

（3）插入 IF 域：单击"邮件"选项卡，在"编写和插入域"工具组的"规则"下选择"如果…那么…否则…"，在弹出的"插入 Word 域：IF"对话框中对域名"职称"规则进行设置，如图 8-7 所示。

（4）预览与合并：单击"邮件"选项卡"预览结果"工具组中的"预览结果"按钮后，可以对合并后的各条记录进行查看；单击"完成"工具组中的"完成并合并"按钮，选择"编辑单个文档"，在弹出的"合并到新文档"对话框中选择"全部"单选按钮，单击"确定"按钮，如图 8-8 所示。

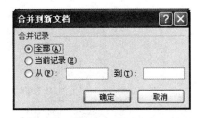

图 8-7　插入 IF 域　　　　　　　　图 8-8　"合并到新文档"对话框

至此完成了邀请函的制作，为"通讯录.xlsx"中的每位客户都制作了一封邀请函，可以分别对邀请函主文档和合并后的文档进行保存。

8.2　制作信封

日常工作中，经常需要通过邮局向不同的对象邮寄一些信函，例如投递广告、发送会议通知、寄送成绩单等，每个信封上的邮编、地址和收件人都各不相同。本节对 8.1 节中设计的邀请函中的每个对象制作一个信封以便进行邮寄，设计效果如图 8-9 所示。

图 8-9　信封最终效果

8.2.1　数据预处理

信封的模板可以自己设计，也可以用 Word 2010 的邮件合并功能创建。本例运用信封制作向导，基于"通讯录.xlsx"文件中的地址信息生成信封。

在开始信封制作之前，需要对地址簿文件进行预处理。由于本案例是通过信封制作向导来完成信封各项信息的选择和填写的，无法自行插入域，因此可以在"通讯录.xlsx"文件中增加一列"称呼"，该列中的各项数据通过 Excel 的函数对性别进行判断后，自动将性别为"女"的填充为"女士"，性别为"男"的填充为"先生"。修改后的"通讯录.xlsx"如图 8-10所示。

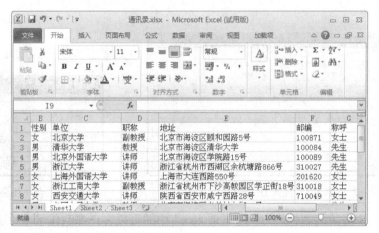

图 8-10　增加"称呼"一列后的客户资料

8.2.2　制作信封

启动 Word 2010，单击"邮件"选项卡，在"创建"工具组中单击"中文信封"按钮，打开"信封制作向导"对话框，根据向导对话框的提示逐步进行设置。具体步骤如下：

（1）选择信封样式：选择一个国内信封或国际信封样式，并对是否"打印左上角处邮政编码框"、"打印右上角处贴邮票框"、"打印书写线"和"打印右下角处'邮政编码'字样"等选项进行设置，如图 8-11 所示。

（2）选择生成信封的方式和数量：可以生成单个信封，也可以生成批量信封。在本案例中要基于"通讯录.xlsx"文件生成信封，因此应选择"基于地址簿文件，生成批量信封"单选按钮，如图 8-12 所示。

图 8-11　选择信封样式

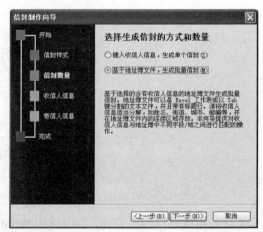

图 8-12　选择生成信封的方式和数量

（3）从文件中获取并匹配收信人信息：单击"选择地址簿"按钮，在弹出的"打开"对话框中找到"通讯录.xlsx"文件，在查找文件时要注意选择文件的类型。接着对收信人信息与地址簿中的对应项进行匹配，在本例中，收信人的姓名、地址和邮编分别与"通讯录.xlsx"文件中的姓名、地址和邮编进行匹配，如图 8-13 所示。

（4）输入寄信人信息，如图 8-14 所示。

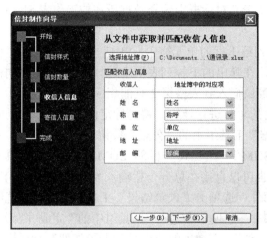
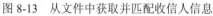
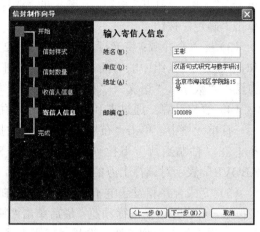

图 8-13　从文件中获取并匹配收信人信息　　　图 8-14　输入寄信人信息

至此，完成了制作信封所需的所有信息的填写工作。单击"下一步"按钮，在新弹出的"信封制作向导"对话框中单击"完成"按钮，就完成了信封的制作。可以在 Word 中对文档进行查看、编辑和保存。

8.3　综合实践——制作并发送"成绩单"邮件

8.3.1　学习任务

"成绩单"是教师工作中经常会使用到的文档之一，在"成绩单"文档创建好之后，还需要以邮件形式发送给全班同学。"成绩单"最终效果如图 8-15 所示。

素材文档见"\第 8 章\成绩单.xls"。

8.3.2　知识点（目标）

（1）将数据源附加到数据文档。

（2）编辑数据。

（3）组合数据文档。

（4）邮件合并。

（5）使用"邮件合并向导"进行操作。

姓名	吴林
数学	90
语文	87
科学	85
体育	75
总分	337

图 8-15　"成绩单"最终效果

8.3.3　操作思路及实施步骤

（1）创建表格：启动 Word 2010 程序，在空白文档的第一行输入"成绩单"三个字，单击"插入"选项卡"表格"工具组中的"表格"按钮，插入一个 6 行 2 列的表格。分别在表格第一列的各行中输入"姓名"、"数学"、"语文"、"科学"、"体育"和"总分"字样，并对表格的格式进行适当的设置。

（2）选择数据源：单击"邮件"选项卡"开始邮件合并"工具组中的"选择收件人"按钮，在弹出的下拉列表框中选择"使用现有列表"，在弹出的"选择数据源"对话框中选择"成绩单.xlsx"，单击"打开"按钮，在弹出的"选择表格"对话框中选择数据所在的工作表 Sheet1$ 后单击"确定"按钮

（3）插入合并域：将光标定位在表格第 2 列第 1 行的单元格中，单击"邮件"选项卡"编写和插入域"工具组中的"插入合并域"按钮，在弹出的下拉列表框中选择"姓名"。以同样的方法将"数学"、"语文"、"科学"、"体育"等域插入到表格第 2 列的相应位置。

（4）表格计算：通过求和函数对各位学生的总分进行计算。将光标定位在表格第 2 列的最后一行单元格中，单击"布局"选项卡"数据"工具组中的"公式"按钮，弹出"公式"对话框，在"粘贴函数"下拉列表框中选择"SUM"，在公式一栏的 SUM 函数括号中填入"ABOVE"，表示对该行上方的数据进行求和，也可以直接在总分一栏输入"=SUM(ABOVE)"。

（5）完成合并和发送电子邮件：单击"邮件"选项卡"预览结果"工具组中的"预览结果"按钮，对合并结果进行预览，最后单击"邮件"选项卡"完成"工具组中的"完成并合并"按钮，在弹出的下拉列表框中选择"发送电子邮件"，在弹出的"合并到电子邮件"对话框中设置"收件人"为"邮箱"，在"主题行"输入"成绩单"。选择发送记录的范围后单击"确定"按钮，这样就完成了对所有学生的成绩单生成和电子邮件发送工作。

8.3.4　任务总结

通过本案例的练习，主要从以下几个方面掌握 Word 中邮件合并的操作：

（1）数据源的创建及编辑。

（2）将数据源附加到 Word 文档中，并只选择想要处理的记录。

（3）插入合并域。

（4）使用"邮件合并向导"进行操作。

本章小结

本章主要介绍 Word 中与邮件合并相关的基本操作。讨论了如何使用功能区"邮件"选项卡中的各个邮件合并工具，来执行开始邮件合并、将数据附加到数据文档、插入合并域以及完成数据合并等操作。通过本章的学习，应熟练掌握上述基本操作。

疑难解析（问与答）

问：什么是邮件合并？它的具体作用是什么？

答：邮件合并是在批量处理"邮件文档"时使用的，就是在主文档的固定内容中合并与发送文档相关的一组通信资料（即数据源，包括 Excel 表格数据、Outlook 联系人和 Access 数据表等），批量生成所需的邮件文档，除了可以批量处理与邮件相关的信函和信封等文档，还可以批量制作工资单、标签、通知单和成绩单等，在提高工作效率方面有很大的帮助。

问：如何在邮件合并文档中插入 Word 域？

答：如果要在邮件合并文档中插入 Word 域，可以单击"邮件"选项卡的"编写和插入域"工具组中的"规则"按钮，从弹出的下拉列表框中选择要使用的 Word 域。

习题八

一、判断题

1．在 Word 2010 中的邮件合并，除需要主文档外，还需要已制作好的数据源支持。　　　（　　）

2．如果希望保存合并结果供将来使用，可使用"打印文档"选项完成合并。　　　（　　）

3．使用"邮件合并"批量生成各种数据，主要包括信函文档的创建、数据输入和数据源与信函文档的合并三个步骤。　　　（　　）

二、选择题

1．给每位同学发送一份《开学安全需知》，用（　　）命令最简便。

    A．复制   B．信封

    C．标签   D．邮件合并

2．在单击"邮件"选项卡"完成"工具组中的"完成并合并"按钮后，在弹出的下拉列表框中不包括下面（　　）选项。

    A．编辑单个文档   B．打印文档

    C．发送电子邮件   D．保存文档

3．在 Word 2010 中，可以通过（　　）功能区对不同版本的文档进行比较和合并。

    A．页面布局   B．引入

    C．审阅   D．视图

三、操作题

1．使用邮件合并功能向用户发送"产品续保说明书"邮件。"客户及所购产品信息表"文档见素材文件夹，其样稿如图 8-16 所示。

亲爱的《姓名》：

您在

《购买日期》。

购买的《产品》的保证书将于

《到期日期》到期。

如果您想延长保证上期，则必须在《到期日期》之前使用我们的延长保证期计划。

延长保证期的费用如下：

1 年：《一年保证额》。

2 年：《两年保证额》。

3 年：《三年保证额》。

请使用随附的卡片和信封及时延长保证期！

谨祝工作顺利，万事如意！

《销售代理人》。

图 8-16　"产品续保说明书"文档插入域后的样稿

2．制作一份应聘通知，并将这份通知单传给多位不同的收件人。每个被邀请者的姓名、出生地及生日

都不相同。"应聘者信息表"文档见素材文件夹，其样稿如图 8-17 所示。

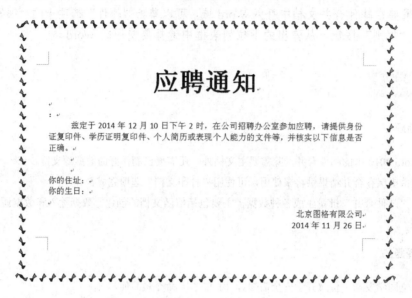

图 8-17　"应聘通知"邮件合并主文档

3. 现有一个软件开发公司想通过计算机上机考试从一大批应聘人员中进行初次筛选，每个应聘人员都要打印一张准考证，而"应聘人员考试信息表"已经制好，详见素材文件夹，其样稿如图 8-18 所示。请利用邮件合并功能快速生成准考证。

图格公司应聘测试

准考证

考号：　　　　　　　　级别：

考生姓名：　　　　　　　性别：

专业：　　　　　　　　　考试地点：

场次：　　　　　　　　　考试时间：

图 8-18　"准考证"邮件合并主文档

第三篇　Excel 2010 高级应用

第 9 章　Excel 2010 基本操作

第 10 章　编辑表格数据

第 11 章　Excel 数据计算与管理

第 12 章　Excel 图表分析

第 9 章　Excel 2010 基本操作

本章学习目标

- 熟练掌握工作簿的新建、保存、打开与关闭等基本操作。
- 熟练掌握工作表的插入、删除、选定、复制、移动、重命名等操作。
- 熟练掌握输入表格数据、设置单元格和打印电子表格等操作。

基本知识讲解

Excel 2010 的窗口组成

第一次启动 Excel 2010 时，会打开一个空工作簿。其工作界面由快速访问工具栏、标题栏、选项卡、编辑栏、状态栏、滚动条、工作表标签等组成，如图 9-1 所示。

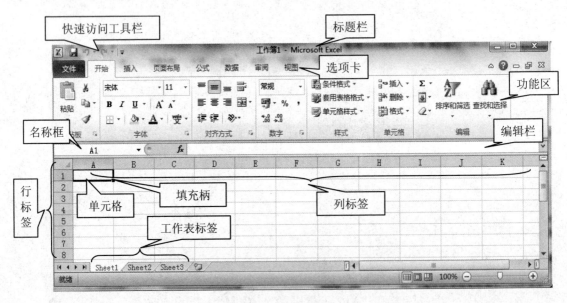

图 9-1　Excel 2010 窗口

Excel 窗口与 Word 窗口风格一致，许多菜单命令和工具栏按钮的组成与功能都与 Word 完全相同，因此本节只重点介绍其中 Excel 特有的元素。

Excel 的基本对象包括单元格、工作表、工作簿。工作簿位于 Excel 窗口的中央区域，它由若干个工作表组成，而工作表又由单元格组成。

（1）工作簿。

工作簿位于 Excel 窗口的中央区域，一个工作簿可由一个或多个工作表组成。在系统默认情况下，由 Sheetl、Sheet2、Sheet3 这三个工作表组成。在工作簿中，要切换到相应的工作表，只需单击工作表名称标签，相应的工作表就会成为当前工作表。并且可以通过右击工作表名称标签对工作表进行重命名、添加、删除、移动或复制等操作。

（2）工作表。

工作表位于工作簿的中央区域，由行号、列号和网络线构成。工作表是 Excel 完成一项工作的基本单位，其中行是由上自下按 1、2、3、…、1048576 等数字进行编号，而列则由左到右采用字母 A、B、C、…、AA、AB、…、XFD 等进行编号。使用工作表可以对数据进行组织和分析，可以同时在多张工作表上输入并编辑数据，并且可以对来自不同工作表的数据进行汇总计算。

（3）工作表标签。

通过单击工作表标签可以选择当前的工作表，工作表标签比较多时可以单击左侧的按钮进行滚动浏览。

（4）行标签与列标签。

通过单击或拖动行（列）标签，可以选择一行（列）或连续多行（列），按住 Ctrl 键单击行（列）标签，则可以选择不连续多行（列）。

（5）单元格。

单元格是组成 Excel 工作簿的最小单位。单元格中可以填写数据，是存储数据的基本单位。在工作表中的白色长方格就是单元格，单击某个单元格，该单元格的边框将加粗显示，它被称为活动单元格，并且活动单元格的行号和列号突出显示。可以在活动单元格内输入数据，这些数据可以是字符串、数字、公式、图形等。单元格可以通过列号和行号进行标识定位，每一个单元格均有对应的列号和行号，例如：A 列第 4 行的单元格为 A4。

（6）名称框。

默认情况下，Excel 用单元格所在行号和列号表示该单元格地址，如 A1 表示第 A 列第 1 行单元格。当单击某单元格时，名称框就会显现该单元格的地址，即名称框会随着鼠标单击不同的单元格而变化显示出相应的单元格地址。对于某一区域则使用其左上角和右下角单元格地址来命名，如 A1:D5，而名称框中则显示该区域的第一个单元格的地址。

（7）编辑栏。

用户可以直接将插入点定位于某一单元格来编辑该单元格的内容，也可以先选择某一单元格，再在编辑栏中编辑其内容。例如要在某单元格中输入文字，先单击该单元格，再将鼠标移到编辑栏，输入文字时在编辑栏和单元格中同时显示。

（8）填充柄

当选择某一单元格后，在该单元格的右下角会出现一个控制点，称为填充柄。鼠标移到填充柄上，指针形状变为实心十字时，拖动填充柄可以将该单元格的内容填充到相邻的单元格中。

（9）功能区。

原版本中的菜单栏和工具栏都替换成了功能区。功能区旨在帮助用户快速找到完成某一任务所需的命令。命令被组织在逻辑组中，逻辑组集中在选项卡下。每个选项卡都与一种类型的活动（例如为页面编写内容或设计布局）相关。为了减少混乱，某些选项卡只在需要时才显示。

9.1　创建"年级周考勤表"工作簿

"年级周考勤表"反映学生一周的到课情况。是学生上课的一个凭证，作为平时成绩的一部分。学完本节后，要求学会创建空白 Excel 表格及保存 Excel 表格。

本例完成的效果如图 9-2 所示，下面讲解创建表格的具体操作步骤。

班级情况		星期一		星期二		星期三		星期四		星期五		本周
班级	应出勤人数	本日缺勤人数	实际出勤人数	本日缺勤人数	实际出勤人数	本日缺勤人数	实际出勤人数	本日缺勤人数	实际出勤人数	本日缺勤人数	实际出勤人数	平均缺勤人数
1班	50	1		0		0		0		1		
2班	49	2		2		2		0		0		
3班	50	2		1		1		2		1		
4班	48	1		1		0		0		1		
5班	49	0		0		0		1		0		
6班	50	1		3		1		1		3		
7班	48	0		2		5		2		1		
8班	47	2		1		2		0		0		
9班	50	0		1		0		0		3		
10班	49	2		1		3		1		1		
合计												

图 9-2　"年级周考勤表"最终效果

9.1.1　新建工作簿

在启动 Excel 2010 后，会自动新建一个名为"工作簿 1"的空白文档，当需要另外创建新的文档时，可以新建空白文档或新建基于模板的文档。下面新建一个空白工作簿，其操作步骤如下：

（1）选择"文件"→"新建"命令，如图 9-3 所示，打开"新建工作簿"任务窗格，如图 9-3 所示。

图 9-3　"新建工作簿"任务窗格

（2）单击右边空白工作簿下的"创建"按钮，即可新建一个空白工作簿，如图 9-4 所示。

（3）在 Sheet1 工作表中可输入如图 9-2 所示的"年级周考勤表"所列的文字数据。

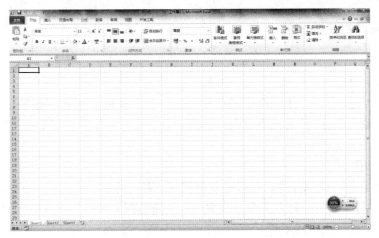

图 9-4　新建的工作簿

9.1.2　保存工作簿

在新建工作簿后要及时保存，以免因突然断电、死机等各种意外事件导致数据丢失。具体操作步骤如下：

（1）选择"文件"→"保存"命令或单击"快速访问工具栏"中的"保存"按钮，打开"另存为"对话框，如图 9-5 所示。

图 9-5　"另存为"对话框

（2）选择保存的路径，在"文件名"下拉列表框中输入要保存的文件名（年级周考勤表），在"保存类型"下拉列表框中选择要保存的类型，单击"保存"按钮。

（3）返回工作表界面，在其顶部的标题栏中将自动显示新设置的文件名称。

提示 1：对于已经保存过的 Excel 工作表，单击"保存"按钮，只是把新的更新保存到原来的文件中。

提示 2：保存类型：Excel 2010 的默认扩展名为.xlsx，也可保存为 Excel 97-2003，默认扩展名为.xls。

9.1.3 关闭与打开工作簿

1. 关闭工作簿

完成电子表格的编辑后，可关闭工作簿。

（1）选择"文件"→"退出"命令或单击窗口右上角的"关闭"按钮。

（2）正在编辑的工作簿若没有保存，会提示是否保存工作簿，可单击"是"或"否"按钮，此时将关闭当前工作簿窗口。

2. 打开工作簿

如果需要重新进行编辑操作，可以重新打开工作簿。

（1）选择"文件"→"打开"命令或单击"快速访问工具栏"工具栏中的"打开"按钮，弹出"打开"对话框，如图 9-6 所示。

图 9-6　"打开"对话框

（2）选择要打开工作簿所在的位置，并选择要打开的工作簿，单击"打开"按钮。

9.1.4 插入和重命名工作表

工作表是 Excel 的重要组成部分，是表格数据的存放位置，用户可对其进行相关操作。

1. 插入工作表

创建工作簿后，默认包含 3 张工作表，用户可以根据需要选择插入或添加工作表。下面将在"年级周考勤表"工作簿中插入一张带样式的工作表。

（1）选择 Sheet1 工作表标签并右击，在弹出的快捷菜单中选择"插入"命令，弹出"插入"对话框，如图 9-7 所示。

（2）单击"电子表格方案"选项卡，在下拉列表框中选择"考勤卡"选项，在右侧的"预览"栏中可以查看效果，如图 9-8 所示。

（3）单击"确定"按钮，插入"考勤卡"工作表。

2. 重命名工作表

插入的工作表名称都以默认的形式显示。为了使工作表使用起来更加方便，可以重命名工作表。

图 9-7　"插入"对话框

（1）选择需要重命名的工作表标签，在其上右击，在弹出的快捷菜单中选择"重命名"命令，如图 9-9 所示。

图 9-8　选择表格样式

图 9-9　选择"重命名"命令

（2）此时工作表标签将呈黑底白字显示，直接输入新的名称"年级周考勤表"文本，按 Enter 键即可。

提示：单击两次工作表名称，也可以实现对工作表的重命名。

9.1.5　移动、复制和删除工作表

在工作簿中可以对工作表进行移动、复制和删除操作。

1. 移动工作表

在同一个 Excel 工作簿中，可将工作表移动到工作簿内的其他位置。

（1）选择需移动的"年级周考勤表"工作表标签，在其上右击，在弹出的快捷菜单中选择"移动或复制工作表"命令。

（2）在"下列选定工作表之前"下拉列表框中选择"考勤卡"选项，如图 9-10 所示。

（3）单击"确定"按钮，"年级周考勤表"工作表将移动到"考勤卡"工作表之前。

2. 复制工作表

（1）打开 Excel 工作簿，选择需复制的工作表标签，在其上右击，在弹出的快捷菜单中选择"移动或复制工作

图 9-10　移动工作表

表"命令，弹出"移动或复制工作表"对话框。

（2）在"下列选定工作表之前"下拉列表框中选择"Sheet2"选项，勾选"建立副本"复选框。

（3）单击"确定"按钮，即可在 Sheet2 表之前复制"年级周考勤表"工作表。

提示 1：若不勾选"建立副本"复选框，则是将工作表移动（而不是复制）到 Sheet2 表之前。

提示 2：若要在不同工作簿中移动或复制工作表，在打开的"移动或复制工作表"对话框中，先在"将选定工作表移至工作簿"下拉列表框中选择目标工作簿，再选择目标工作表即可。

3. 删除工作表

用户可根据需要对多余的工作表执行删除操作。

（1）选择需删除的"年级周考勤表（2）"工作表标签，在其上右击，在弹出的快捷菜单中选择"删除"命令。

（2）此时会打开提示对话框，单击"删除"按钮，即可删除工作表。

（3）按照相同的方法，可删除多余的工作表。

提示：如果需要删除的工作表是一张空白工作表，则执行删除操作后，即可直接将其删除，而不会打开提示对话框。

9.1.6　设置工作表标签颜色

当工作表数量很多的时候，就不容易辨认对应的工作表标签。此时，便可通过更改标签颜色来避免该现象。

（1）选择需设置颜色的"年级周考勤表"工作表标签，在其上右击，在弹出的快捷菜单中选择"工作表标签颜色"命令，如图 9-11 所示。

（2）选择主题颜色或标准色即可。也可选择"其他颜色"，弹出"颜色"对话框，在其中选择要设置的颜色，如图 9-12 所示。

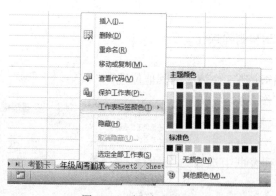

图 9-11　选择标签颜色

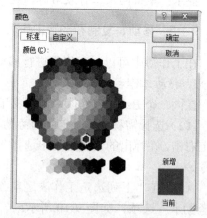

图 9-12　"颜色"对话框

提示：选择一张工作表后，按住 Shift 键不放，单击另一张工作表标签，可同时选择这两张工作表之间的所有工作表；选择一张工作表后，按住 Ctrl 键，依次单击其他工作表标签，可同时选择不连续的多张工作表。

9.2　制作"客户资料表"电子表格

"客户资料表"是工作中联系客户的重要资料，记载了客户的相关资料。本例完成的效果如图 9-13 所示。

	客户ID	客户名	发货地址	固定电话	手机	邮编	电子邮件
	user1	王昆	杭州市西湖区未名路1号	80000001	13800000001	310001	
	user2	李琦	杭州市西湖区未名路2号	80000002	13800000002	310002	
	user3	张沛虎	杭州市西湖区未名路3号	80000003	13800000003	310003	
	user4	魏清伟	杭州市西湖区未名路4号	80000004	13800000004	310004	
	user5	郑军	杭州市西湖区未名路5号	80000005	13800000005	310005	
	user6	方海峰	杭州市西湖区未名路6号	80000006	13800000006	310006	
	user7	俞飞飞	杭州市西湖区未名路7号	80000007	13800000007	310007	
	user8	阮小波	杭州市西湖区未名路8号	80000008	13800000008	310008	
	user9	徐海冰	杭州市西湖区未名路9号	80000009	13800000009	310009	
	user10	赵大伟	杭州市西湖区未名路10号	80000010	13800000010	310010	

图 9-13　"客户资料表"最终效果

9.2.1　输入表格数据

在制作 Excel 表格时，需要输入不同类型的数据，如文本、日期和数值等。具体操作步骤如下：

（1）新建一个空白工作簿，并将其命名为"客户资料表"。

（2）选择 A1 单元格，切换至汉字输入法，在其中输入文本"客户资料表"，如图 9-14 所示。

（3）按 Enter 键确认输入后将自动选择 A2 单元格，在其中输入文本"更新日期：2014-6-13"，如图 9-15 所示。

图 9-14　输入标题文本

图 9-15　输入日期文本

（4）按照相同的方法，输入工作表中的其他数据。

提示 1：Excel 数据类型包括数字型、日期型、文本型、逻辑型，其中数字型表现形式多样，有货币、小数、百分数、科学计数法等多种形式。具体操作请参考第 10 章内容。

提示 2：若输入的数据整数位数超过 11 位，将自动以科学计数法的形式显示，这时可在输入的数据前添加英文单引号（'），即可正确显示输入的数据。

提示 3：若输入的数据位数小于 11 位，但单元格的宽度不够容纳其中的数字时，将以"####"的形式显示，此时拖动单元格边框调整宽度，即可将其完整显示。

9.2.2　合并单元格

合并单元格是指将两个或两个以上，且位于同一行或同一列中的相邻单元格合并成一个单元格，可达到突出显示数据的目的。具体步骤如下：

（1）选择 A1:G1 单元格区域，选择"开始"→"合并后居中"命令，效果如图 9-16 所示。或在此区域右击，在弹出的快捷菜单中选择"设置单元格格式"命令，在弹出的"设置单元格格式"对话框中进行设置，如图 9-17 所示。

图 9-16　"合并后居中"最终效果

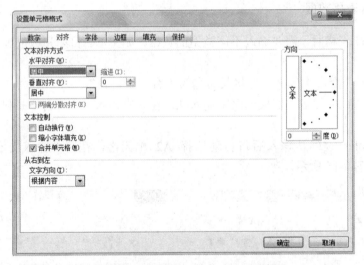

图 9-17　"设置单元格格式"对话框

（2）使用相同的方法，合并 A2:G2 单元格区域。

提示： 若要取消合并后的单元格，可选择"开始"→"合并后居中"命令中的下拉按钮，再选择"取消单元格合并"命令，如图 9-18 所示。

图 9-18　"取消单元格合并"命令

9.2.3　拆分与冻结窗口

拆分窗口是指将工作表拆分成多个窗口，在每个窗口中均显示工作表中的内容。

冻结窗口是指将工作表窗口中的某些行或列固定在可视区域内，不随滚动条的移动而移动。利用 Excel 工作表的冻结功能达到固定窗口的效果。具体步骤如下：

（1）选择 C4 单元格，选择"视图"→"拆分"命令，如图 9-19 所示，进行窗口拆分操作。

图 9-19　"拆分"命令

（2）此时，所选单元格行号的上方和左侧将出现一条水平和垂直分线，拖动垂直滚动条，即可查看上下两个窗口中行数相距较远的数据，如图 9-20 所示。

C4			f_x	杭州市西湖区未名路1号		
	A	B	C	D	E	F
1			客 户 资 料 表			
2			更新日期：2014-06-28			
3	客户ID	客户名	发货地址	固定电话	手机	邮编
4	user1	王昆	杭州市西湖区未名路1号	80000001	13800000001	310001
5	user2	李琦	杭州市西湖区未名路2号	80000002	13800000002	310002
6	user3	张沛虎	杭州市西湖区未名路3号	80000003	13800000003	310003
7	user4	魏清伟	杭州市西湖区未名路4号	80000004	13800000004	310004
8	user5	郑军	杭州市西湖区未名路5号	80000005	13800000005	310005
9	user6	方海峰	杭州市西湖区未名路6号	80000006	13800000006	310006
10	user7	俞飞飞	杭州市西湖区未名路7号	80000007	13800000007	310007

图 9-20　查看拆分效果

（3）单击"窗口"工具组中"冻结窗格"按钮下方的下三角，在弹出的下拉列表框中选择"冻结拆分窗格"命令，如图 9-21 所示。

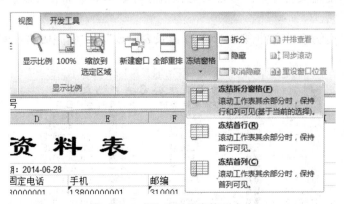

图 9-21　"冻结拆分窗格"命令

（4）此时，所选单元格行号的上方和左侧的行和列都将处于冻结状态。

　　提示：如果要冻结"A3"行，就要选中"A4"单元格，"A3"行的下面多了一条横线，这就是被冻结的状态。

9.2.4　保护工作表

　　为了让工作表中的数据不被其他人任意修改，用户可对重要的工作表设置保护密码。

　　（1）首先打开 Excel 工作簿，选择需保护的工作表标签。选择"审阅"→"保护工作表"命令，打开"保护工作表"对话框，如图 9-22 所示。

　　（2）单击选中"保护工作表及锁定的单元格内容"复选框，在"取消工作表保护时使用的密码"文本框中输入保护密码，这里输入"123"，单击"确定"按钮，弹出"确认密码"对话框，如图 9-23 所示。

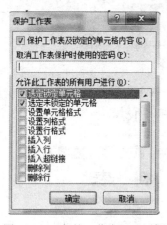

图 9-22　"保护工作表"对话框

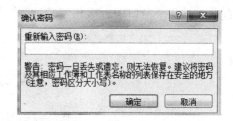

图 9-23　"确认密码"对话框

　　（3）在"重新输入密码"文本框中输入"123"，单击"确定"按钮。

9.3　打印"生产记录表"

　　"生产记录表"是生产过程当中不可缺少的相关文档的记录。

　　考虑到表格可能需要打印，所以还要对表格进行基本的页面设置以使打印出来的表格完整、清晰、美观。

　　素材文档见"实例素材文件\第 9 章\生产记录表.xlsx"，本例完成的效果如图 9-24 所示。

	A	B	C	D	E	F
1	西子食品有限公司生产记录表					
2	编号	产品名称	生产数量	单位	生产车间	生产日期
3	PR01	怪味胡豆	2000	袋	一车间	2013年3月1日
4	PR02	怪味胡豆	3000	袋	一车间	2013年3月3日
5	PR03	五味豌豆	5000	袋	一车间	2013年3月7日
6	PR04	五味豌豆	1500	袋	一车间	2013年3月2日
7	PR05	薯片	600	袋	二车间	2013年3月1日
8	PR06	薯片	2500	袋	二车间	2013年3月4日
9	PR07	薯片	1000	袋	二车间	2013年3月7日
10	PR08	薯片	2000	袋	二车间	2013年3月15日
11	PR09	薯片	5000	袋	二车间	2013年3月17日
12	PR10	巧克力	4000	盒	三车间	2013年3月8日

图 9-24　"生产记录表"最终效果

9.3.1　打印设置

根据实际需求对页面、打印参数进行设置。具体步骤如下：

（1）选择"页面布局"→"页面设置"→"纸张大小"→"A4 210 X 297mm"命令，如图 9-25 所示。

（2）选择"页面布局"→"页面设置"→"纸张方向"→"纵向"命令，如图 9-26 所示。

图 9-25　纸张设置

图 9-26　纸张方向设置

（3）选择"文件"→"打印"命令，查看表格所有列是否都出现在页面中，如图 9-27 所示。

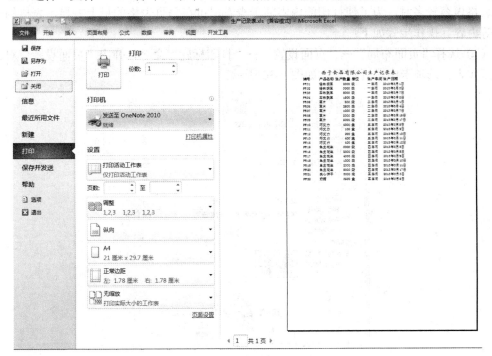

图 9-27　预览结果

（4）如需调整页边距，选择"页面布局"→"页面设置"→"页边距"→"自定义边距"命令，如图 9-28 所示。

（5）弹出"页面设置"对话框，如图 9-29 所示。在"页边距"选项卡中进行左、右、上、下边距的设置。

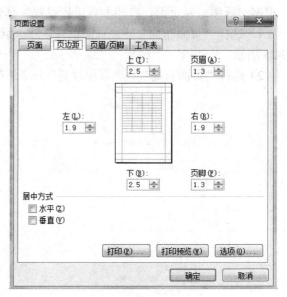

图 9-28　"页边距"列表框　　　　　　图 9-29　"页边距"选项卡

9.3.2　设置打印标题

表格内容较多时，为了使打印的内容便于查看，可在每页表格的最上方显示表格的标题、表头等内容。操作步骤如下：

（1）选择"页面布局"→"页面设置"→"打印标题"命令，弹出"页面设置"对话框。在"工作表"选项卡中进行设置，如图 9-30 所示。

图 9-30　"工作表"选项卡

（2）在"打印标题"栏的"顶端标题行"文本框后，单击"收缩"按钮，缩小对话框，返回 Excel 工作界面。

（3）此时，鼠标指针变为箭头形状，选择第 1、2 行单元格区域，单击"展开"按钮。

（4）返回"页面设置"对话框，此时"顶端标题行"文本框中显示选择的单元格区域，单击"确定"按钮。

这样，打印时每页表格的最上方都显示选择的单元格区域，即第 1、2 行表格的标题、表头。

补充知识：设置打印区域：选择"页面布局"→"打印区域"命令，如图 9-31 所示，打印时只打印被选中的区域内容。

图 9-31　"打印区域"命令

9.4　综合实践——创建"人事档案表"

9.4.1　学习任务

人事档案是记录一个人的主要经历、政治面貌、品德作风等个人情况的文件材料，起着凭证、依据和参考的作用，在个人转正定级、职称申报、办理养老保险以及开具考研等相关证明时，都需要使用档案。

本案例的目标是创建"人事档案表"，主要涉及创建 Excel 工作簿、输入表格数据、设置单元格格式，以及打印电子表格等知识。本例完成的效果如图 9-32 所示。

	A	B	C	D	E	F	G
1	华东汽车配件厂人事档案表						
2	编号	姓名	性别	出生日期	职位	学历	部门
3	A001	杜军	男	1980/5/17	工程师	本科	设备科
4	A002	项望	男	1979/10/23	车间主任	本科	生产部
5	A003	卢海	男	1971/1/2	销售经理	本科	销售部
6	A004	刘西	女	1969/4/28	会计	本科	财务部
7	A005	杨永	男	1976/7/17	设计师	研究生	设计部
8	A006	黄霄	男	1978/11/7	检测员	本科	质检部
9	A007	张娜	女	1963/9/30	工程师	本科	设备科
10	A008	周利	女	1969/2/18	行政主管	本科	行政部

图 9-32　"人事档案表"最终效果

9.4.2　知识点（目标）

（1）员工人事档案记录反映每位员工个人经历和德才表现，主要在人事、组织、劳资等部门培养、选拔和使用人员的工作活动中形成。

（2）从人力资源开发和管理的角度来看，员工档案可以为单位提供大量丰富、动态、真实有效的原始资料和数据。另外，档案还有一些延伸职能，如以档案为依托可以评定职称、办理社会保险和退休手续、提供公证材料，以及报考的相关材料等。

9.4.3　操作思路及实施步骤

本案例主要包括新建与保存工作簿、设置工作表、输入表格数据等内容。

（1）启动 Excel，出现一个空白工作簿，将其以"人事档案表"为名保存。

（2）将 Sheet1 工作表重命名为"人事档案表"。

（3）选择 Sheet2 工作表标签并右击，在弹出的快捷菜单中选择"删除"命令，使用相同的方法将"人事档案表"以外的其他工作表删除。

（4）选择 A1 单元格，切换至汉字输入法，在其中输入文本"华东汽车配件厂人事档案表"，合并 A1:G1 单元格。

（5）使用相同的方法，输入其他文本和数据。

（6）选择 C3 单元格，进行拆分和冻结窗口操作，以及取消拆分、冻结窗口操作。

（7）选择"审阅"→"保护工作表"命令，在"取消工作表保护时使用的密码"文本框中输入"123"，并在"允许此工作表的所有用户进行"下拉列表框中单击选中 "插入列"和"插入行"复选框，单击"确定"按钮，弹出"确认密码"对话框，输入相同的密码，单击"确定"按钮。

9.4.4　任务总结

通过本案例的练习，从以下几个方面介绍了制作 Excel 工作表涉及的知识内容：

（1）新建与保存工作簿。新建工作簿的方式多种多样，个人只需选择合适的方式创建即可；保存工作表过程中，需注意保存与另存为的区别，Ctrl+S 为保存的快捷键。

（2）重命名工作表。对于新建的工作簿，默认的工作表名称是 Sheet1、Sheet2、Sheet3，为了使工作表更容易辨认，在使用过程中，一般都要对工作表进行重新命名。除了重命名工作表外，还有插入新工作表、复制移动工作表、删除工作表等工作表中常用的操作。

（3）数据表录入。数据的录入主要有四种类型：文本、数值、日期、逻辑型数据。本案例只在单元格中输入简单的文本和数值。比较复杂的数据的输入操作在 11 章作进一步的介绍。

（4）表格拆分和冻结窗口操作。

（5）保护工作表。

补充知识：

可以在 Excel 表中直接输入数据，也可以利用数据导入功能插入外部数据，现讲解在 Excel 工作表中导入.txt 文件的操作步骤。

素材文档见"\第 9 章\收入和支出统计.txt"。

（1）启动 Excel，选择"数据"→"获取外部数据"→"自文本"命令，如图 9-33 所示。

图 9-33　导入文本

（2）在弹出的"导入文本文件"对话框中选择需要导入的文件，单击"导入"按钮，如图 9-34 所示。

（3）在弹出的"文本导入向导-第 1 步，共 3 步"对话框中选择"分隔符号"单选按钮，单击"下一步"按钮，如图 9-35 所示。

（4）在弹出的"文本导入向导-第 2 步，共 3 步"对话框的"分隔符号"区域选择"空格"复选框，单击"下一步"按钮，如图 9-36 所示。

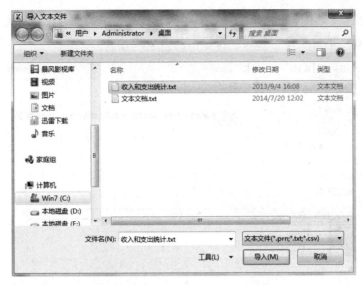

图 9-34　"导入文本文件"对话框

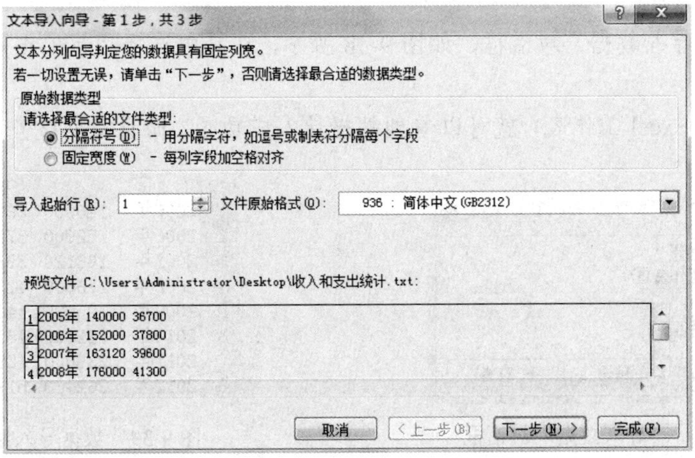

图 9-35　"文本导入向导-第 1 步，共 3 步"对话框

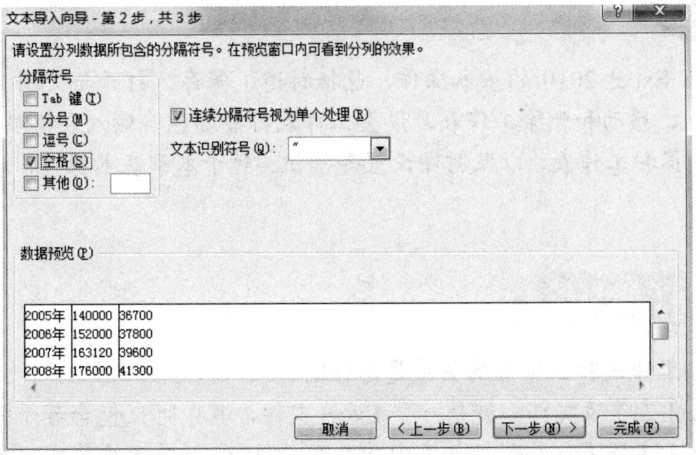

图 9-36　"文本导入向导-第 2 步，共 3 步"对话框

（5）在弹出的"文本导入向导-第 3 步，共 3 步"对话框的"列数据格式"组合框中选择"文本"单选按钮，然后单击"完成"按钮，如图 9-37 所示。

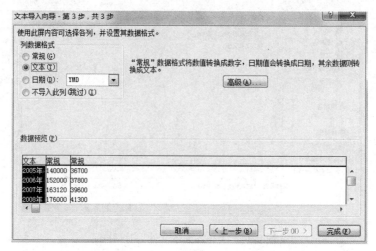

图 9-37 "文本导入向导-第 3 步，共 3 步"对话框

（6）弹出"导入数据"对话框，如图 9-38 所示，在其中选择"新工作表"单选按钮，单击"确定"按钮。

（7）返回到 Excel 工作表，就可以看到数据导入成功了，而且排列整齐，如图 9-39 所示。

图 9-38 "导入数据"对话框

	A	B	C
1	2005年	140000	36700
2	2006年	152000	37800
3	2007年	163120	39600
4	2008年	176000	41300
5	2009年	195020	44000
6	2010年	222000	46230
7	2011年	239000	48900
8	2012年	262460	51900

图 9-39 数据导入结果

 本章小结

本章主要介绍 Excel 2010 的基本操作，包括新建、保存、打开与关闭工作簿，插入、重命名工作表，复制、移动和删除工作表，设置工作表标签颜色，输入表格数据，合并单元格，拆分与冻结窗口，保护工作表，以及打印设置等知识。对于本章基本操作，应熟练掌握，为制作表格打下基础。

疑难解析（问与答）

问：单元格、工作表和工作簿的关系是怎样的？

答：一个 Excel 工作簿文档，就是一个 Excel 文件，其中可以包含若干张（默认为 3 张，最多可包含 256 张）工作表，每张工作表由 256 列、65536 行单元格构成，单元格是工作表中输入数据和计算公式最基本的单位。

问：Excel 中，"清除"和"删除"操作有什么区别？

答：清除只是把单元格中的内容去掉，单元格还在；而删除会把单元格也去掉。

问：怎么选择多个不相连的单元格或单元格区域？

答：在工作表中，选择单个工作表后，按住 Ctrl 键不放，继续选择其他单元格或单元格区域，可以同时选择多个不相连的单元格或单元格区域。

问：在保存工作簿时，如何将工作簿保存为其他类型的文档？

答：在"另存为"对话框的"保存类型"下拉列表框中选择其他类型。

问：如何设置 Excel 自动保存工作簿时间间隔的方法？

答：选择"文件"→"选项"命令，打开"Excel 选项"对话框，进入"保存"选项，先选中再输入想要自动保存的时间间隔，如输入 10 分钟，就是每 10 分钟自动保存一次，最后单击"确定"按钮。

习题九

一、判断题

1．在一个 Excel 工作簿中，记账工作表可以使用相同的工作表名称。　　　　　　（　　）

2．Excel 中的"清除"就是删除选定的单元格。　　　　　　　　　　　　　　（　　）

3．Excel 2010 工作簿是 Excel 中存储电子表格的一种基本文件，其系统默认扩展名为.xls。（　　）

4．Excel 文档又称为工作表。　　　　　　　　　　　　　　　　　　　　　（　　）

5．Excel 中提供了保护工作表、保护工作簿和保护特定工作区域的功能。　　　（　　）

6．实施了保护工作表的 Excel 工作簿，在不知道保护密码的情况下无法打开。（　　）

二、选择题

1．Excel 主要具有的功能是（　　）。

　　A．电子表格　　　　　　　　　　B．文字处理

　　C．图表　　　　　　　　　　　　D．数据库

2．在 Excel 中，若只需打印工作表的一部分数据时，可以（　　）。

　　A．直接使用工具栏中的"打印"按钮

　　B．隐藏不要打印的行或列，再使用工具栏中的"打印"按钮

　　C．先设置打印区域，再使用工具栏中的"打印"按钮

　　D．先选中打印区域，再使用工具栏中的"打印"按钮

3．Excel 文档包括（　　）。

　　A．工作表　　　　　　　　　　　B．工作簿

　　C．编辑区域　　　　　　　　　　D．以上都是

4．关于 Excel 表格，下列说法不正确的是（　　）。

　　A．表格的第一行为列标题（称字段名）

　　B．表格中不能有空列

　　C．表格与其他数据间至少留有空行或空列

　　D．为了清晰，表格总是把第一行作为列标题，而把第二行空出来

三、操作题

1．启动 Excel 2010，制作如图 9-40 所示的“某市 97、98 两年八所重点高中招收新生人数统计表”工作表。制作时将用到新建和保存工作簿，重命名、移动、复制和删除工作表，以及合并单元格和输入表格数据等知识。

某市97、98两年八所重点高中招收新生人数统计表

学　　校	97年招收班级总数	97年招收公费生数	97年招收自费生数	97年招收新生总数	98年招收班级总数	98年招收公费生数	98年招收自费生数	98年招收新生总数	9798两年平均招收新生总数
第一高中	9	252	180		9	216	216		
第二高中	8	224	160		10	240	240		
第三高中	8	224	160		8	192	192		
第四高中	8	224	160		8	192	192		
第五高中	8	224	160		8	192	192		
第六高中	8	224	160		8	192	192		
第七高中	7	196	140		8	192	192		
第八高中	6	168	120		8	192	192		
合　　计									

图 9-40　某市 97、98 两年八所重点高中招收新生人数统计表

2．制作如图 9-41 所示的“期中考试成绩表”工作表，制作时需进行设置工作表标签颜色、重命名工作表、拆分与冻结窗口，以及保护工作表等操作。

第一小组全体同学期中考试成绩表

学号	姓 名	高等数学	大学语文	英语	德育	体育	计算机	总 分
001	杨　平	88	65	82	85	82	89	
002	张小东	85	76	90	87	99	95	
003	王晓杭	89	87	77	85	83	92	
004	李立扬	90	86	89	89	75	96	
005	钱明明	73	79	87	87	80	88	
006	程坚强	81	91	89	90	89	90	
007	叶明放	86	76	78	86	85	80	
008	周学军	69	68	86	84	90	99	
009	赵爱军	85	68	56	74	85	81	
010	黄永抗	95	89	93	87	94	86	
011	梁水冉	62	75	78	88	57	68	
012	任广品	74	84	92	89	84	94	
平均分								

图 9-41　期中考试成绩表

第 10 章 编辑表格数据

本章学习目标

- 掌握单元格各种类型数据的输入和修改操作。
- 熟练掌握快速填充数据、移动和复制数据、查找和替换数据的方法。
- 掌握数据有效性的设置。
- 掌握格式化工作表的操作，包括改变列宽和行高，改变对齐方式，选择字体及字体尺寸，应用边框和底纹等。
- 熟练掌握编辑和美化表格数据的方法。

基本知识讲解

1. Excel 的编辑功能

创建并保存 Excel 工作簿、工作表后，就要给数据表录入数据，Excel 数据录入的步骤如下：

（1）选定要录入数据的单元格。

（2）从键盘上输入数据。

（3）按下 Enter 键或制表键 Tab 或方向键移动至下一个需录入的单元格位置。

2. 美化工作表的基本知识

（1）特殊数据的输入技巧。

1）输入分数。如："0 1/3"（0 和 1 之间有 1 个空格），即 1/3。

2）输入负数。如："（16）"，即-16。

3）输入文本类型的数字，头部加英文的单引号：'0001。

4）中文大写数字的输入或转换：选中相应单元格（数据为数字），打开"设置单元格格式"对话框，选择"数字"→"特殊"→"中文大写数字"命令，相应单元格的数字就转换为中文大写数字。

（2）设置字体、字号、字形和颜色。

1）在"开始"选项卡的"字体"工具组中设置。

2）快捷方式实现。选择准备设置的单元格并右击，在弹出的快捷菜单中选择需要操作的选项，如图 10-1 所示。

图 10-1 快捷方式

（3）条件格式。

设置数据条件格式后，单元格中的数据在满足指定条件时，就以特殊的格式（如红色、加粗、数据条、图标等）显示出来。使用"开始"→"样式"→"条件格式"命令进行设置，如图 10-2 所示。

图 10-2　"条件格式"选项

1）突出显示单元格规则。选定单元格区域的值满足大于、小于、介于、等于、文本包含、发生日期、重复值等条件。

2）项目选取规则。选定单元格区域的值满足最大前 n 项、最大前 n%、最小前 n 项、最小前 n%、高于平均值、低于平均值等条件。

3）数据条。根据选定单元格区域值的大小填充对应色条。

4）色阶。根据列数据的大小不同形成颜色的深浅渐变。

5）图标集。根据单元格区域数据的大小显示对应的图标，有"方向"、"形状"、"标志"、"等级"等不同类型的图标集，也可自定义图标集规则。

6）新建规则。如果已有的条件格式都不满足实际需求，可使用"新建规则"。

（4）选择性粘贴。

"复制"和"粘贴"是使用频率较高的两个操作。可是还有一个"选择性粘贴"，它不仅可以完成粘贴操作，而且功能更加强大。

由于 Excel 单元格中要保存的信息很多，不仅仅是面上看到的信息，还有格式、公式、有效性规则、批注等隐含信息，有时候只需要复制其中的某一种就可以，这就要用"选择性粘贴"命令。尤其是某些数据是由另一些数据（源数据）计算而来的。操作方法如下：

先复制内容，选择"开始"→"粘贴"→"选择性粘贴"命令，如图 10-3 所示，弹出"选择性粘贴"对话框，如图 10-4 所示。

（5）数据有效性的设置。

数据有效性可以限制单元格中的内容：如数字可以限制大小，字符可限制长度，选中单元格提示信息等。数据有效性设置常用于检查并防止错误数据的录入。操作为：选中单元格，选择"数据"→"数据工具"→"数据有效性"→"数据有效性"命令，如图 10-5 所示，弹出"数据有效性"对话框，如图 10-6 所示，在各选项卡中进行操作。

图 10-3　"选择性粘贴"按钮

图 10-4　"选择性粘贴"对话框

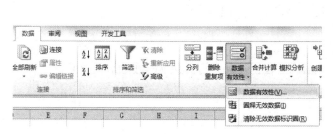

图 10-5　"数据有效性"命令

图 10-6　"数据有效性"对话框

10.1　制作"学生入学信息表"

学生入学信息表是学生入学时学生本人的相关信息，制作"学生入学信息表"便于对学生进行有效的管理和组织教学。

本例完成的效果如图 10-7 所示。

编号	姓名	性别	出生年月	政治面貌	籍贯	所在公寓	入学成绩	英语成绩	名次	备注
001	唐刚	男	1981年8月1日	团员	山东省日照市莒县	17号楼603	628	118	1	
002	龙知自	女	1982年4月1日	团员	山东省滨州市无棣县	9号楼713	621	107	2	
003	宋翼铭	男	1981年1月1日	团员	山西省阳泉市	17号楼603	619	99	3	
004	张厚营	男	1981年6月1日	团员	河北省唐山市玉田县	17号楼603	618	102	4	
005	伍行毅	男	1981年9月1日	团员	山东省菏泽市郓城县	17号楼603	616	111	5	
006	费铭	男	1982年3月1日	群众	山东省威海市环翠区	17号楼603	611	102	6	
007	陈利亚	男	1983年1月1日	团员	甘肃省天水市成县	17号楼605	609	114	7	
008	郑华兴	男	1980年9月1日	团员	广东省东莞市	17号楼605	603	98	8	
009	白景泉	男	1982年6月1日	团员	吉林省九台市	17号楼605	601	94	9	
010	张以恒	男	1982年12月1日	团员	云南省大理市永平镇	17号楼605	600	103	10	

图 10-7　"学生入学信息表"最终效果

10.1.1　输入和修改表格数据

输入和修改表格数据的具体操作步骤如下：

（1）选择 A1 单元格，在"编辑栏"中输入文本"XXX 班学生入学信息表"，选择 A1:K1 单元格区域，选择"开始"→"对齐方式"→"合并后居中"命令。

（2）选择 A2 单元格，并在其中输入文本"编号"。

（3）输入第 2 行的其他文字，结果如图 10-8 所示。

（4）如果有数据输错，可按 Backspace 键，将其删除，重新输入。

提示 1：不同类型的数据录入方式不同，Excel 的文本默认为左对齐，数值默认为右对齐。

提示 2：在输入内容时，按下 Enter 键或 Tab 键或方向键移动至下一个需录入的单元格位置，方向键的上下左右键可以分别控制当前活动单元格上下左右移动。

10.1.2　快速填充数据

"编号"列的其他数值在录入时采用填充方式。具体操作步骤如下：

（1）选择 A3 单元格，并在其中输入文本"'001"。

（2）选中 A3 单元格，将鼠标光标移到 A3 单元格右下角的填充柄上，当光标变为实心十字形状时，按住鼠标左键不放拖动至 A12 单元格，如图 10-8 所示。

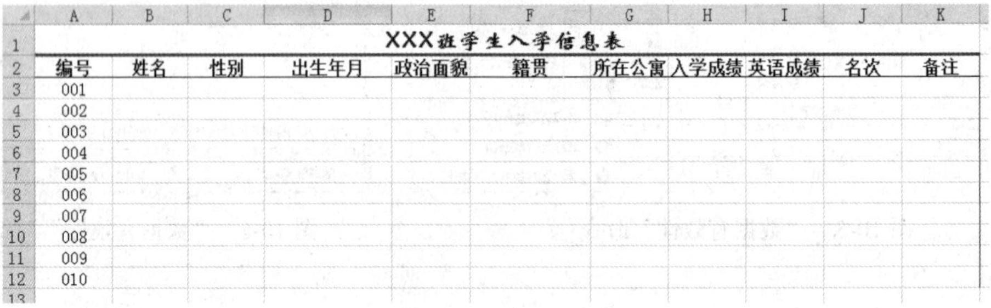

	A	B	C	D	E	F	G	H	I	J	K
1	XXX班学生入学信息表										
2	编号	姓名	性别	出生年月	政治面貌	籍贯	所在公寓	入学成绩	英语成绩	名次	备注
3	001										
4	002										
5	003										
6	004										
7	005										
8	006										
9	007										
10	008										
11	009										
12	010										
13											

图 10-8　填充数据后的效果

提示：数字文本在未设置任何单元格格式前，直接录入数据，将会被系统默认为数值，而导致部分数据显示可能出错。

10.1.3　数据有效性设置

对于"学生入学信息表"中"性别"列与"政治面貌"列内容数值有一定范围，且范围不大（如性别只输入男女两种，政治面貌只输入党员、团员、群众三种），为了避免表格在录入过程中出现不规范的数据，可以在这些列设置数据有效性，以采用下拉列表形式进行数据选择，不允许用户录入非法数据。具体步骤如下：

（1）为保证"性别"列信息的正确录入，可先选择 C3:C12 单元格区域，再选择"数据"→"数据工具"→"数据有效性"→"数据有效性"命令，打开"数据有效性"对话框。如图 10-9 所示。

（2）在"设置"选项卡的"允许"下拉列表框中选择"序列"，在"来源"文本框中输入"男,女"（注意：各有效值之间的分隔必须采用半角的逗号），如图 10-9 所示，然后在"性别"列输入数据时可在列表框中选取所要的值。

（3）"政治面貌"列的录入方法可参照"性别"列的输入方法。

提示：下拉列表选择数据的适用范围：项目个数少而规范的数据，如职称、工种、学历、单位及产品类型等，这类数据适宜采用 Excel 的"数据有效性"检验方式，以下拉列表的方式输入 。

补充知识 1：身份证的输入长度等于 18 位。

选中要设置"身份证"列的单元格，设置"数据有效性"的文本长度为 18 位，然后即可录入该列的数据，如图 10-10 所示。

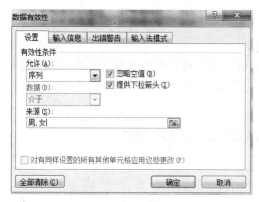

图 10-9　"数据有效性"对话框　　图 10-10　在"数据有效性"对话框中设置文本长度为 18 位

补充知识 2：拒绝输入重复数据。

身份证、工作证编号等个人 ID 是唯一的，不允许重复。如果在 Excel 中录入重复的数据，就会给信息管理带来不便，可以通过设置"数据有效性"，拒绝录入重复数据。

（1）选择需要录入数据的列（如 A 列），打开"数据有效性"对话框，在"设置"选项卡的"允许"下拉列表框中选择"自定义"选项，在"公式"文本框中输入"=COUNTIF(A:A,A1)=1（注意：不含双引号，在英文半角状态下输入）"，如图 10-11 所示。

（2）切换到"出错警告"选项卡，如图 10-12 所示，选择警告的样式，填写标题和错误信息，最后单击"确定"按钮，完成数据有效性设置。

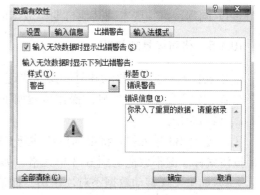

图 10-11　"数据有效性"条件设置　　图 10-12　设置出错警告信息

这样，在 A 列中录入的信息重复时，Excel 就会弹出"错误警告"对话框，提示输入有误，如图 10-13 所示。这时，只要单击"否"按钮，关闭提示对话框，重新输入正确的数据，就可以避免录入重复的数据。

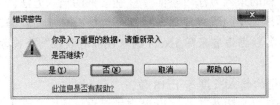

图 10-13　"错误警告"对话框

10.1.4　日期的输入

出生日期列为日期类型数据，格式设置操作如下：

（1）选取 D3:D12 单元格区域，在"设置单元格格式"对话框的"数字"选项卡中选择分类为"日期"，设置日期类型为"××年×月×日"形式，单击"确定"按钮返回，如图 10-14 所示。

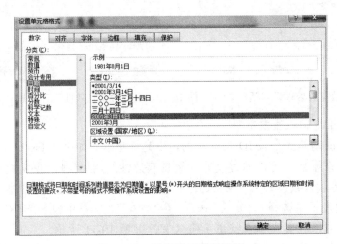

图 10-14　日期类型数据设置

（2）在 H3 单元格中输入"1981/8/1"，就会显示规定的格式。

（3）同理，可实现本列其他日期型数据的输入。

10.1.5　移动和复制数据

在 Excel 中，可通过移动和复制操作快速实现数据的输入。

在 B 列输入每个编号的姓的操作步骤如下。

1. 移动数据

（1）选择 B3 单元格，将鼠标指针移到 B3 单元格边框上，当鼠标指针变为十字箭头形状时，按住鼠标左键不放拖动到 B13 单元格，如图 10-15 所示。

（2）如果发现移动数据不对，单击"撤消"按钮，如图 10-16 所示，恢复原来状态。

2. 复制数据

表格中有数据相同时，可执行复制操作。

（1）选择 G3 单元格，单击"复制"按钮，将鼠标移到 G5 单元格上，单击"粘贴"按钮。

图 10-15　移动数据操作　　　　　　　　图 10-16　"撤消"按钮

（2）使用相同的方法，复制相关数据到目标单元格。

10.1.6　查找和替换数据

如果表格中有多项相同的数据同时输入错误，可通过查找和替换的方法对其统一修改。

1. 查找数据

（1）选择"开始"→"编辑"→"查找与选择"→"查找"命令或按 Ctrl+F 组合键。打开"查找和替换"对话框，如图 10-17 所示。

图 10-17　"查找和替换"对话框的"查找"选项卡

（2）在"查找内容"下拉列表框中输入内容，单击"查找全部"按钮或"查找下一个"按钮，即可在表中查找输入的内容。

2. 替换数据

数据较多时，可使用替换命令。例如，要将一张工作表中出现的所有"17 号楼"改为"18 号楼"，步骤如下：

（1）选择"开始"→"编辑"→"查找与选择"→"替换"命令或按 Ctrl+H 组合键。打开"查找和替换"对话框，如图 10-18 所示。

图 10-18　"查找和替换"对话框的"替换"选项卡

（2）在"查找内容"下拉列表框中输入被替换的内容（如 17 号楼），在"替换为"下拉列表框中输入替换内容（如 18 号楼），单击"替换"按钮或"全部替换"按钮，即可将表中出现的"17号楼"替换为"18号楼"。

10.2 美化"课程表"

表格中的数据录入完毕后，可以开始进行美化工作，以使得表格数据显示得更美观、大方、整齐。表格美化一般涉及行高、列宽设置，数据格式设置，对齐方式设置，边框设置，底纹设置等。这些基础设置均可以在工具栏或"单元格格式"对话框中找到对应的功能。

素材文档见"习题－操作题素材\第 10 章\课程表.xlsx"，本例完成的效果如图 10-19 所示，下面对课程表进行操作。

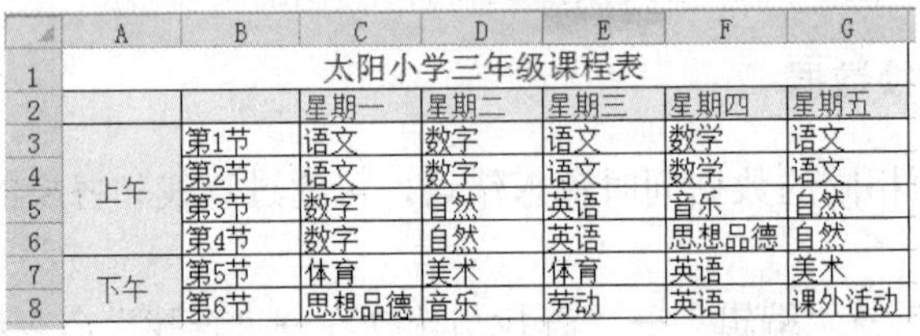

图 10-19 "课程表"最终效果

10.2.1 设置字体格式

一般情况下，利用"开始"选项卡中的功能区就能很方便地对单元格中的文本或数值进行更改字体、字号、字形以及颜色等操作，具体步骤如下：

（1）选择 A1 单元格，在"开始"选项卡的"字体"下拉列表框中选择黑体，"字号"下拉列表框中选择"12"，如图 10-20 所示。也可在选中单元格后右击，在弹出的快捷菜单中选择"设置单元格格式"，再分别设置字体、字号和颜色等。

图 10-20 设置字体

（2）单击"字体颜色"按钮右侧的下三角，在弹出的下拉列表框中选择"蓝色"。

（3）选择 A2:G2 单元格，设置字体为楷体，字号为 12，字体颜色为红色。

提示：在对任何数据表内容进行操作前，务必先选中相应的数据区域。

10.2.2 设置行高和列宽

设置行高为 25 像素，列宽为"自动调整列宽"，具体操作如下：

（1）单击工作表任一单元格，按 Ctrl+A 组合键，全选工作表。

（2）选择"开始"→"单元格"→"格式"→"自动调整列宽"命令，如图 10-21 所示。

（3）选择"开始"→"单元格"→"格式"→"行高"命令，打开"行高"对话框，输入行高为 25，如图 10-22 所示。

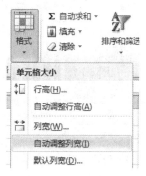

图 10-21　列宽设置　　　　　　　　　图 10-22　"行高"对话框

10.2.3　设置对齐方式

默认情况下，单元格中的文本靠左对齐，数字靠右对齐。现对表格标题合并居中显示，表格内容水平居中，垂直居中。具体操作如下：

（1）选择标题所在的 A1:G1 区域。

（2）选择"开始"→"对齐方式"→"合并后居中"命令，如图 10-23 所示。

图 10-23　对齐方式设置

（3）选择表格 A2:G8 区域。

（4）在"开始"选项卡的"对齐方式"工具组中选择"水平居中"和"垂直居中"命令，如图 10-24 所示。

图 10-24　设置"水平居中，垂直居中"

10.2.4　设置单元格边框和底纹

在"字体"工具组中或"单元格格式"对话框中可设置边框和填充颜色。具体操作如下：

（1）选择数据 A2:G8 区域。

（2）选择"开始"→"字体"→"边框"→"所有框线"命令，如图 10-25 所示。

（3）选择数据区域 A2:G2。

（4）选择"开始"→"字体"→"填充颜色"→"浅绿色"命令，如图 10-26 所示。

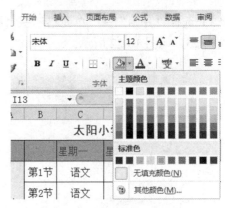

图 10-25　边框线设置　　　　　　　　图 10-26　填充颜色设置

10.2.5　设置工作表背景

在表格中，可以将自己喜欢的图片填加到工作表中，作为工作表的背景来显示。具体操作如下：

（1）选择"页面布局"→"页面设置"→"背景"命令，如图 10-27 所示。打开"工作表背景"对话框，如图 10-28 所示。

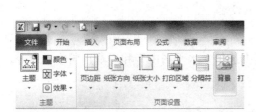

图 10-27　背景设置　　　　　　　　图 10-28　"工作表背景"对话框

（2）从计算机中选择自己喜欢的图片，单击"插入"按钮。

（3）返回 Excel 表格，可以发现 Excel 表格的背景变成了刚才设置的图片。如果要取消背景，则单击"删除背景"按钮即可。

10.3　编辑"采购记录表"

采购管理（Procurement Management）是计划下达、采购单生成、采购单执行、到货接收、检验入库、采购发票的收集到采购结算的采购活动的全过程，现代管理教育将采购管理的职能划分为三类，即保障供应、供应链及信息管理。采购记录表记录采购产品的相关信息。

素材文档见"\第 10 章\采购记录表.xlsx"，本例完成的效果如图 10-29 所示。

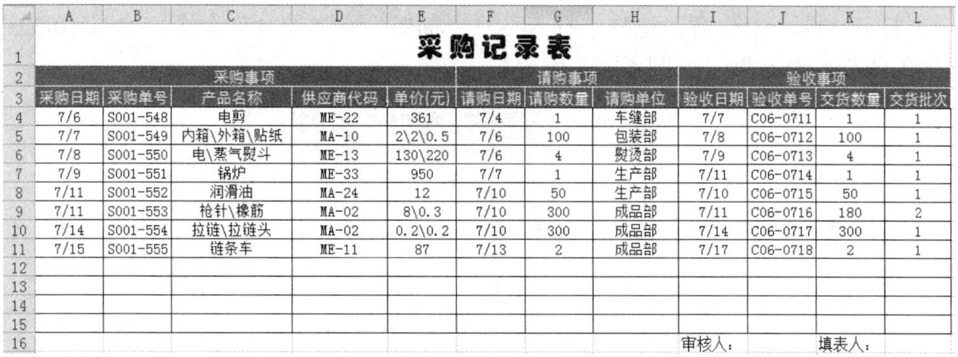

	A	B	C	D	E	F	G	H	I	J	K	L
1	采购记录表											
2	采购事项					请购事项			验收事项			
3	采购日期	采购单号	产品名称	供应商代码	单价(元)	请购日期	请购数量	请购单位	验收日期	验收单号	交货数量	交货批次
4	7/6	S001-548	电剪	ME-22	361	7/4	1	车缝部	7/7	C06-0711	1	1
5	7/7	S001-549	内箱\外箱\贴纸	MA-10	2\2\0.5	7/6	100	包装部	7/8	C06-0712	100	1
6	7/8	S001-550	电\蒸气熨斗	ME-13	130\220	7/6	4	熨烫部	7/9	C06-0713	4	1
7	7/9	S001-551	锅炉	ME-33	950	7/7	1	生产部	7/11	C06-0714	1	1
8	7/11	S001-552	润滑油	MA-24	12	7/10	50	生产部	7/10	C06-0715	50	1
9	7/11	S001-553	枪针\橡筋	MA-02	8\0.3	7/10	300	成品部	7/11	C06-0716	180	2
10	7/14	S001-554	拉链\拉链头	MA-02	0.2\0.2	7/10	300	成品部	7/14	C06-0717	300	1
11	7/15	S001-555	链条车	ME-11	87	7/13	2	成品部	7/17	C06-0718	2	1
12												
13												
14												
15												
16									审核人:		填表人:	

图 10-29　“采购记录表”最终效果

10.3.1　插入艺术字

艺术字是经过专业的字体设计师艺术加工的汉字变形字体，字体特点符合文字含义，具有美观有趣、易认易识、醒目张扬等特性，是一种有图案意味或装饰意味的字体变形。艺术字能从汉字的义、形和结构特征出发，对汉字的笔画和结构作合理的变形装饰，书写出美观形象的变体字。使用艺术字，可以使文档变得生动。在 Excel 中插入艺术字的步骤如下：

（1）打开“采购记录表”工作簿，选择“插入”→“艺术字”命令，如图 10-30 所示。

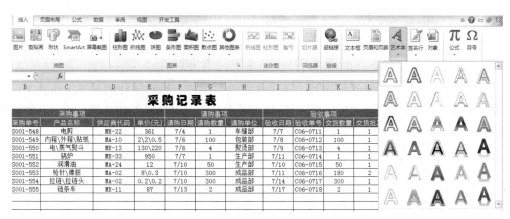

图 10-30　“艺术字”按钮

（2）在弹出的文本框中输入文字“采购记录表”，如图 10-31 所示。

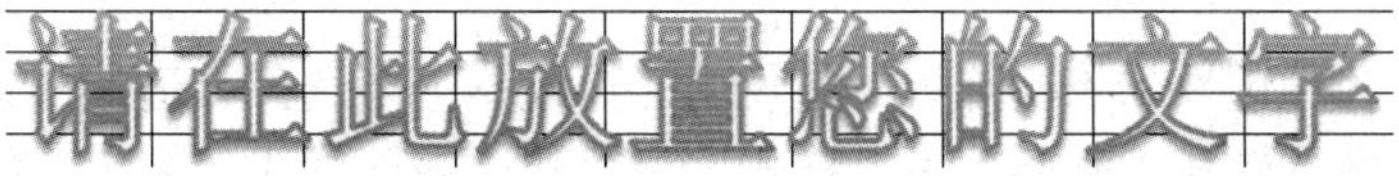

图 10-31　输入文字

（3）选中“采购记录表”后右击，选择“字体”，在弹出的“字体”对话框中选择“字体”选项卡，可对字体的样式、大小、颜色等进行设置。最后把“艺术字”放置到合适的位置上。

10.3.2　插入图片

在 Excel 中，可插入存放在计算机中的图片，或从网上获取、通过数码相机拍摄的照片等。步骤如下：

（1）打开 Excel 工作簿，选择"插入"→"插图"→"图片"命令，如图 10-32 所示。弹出"插入图片"对话框，如图 10-33 所示。

图 10-32　"图片"按钮

图 10-33　"插入图片"对话框

（2）从计算机中选择合适的图片，单击"插入"按钮，则将图片插入到工作表中。按住鼠标左键将其拖到合适位置，用鼠标左键按住图片的角点，对插入的图片进行缩放，结果如图 10-34 所示。

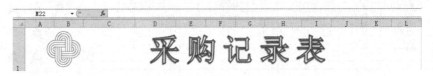

图 10-34　"插入图片"结果

10.3.3　自动套用表格格式

Excel 提供了各种预设的表格样式，在使用时可根据需要选择合适的样式。步骤如下：
（1）选择表格，选择"开始"→"样式"→"套用表格格式"命令，如图 10-35 所示。

图 10-35　"套用表格格式"按钮

（2）在弹出的"套用表格格式"下拉列表框中选择一种合适的格式，如图 10-36 所示。请观察各种格式的表格的显示结果。

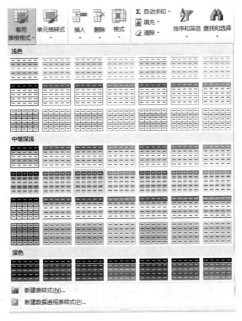

图 10-36　"套用表格格式"列表框

10.3.4　设置条件格式

为表格设置条件格式后，在查看表格内容时，可快速显示出满足条件的单元格数据。具体步骤如下：

（1）选择工作表 G4:G11（请购数量）单元格区域，选择"开始"→"条件格式"命令，如图 10-37 所示。

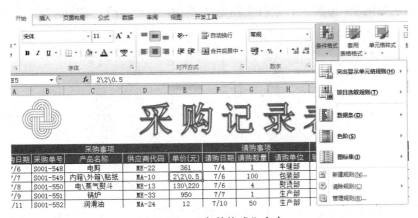

图 10-37　"条件格式"命令

（2）在弹出的下拉列表框中选择"新建规则"选项，如图 10-37 所示。

（3）弹出"新建格式规则"对话框，如图 10-38 所示。设置"选择规则类型"为"只为包含以下内容的单元格设置格式"。"编辑规格说明"设置为"单元格值"、"大于"、"100"。

（4）单击"格式"按钮，打开"设置单元格格式"对话框，如图 10-39 所示。在"字体"选项卡中，选择字形为加粗，颜色为红色。单击"确定"按钮返回。G9、G10 单元格字体加粗、红色显示。

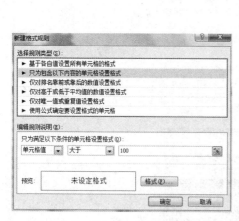

图 10-38　"新建格式规则"对话框　　　　图 10-39　"设置单元格格式"对话框

10.4　综合实践——制作"蔬菜销售表"

10.4.1　学习任务

本案例的目标是为公司员工制作一份"蔬菜销售表"文档。涉及的知识点包括添加表格数据、快速填充数据等，在表格数据编辑过程中，要注意整个文档的专业、美观，使文档更加生动形象。

10.4.2　知识点（目标）

素材工作表如图 10-40 所示，素材文档见"\第 10 章\蔬菜销售表.xlsx"。

	A	B	C	D	E	F
1	编号	名称	规格	单价	货物量	货物总价
2	103698	芋艿	AC-1A	0.85	1465	1245.25
3	104826	藕	AC-3B	1.23	2363	2906.49
4	103738	土豆	AC-2C	1.9	1065	2023.5
5	105896	山药	AC-3D	1.85	2630	4865.5
6	106448	大白菜	AC-2A	0.82	1265	1037.3
7	107596	生姜	AB-3	1.45	1830	2653.5
8	108698	韭菜	BB-1	1.13	3465	3915.45
9	109896	红罗卜	BB-3A	0.51	980	499.8
10	112698	白罗卜	BB-1A	0.53	1002	531.06
11	112896	胡罗卜	BB-3B	0.76	2350	1786

图 10-40　"蔬菜销售表"工作表

本案例主要的操作是工作表内容的复制，选择性粘贴，工作表的重命名，行、列的删除，数据的排序以及数据格式的设定。其具体操作要求为：

（1）将 Sheet1 表的内容复制到 Sheet2 和 Sheet3 中，并将 Sheet1 重命名为"出货单"。

（2）将 Sheet3 表的第 5 至第 7 行以及"规格"列删除。

（3）将"出货单"表中三种萝卜的单价上涨 10%（小数位取两位），重新计算相应"货物总价"。

（4）将 Sheet3 表中的数据按"单价"降序排列，并将单价最低的一条记录隐藏。

（5）在 Sheet2 表第 1 行前插入标题行"货物销售表"，并设置字体格式为幼圆，22，合并及居中。除标题行外的各单元格加"细框"。

10.4.3　操作思路及实施步骤

（1）单击工作表标签 Sheet1，选定 A1:F11 单元格区域，单击"开始"选项卡"剪贴板"工具组中的"复制"按钮。

（2）选定工作表 Sheet2 中的单元格 A1，单击"开始"选项卡"剪贴板"工具组中的"粘贴"按钮。

同样，选定工作表 Sheet3 中的单元格 A1，单击"粘贴"按钮，这样就把工作表 Sheet1 分别复制到了 Sheet2 和 Sheet3 表中。

（3）右击工作表标签 Sheet1，在弹出的快捷菜单中选择"重命名"，输入工作表名"出货单"。

（4）单击工作表标签 Sheet3，选定表格第 5 至第 7 行并右击，在弹出的快捷菜单中选择"删除"命令，如图 10-41 所示。

同样，选定"规格"列右击，在弹出的快捷菜单中选择"删除"命令。

图 10-41　"删除"选项

（5）单击工作表标签"出货单"，在空白的单元格 G9（其他空白单元格也可以）内输入"1.1"，选定 G9，单击"复制"按钮。

（6）选定 D9:D11 单元格区域，选择"开始"→"剪贴板"→"粘贴"→"选择性粘贴"命令，如图 10-42 所示。在弹出的"选择性粘贴"对话框中选择粘贴区域的"数值"、运算区域的"乘"单选按钮，单击"确定"按钮，如图 10-43 所示。

图 10-42　"选择性粘贴"选项

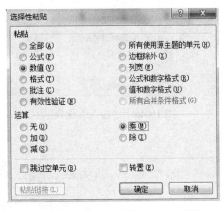

图 10-43　"选择性粘贴"对话框

（7）单击单元格 F9，输入公式"=D9*E9"并按"回车"键确认；按住单元格 F9 填充柄拖拉至 F11 释放。

（8）单击"出货单"工作表"单价"列中的任一单元格，单击"数据"选项卡"排序和筛选"工具组中的"降序"按钮，如图 10-44 所示。

（9）选中行号 11 并右击，在弹出的快捷菜单中选择"隐藏"命令，如图 10-45 所示。

（10）单击工作表标签 Sheet2，单击行号 1 并右击，在弹出的快捷菜单中选择"插入"命令，插入一行，如图 10-46 所示。

（11）单元格 A1 中输入"货物销售表"，并设置字体格式为幼圆，字号 22。

图 10-44　"降序"按钮　　　　　　　　　　图 10-45　"隐藏"选项

（12）选定 A1:F1 单元格区域，单击"合并及居中"按钮。

（13）选定 A2:F12 单元格区域，单击"开始"选项卡"字体"工具组中的"边框"按钮，在弹出的下拉列表框中选择"所有框线"，如图 10-47 所示。表格效果如图 10-48 所示。

图 10-46　"插入"选项　　　　　　　　　图 10-47　"所有框线"选项

图 10-48　表格设置后效果

10.4.4　任务总结

通过本案例的练习，从以下几个方面介绍了制作 Excel 工作表涉及的知识内容：

（1）工作表内容的复制和粘贴，以及选择性粘贴。

（2）工作表的重命名。

（3）行、列的删除。

（4）数据的排序。Excel 降序排列，即数字从大到小进行排序。

（5）单元格格式的设置。

数据录入完毕后，为了使工作表整齐美观，还要设置单元格格式，如设定行高、列宽、工作表中数据显示格式、字体字号、对齐方式、表格边框、底纹等。

本章小结

本章主要介绍 Excel 2010 编辑表格数据的操作，包括输入和修改表格数据、序列填充、数据有效性的设置、移动和复制数据；介绍了美化表格的操作，包括设置字体格式和对齐方式、设置单元格边框和底纹、数据表格式的设置、插入艺术字和图片、设置条件格式等知识。

对于本章的内容，读者应认真学习和掌握，以便制作出更美观实用的表格。

疑难解析（问与答）

问：快速填充数据有哪些不同方式？

答：快速录入数据方式有：

（1）在同一行或同一列中复制相同的数据。

（2）复制的数据以 1 为步长增长。

（3）填充等差数列或等比数列。

可以选择"开始"→"编辑"→"填充"命令进行填充数据。此时必须先选定要填充的区域（包含原单元格，且原单元格必须是选定区域的第一个单元格），执行"开始"→"编辑"→"填充"命令，弹出子菜单，如图 10-49 所示。在子菜单中可以选择填充的方向，如选择"向上"、"向左"、"向下"或"向右"等操作。若选择"系列"选项，可打开"序列"对话框，如图 10-50 所示，选择相关操作。

图 10-49　"填充"命令子菜单

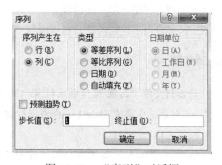

图 10-50　"序列"对话框

问：如果输入的文字过多，超过了单元格的宽度，会产生什么问题？

答：如果输入的文字过多，超过了单元格的宽度，会产生两种结果：

（1）如果右边相邻的单元格中没有数据，则超出的文字会显示，并盖住右边相邻的单元格。

（2）如果右边相邻的单元格中含有数据，那么超出单元格的部分不会显示，没有显示的部分在加大列宽或以换行方式格式化该单元格后，就可以看到该单元格中的全部内容。

如果在一个单元格输入的文字过多，又想将这些文字在此单元格中分行显示，则可以用

Alt+Enter 组合键实现单元格内的手动换行操作。

一、判断题

1. 在 Excel 中，数组区域的单元格可以单独编辑。　　　　　　　　　　　　　（　　）

2. 选择"数据"→"获取外部数据"→"自文本"命令，按文本导入向导命令可以把数据导入到工作表中。　　　　　　　　　　　　　　　　　　　　　　　　　　　　　　　　　　　　（　　）

3. Excel 数组常量中的值可以是常量和公式。　　　　　　　　　　　　　　　（　　）

4. Excel 中数组区域的单元格可以单独编辑。　　　　　　　　　　　　　　　（　　）

二、选择题

1. 在 Excel 电子表格中，设 A1、A2、A3、A4 单元格中分别输入：3、星期一、5x、2008-10-20，则下列可以进行计算的公式是（　　）。

　　A. =A1^5　　　　B. =A2+1　　　　C. =A3+10x+2　　　　D. =A4–2

2. 以下（　　）方式可在 Excel 中输入数值-6。

　　A. "6"　　　　　B. （6）　　　　　C. \6　　　　　　D. \\6

3. 以下（　　）方式可在 Excel 中输入文本类型的数字"0001"。

　　A. "0001"　　　　B. '0001　　　　C. \0001　　　　D. \\0001

4. Excel 一维垂直数组中元素用（　　）分开。

　　A. \　　　　　　B. \\　　　　　　C. ,　　　　　　　D. ;

5. Excel 一维水平数组中元素用（　　）分开。

　　A. ;　　　　　　B. \　　　　　　C. ,　　　　　　　D. \\

6. 关于 Excel 区域定义不正确的论述是（　　）。

　　A. 区域可由单一单元格组成　　　　　　B. 区域可由同一列连续多个单元格组成

　　C. 区域可由不连续的单元格组成　　　　D. 区域可由同一行连续多个单元格组成

三、操作题

1. 打开素材文件"习题-操作题素材\第 10 章\操作题 10-1.xlsx"，将其另存为"部分城市消费水平抽样调查.xlsx"，并对该工作簿中 Sheet1 工作表进行如下编辑。

（1）删除表格内的空行。

（2）在地区前加入一列"序号"，"序号"格式设置与其他列标题相同，并用填充方式设置序号值为"1-10"。

（3）在标题下插入一行，并将标题中的"（以京沪两地综合评价指数为 100）"移至新插入的行，合并两个标题行，设置"（以京沪两地综合评价指数为 100）"格式为楷体，12 号，跨列居中，红色。

（4）设置第一行标题格式为：隶书，18 号，粗体，跨列居中，浅黄色底纹。

（5）将"食品"和"服装"两列移到"耐用消费品"一列之后，重新调整单元格大小，以适应数据宽度。

（6）表格中的数据单元格区域设置为数值格式，保留 2 位小数，右对齐；其他各单元格内容居中。

（7）为表格设置边框线，格式按图 10-51 所示样文设置。

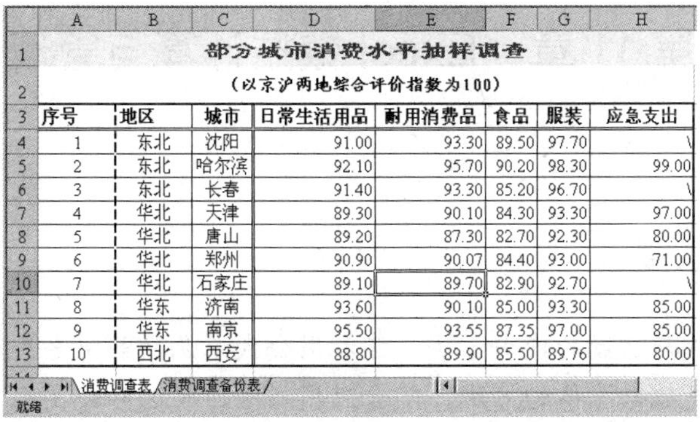

部分城市消费水平抽样调查

（以京沪两地综合评价指数为100）

序号	地区	城市	日常生活用品	耐用消费品	食品	服装	应急支出
1	东北	沈阳	91.00	93.30	89.50	97.70	\
2	东北	哈尔滨	92.10	95.70	90.20	98.30	99.00
3	东北	长春	91.40	93.30	85.20	96.70	\
4	华北	天津	89.30	90.10	84.30	93.30	97.00
5	华北	唐山	89.20	87.30	82.70	92.30	80.00
6	华北	郑州	90.90	90.07	84.40	93.00	71.00
7	华北	石家庄	89.10	89.70	82.90	92.70	\
8	华东	济南	93.60	90.10	85.00	93.30	85.00
9	华东	南京	95.50	93.55	87.35	97.00	85.00
10	西北	西安	88.80	89.90	85.50	89.76	80.00

消费调查表　消费调查备份表

就绪

图 10-51　设置边框后效果

（8）将工作表 Sheet1 重命名为“消费调查表”。

（9）复制消费调查表并命名为“消费调查备份表”。

（10）在“消费调查备份表”的“石家庄”一行前插入分页线，并设置标题及表头行（1～3 行）为打印标题，在页眉中设置页眉内容为工作表标签名，设置完成后进行打印预览。

2．制作如图 10-52 所示的“服装销量表”工作簿。制作时将涉及数据的输入和修改、自动套用表格格式，以及复制表格数据等操作。

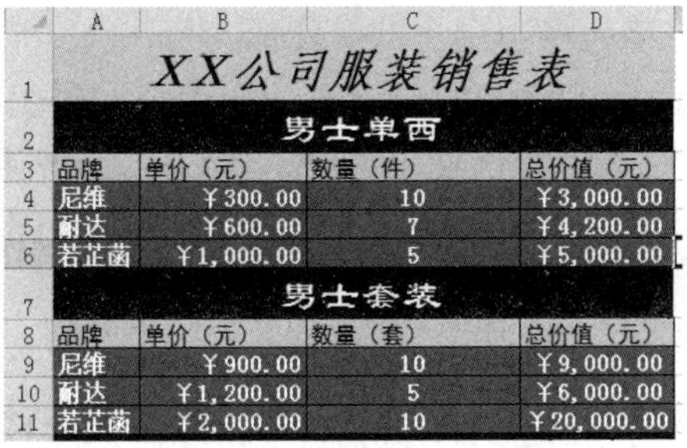

XX公司服装销售表

男士单西

品牌	单价（元）	数量（件）	总价值（元）
尼维	￥300.00	10	￥3,000.00
耐达	￥600.00	7	￥4,200.00
若芷菡	￥1,000.00	5	￥5,000.00

男士套装

品牌	单价（元）	数量（套）	总价值（元）
尼维	￥900.00	10	￥9,000.00
耐达	￥1,200.00	5	￥6,000.00
若芷菡	￥2,000.00	10	￥20,000.00

图 10-52　“服装销量表”工作簿效果

3．制作如图 10-53 所示的“差旅费报销单”工作簿。为重复使用报销单，将其保存为模板文件。

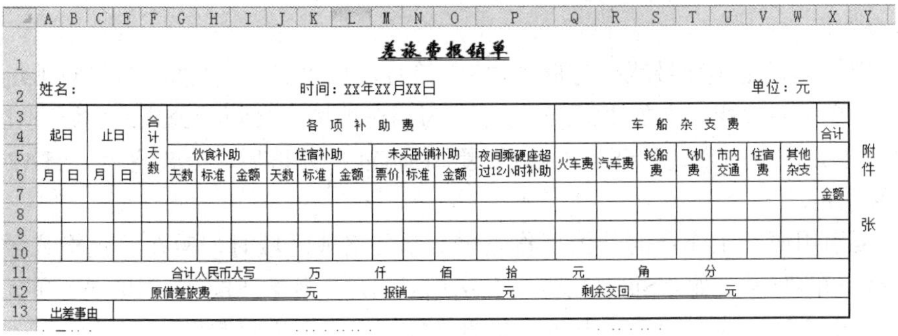

差旅费报销单

姓名：　时间：XX年XX月XX日　单位：元

起日（月 日）　止日（月 日）　合计天数

各项补助费：伙食补助（天数 标准 金额）　住宿补助（天数 标准 金额）　未买卧铺补助（票价 标准 金额）　夜间乘硬座超过12小时补助

车船杂支费：火车费　汽车费　轮船费　飞机费　市内交通　住宿费　其他杂支

合计 金额　附件 张

合计人民币大写　万　仟　佰　拾　元　角　分

原借差旅费＿＿＿元　报销＿＿＿元　剩余交回＿＿＿元

出差事由

图 10-53　“差旅费报销单”工作簿效果

第 11 章　Excel 数据计算与管理

本章学习目标

- 熟练掌握公式与函数的使用方法，能利用公式或函数解决常用数据计算问题。
- 熟练掌握创建数据清单的方法，学会应用排序、筛选和分类汇总功能。

基本知识讲解

1. Excel 公式与函数

公式与函数是 Excel 的核心内容，应主要掌握单元格引用、公式与各种函数的使用。

（1）单元格引用类型。

单元格引用类型有四种：相对引用、绝对引用、混合引用和三维引用。

1）相对引用。

相对引用是 Excel 默认的单元格引用方式，其形式为在公式中直接使用单元格的地址，当复制或移动该公式时会根据目标单元格的位置自动调整公式中引用的单元格地址。例如，将 C1 单元格中的公式"=A1+B1"复制到 C2 单元格，从 C1 单元格到 C2 单元格列号未变、行号加 1，则 C2 单元格公式中引用的单元格相对于原来单元格引用也是列号不变、行号加 1，即"=A2+B2"。

2）绝对引用。

绝对引用的形式是在行号和列号前加"$"符号，当复制或移动该公式时不会随着公式的位置变化而改变公式中引用的单元格地址。例如，将 A3 单元格中的公式"=$A$1+$A$2"复制到 B3 单元格后，公式仍为"=$A$1+$A$2"。

提示：输入单元格地址后，直接按功能键 F4，可转变为绝对引用。

3）混合引用。

混合引用的形式是在行号或列号前加"$"符号，加"$"符号部分为绝对地址，不会随着公式的位置变化而改变；不加"$"符号部分为相对地址，会随着公式的位置变化而改变。例如，将 C3 单元格中的公式"=$A1+A$2"复制到 D4 单元格后，公式变为"=$A2+B$2"。

4）三维引用。

如果需要引用同一工作簿的其他工作表中的单元格或区域时，应在单元格或区域引用前加上工作表名和感叹号，如"Sheet2!A1"表示相对引用工作表 Sheet2 中的 A1 单元格。不论采用何种引用方式，公式中的工作表名不会随着公式位置变化而改变。

许多函数的参数需用绝对引用，如 RANK()、VLOOKUP()、SUMIF()等，它们都以某一特定区域为操作对象，而这一区域不能随公式的复制而改变，因此应该用绝对引用表示这些区域。

（2）一般公式。

Excel 强大的计算功能主要通过公式和函数体现，公式就是对工作表中的数值进行计算的式子。Excel 的公式必须用"="开头，由运算符、单元格引用、值或字符串、函数及参数、括号等组成。使用公式的好处在于，一旦公式中引用单元格的内容发生变化，公式会自动重新计算。

1）函数。在 Excel 中包含的许多预定义公式，可以对一个或多个数据执行运算，并返回一个或多个值，函数可以简化或缩短工作表中的公式。

2）参数。函数中用来执行操作或计算单元格或单元格区域的数值。

3）常量。常量是指在公式中直接输入的数字或文本值，并且不参与运算且不发生改变的数值。

Excel 的常量主要有数值（如 123、1.23 等）、文本（使用双引号括起来，如"abc"、"姓名"等）和逻辑值（TRUE 表示真，FALSE 表示假）。

4）运算符。运算符用来连接公式中准备进行计算的数据的符号或标记。运算符可以表达公式内执行计算的类型，有算术运算符、比较运算符（关系运算符）、文本运算符（连接运算符）。

① 算术运算符：+（加）、-（减）、*（乘）、/（除）、%（百分号）和^（乘方）。

② 比较运算符：用于比较两个值的大小，结果是一个逻辑值。包括：=（等于）、>（大于）、<（小于）、>=（大于等于）、<=（小于等于）和<>（不等于）。

③ 文本运算符（连接运算符）：使用&（连接）符号将两个字符串连接起来，如"姓名"&"abc"的结果为"姓名 abc"。

具体如表 11-1 所示。

表 11-1　公式中的常用运算符

运算符类型	符号	含义
算术运算符	+、-、*、/、^	加、减、乘、除、乘方
比较运算符	>、<、=	大于、小于、等于
	>=、<=、<>	大于等于、小于等于、不等于
文本运算符（连接运算符）	&	连接字符串

（3）公式审核。

1）错误检查。公式如果输入错误，将会产生一系列错误。利用审核功能可以检查出工作表与单元格之间的关系，并找到错误原因。

2）追踪引用单元格。追踪引用单元格是指追踪当前单元格中引用的单元格。

3）追踪从属单元格。在 Excel 2010 工作表中，追踪从属单元格是指追踪当前单元格被引用公式的单元格。

（4）数组公式。

在 Excel 中，不管公式多么复杂，一般只能返回一个结果；而数组公式可以返回一个或多个结果，即一个数据集合（一维或二维）。

使用数组公式，主要考虑以下几点：

1）如果运算结果是一个集合，用数组就可以一次完成，减少步骤；

2）如果需要通过较复杂的中间运算才能得到结果可考虑使用数组公式，数组公式的好处在于一次可以执行多重运算；

3）数组公式可以保证某一相关公式集合的完整性，因为 Excel 不允许更改数组的一部分。

提示： 数组公式输完后，须按 Shift+Ctrl+Enter 组合键在公式两边加上 "{ }"。

（5）Excel 函数。

Excel 函数是指预先定义好的，执行计算、分析等数据处理任务的特殊公式，与公式相比，函数可用于执行复杂的计算。函数的使用不仅简化了公式而且节省了时间，从而提高了工作效率。

在 Excel 2010 中，调用函数时需要遵守 Excel 对于函数所制定的语法结构。函数的语法结构由等号、函数名称、参数、括号和逗号组成。

等号：函数一般以公式的形式出现，必须在函数名称前面输入 "=" 号。

函数名称：用来标识调用功能函数的名称。

参数：可以是数字、文本、逻辑值和单元格引用，也可以是公式或其他函数。

括号：用来输入函数参数，各参数之间用逗号隔开。

逗号：在各参数之间用来表示间隔的符号。

例如 "=SUM(B3:B5,B7:B10)" 表示将 B3 到 B5，B7 到 B10 单元格的数据相加求和。

正确填入参数是使用函数的关键，特别在参数比较复杂的情况下，要善于利用 "插入函数" 窗口中的参数提示。下面对 Excel 函数作一简要介绍。要学会使用 Excel 的帮助文档，查阅使用的函数名及说明。

1）求和类函数。

① SUM()函数：对 number1、number2 等指定参数进行求和，也可以对某个单元格区域进行求和。

② SUMIF()函数：对符合指定（单个）条件的单元格区域内的数值进行求和。

例如：统计衣服的采购总金额，如图 11-1 所示。

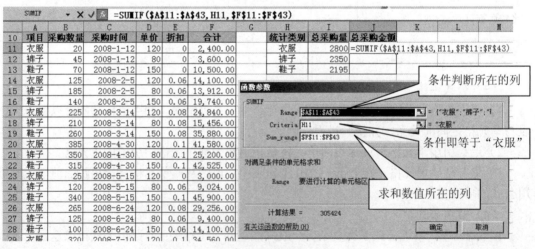

图 11-1　统计衣服的采购总金额

提示： SUMIF()只用于单个条件的求和。如果是多个条件的求和，一般不能用 AND 或 OR 把多个条件连起来，而要用数据库函数 DSUM()。

③ DSUM()函数：对符合多个条件的单元格区域内的数值进行求和。需要设置条件区域。

2）计数类函数。

① COUNT()函数：用于计算数字单元格的个数。

② COUNTA()函数：用于计算非数值类型（包括数值型）单元格的个数。

③ COUNTBLANK()函数：计算某个单元格区域中空白单元格的数目。

④ COUNTIF()函数：计算区域满足给定条件的单元格的个数。

⑤ DCOUNT()函数：多个条件的计数（数值型）。

⑥ DCOUNTA()函数：多个条件的计数（非数值型）。

3）其他统计类函数。

① AVERAGE()函数：求平均值。

② DAVERAGE()函数：求多个条件的平均值。

③ MAX()：求参数列表中对应数字的最大值。

④ MIN()：求参数列表中对应数字的最小值。

⑤ DMAX()：求参数列表中对应数字的最大值（多条件）。

⑥ DMIN()：求参数列表中对应数字的最小值（多条件）。

⑦ RANK()：求一个数字在数字列表中的排位（名次）。

4）逻辑函数。

IF()：主要用于条件判断。使用难点在于嵌套使用（最多可达 7 层）。在 IF()函数中，使用 AND 和 OR 可减少嵌套层次。

5）文本函数。

① EXACT()：测试两个字符串是否完全相同。

② REPLACE()：根据指定的字符串替换某文本字符串中的部分文本。

例如：使用 REPLACE()函数更改学号，并填入新学号时，学号更改的方法为：在原学号前加上"2009"。

设 A3 为学号，从第 1 位开始，取零长度，表示第 1 位不被替换，只在第 1 位前面插入新文本：REPLACE(A3,1,0,"2009")，如图 11-2 所示。

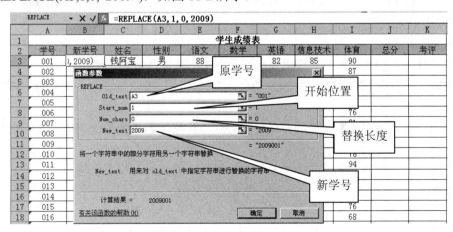

图 11-2　求升级后的新学号

③ MID()：返回文本字符串中从指定位置开始的特定数目的字符。

④ RIGHT()：返回文本字符串中的最后几个字符。

⑤ LEFT()：返回文本字符串中的前面几个字符。

⑥ CONCATENATE 函数：将几个文本字符串合并为一个文本字符串。

6）日期与时间函数。

① TODAY()：返回当前日期。

② NOW()：返回当日的日期和时间。

③ YEAR()、MONTH()、DAY()：把一个日期数据分解成年、月、日。

④ HOUR()、MINUTE()：把一个时间数据分解成小时和分。

7）查找与引用函数。

① HLOOKUP()：对表格进行水平方向查找含有特定值的字段，再返回同一列中某一指定行中的值。

例如：要求根据"停车价目表"价格，对"停车情况登记表"中的"单价"列，根据不同的车型进行自动填充，如图 11-3 所示。

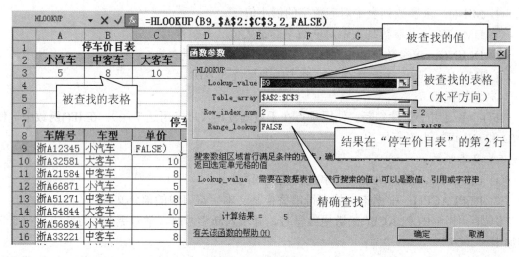

图 11-3　根据"停车价目表"查找单价

② VLOOKUP()：从一个表格的最左列（垂直方向）中查找含有特定值的字段，再返回同一行中某一指定列中的值。

8）财务类函数。

① PMT()：基于固定利率及等额分期付款方式，计算贷款的每期付款额。

② IPMT()：基于固定利率及等额分期付款方式，计算投资或贷款在某一给定期限内的利息偿还额。

③ FV()：基于固定利率及等额分期付款方式，计算某项投资的未来值（几年后可以拿到的钱）。

④ PV()：求一系列未来付款的当前值的累计和，返回的是投资现值。

⑤ SLN()：计算某项资产在一个期间的线性折旧值。

9）其他类型函数。

① IS 类函数：测试单元格中的内容是否为某种目标格式。

②数学函数。

MOD 余数：计算两数相除的余数。

INT 取整：取整，将数字向下舍入到最接近的整数。

2．Excel 数据管理

（1）数据筛选。

数据筛选是一个隐藏除了符合指定条件以外的数据的过程，也就是说，经过数据的筛选仅显示满足条件的数据。筛选类型包括自动筛选和高级筛选。

1）自动筛选。

根据所在列数据类型的不同，可以进行不同的筛选操作。自动筛选操作比较简单，只要选择"数据"→"筛选"→"自动筛选"命令，进入筛选界面，然后单击列标题旁的"▾"符号设置具体的筛选条件即可。

提示：各列筛选条件之间是"与（AND）"的关系。

2）高级筛选。

如果想对多个列同时设置筛选条件，则需要用到高级筛选。利用高级筛选可以执行更复杂的查找，既可以设置多个条件，筛选条件之间可以是"与"、"或"结合的关系，也可以使用通配符（*、?等）。

（2）数据排序。

数据排序是指按一定规则对数据进行整理、排列，这样可以为数据的进一步处理作好准备。Excel 2010 提供了多种方法对数据表进行排序，可以按升序、降序的方式，也可以由用户自定义排序。

（3）数据的分类汇总。

分类汇总是对数据清单上的数据按类别进行汇总、统计分析的一种常用方法，Excel 可以使用函数实现分类和汇总值的计算，汇总函数有求和、计数、求平均值等。使用分类汇总命令，可以按照自己选择的方式对数据进行汇总。在插入分类汇总时，Excel 会自动在数据清单底部插入一个总计行。运用分类汇总命令，不必手工创建公式，Excel 可以自动地创建公式、插入分类汇总与总计行，并且自动分级显示数据。在使用分类汇总之前，需要对汇总的依据字段进行排序。

11.1　计算"成绩总评分数"表格数据

总评成绩就是你在某个方面的综合评价。对于在校学生尤其是高校学生而言，它是覆盖其对学习、科研、社会活动等在校全面表现的综合评价，是考核大学生在校综合素质发展的重要依据。

素材文档见"\第 11 章\成绩总评分数.xlsx"，本例完成的效果如图 11-4 所示。

学号	姓名	平时测验1	平时测验2	平时成绩	平时比例	期末成绩	期末比例	总评分数
001	杨　平	95	95	95		82		86
002	张小东	96	98	97		90		92
003	王晓杭	95	95	95		77		82
004	李立扬	90	90	90		89		89
005	钱明明	85	90	87.5	0.3	87	0.7	87
006	程坚强	75	87	81		89		87
007	叶明放	88	75	81.5		78		79
008	周学军	85	90	87.5		86		86
009	赵爱军	75	80	77.5		56		62
010	黄永抗	84	88	86		93		91

图 11-4　"成绩总评分数"最终效果

11.1.1　公式的使用

选择需插入公式的单元格，将光标定位在编辑栏中，输入符号和要引用的单元格地址后，单击"输入"按钮或按 Enter 键便可完成操作，并在所选单元格中查看计算结果。

计算"成绩总评分数"表中的"平时成绩"数据的操作步骤如下：

（1）打开"成绩总评分数"工作簿，Sheet1 工作表中已输入学号、姓名、平时测验 1、平时测验 2、平时比例、期末比例内容。

（2）在工作表中选择 E3 单元格，将光标定位在编辑栏中，输入公式"=(C3+D3)/2"，如图 11-5 所示。

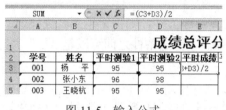

图 11-5　输入公式

（3）单击编辑栏的"输入"按钮✔或按 Enter 键便可完成操作，并在所选单元格中查看计算结果。

（4）选择 E3 单元格，将光标移到 E3 单元格右下角的填充柄上，当鼠标光标变为实心十字形状时，按住鼠标左键不放拖动至 E12 单元格，如图 11-6 所示。请注意查看公式的显示。

E12		f_x	=(C12+D12)/2		
	A	B	C	D	E	F

学号	姓名	平时测验1	平时测验2	平时成绩	平时比例
001	杨　平	95	95	95	
002	张小东	96	98	97	
003	王晓杭	95	95	95	
004	李立扬	90	90	90	
005	钱明明	85	90	87.5	0.3
006	程坚强	75	87	81	
007	叶明放	88	75	81.5	
008	周学军	85	90	87.5	
009	赵爱军	75	80	77.5	
010	黄永抗	84	88	86	

图 11-6　"平时成绩"计算效果

11.1.2　单元格的引用

单元格的引用分为相对引用、绝对引用和混合引用。下面以"总评分数"的计算为例进行说明。具体步骤如下：

（1）在工作表中选择 I3 单元格，将光标定位在编辑栏中，输入公式"=E3*F3+G3*H3"。

（2）单击"输入"按钮✔或按 Enter 键便可完成操作，并在所选单元格中查看计算结果。

（3）将鼠标指针移至 I3 单元格右下角，当其变为实心十字形状时，按住鼠标左键向下拖动，直至 I12 单元格再释放鼠标，如图 11-7 所示。

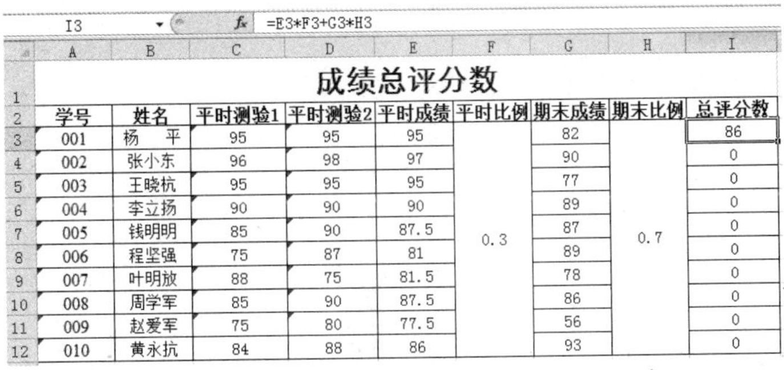

图 11-7　"总评成绩"计算效果

（4）单击 I4 单元格，因为公式中使用的是相对引用，所以对应的编辑栏中的单元格引用地址也随之发生了改变，显示为"=E4*F4+G4*H4"。因为 F4 和 H4 的值为 0，所以计算结果错误。

（5）选择 I3 单元格，将光标定位到编辑栏中，在单元格引用的 F3 和 H3 行号和列标前添加绝对引用符号"$"，将单元格引用转为绝对引用，公式改为"=E3*$F$3+G3*$H$3"，单击编辑区中的"输入"按钮，如图 11-8 所示。

图 11-8　输入公式

（6）选择 I3 单元格，将鼠标指针移到 I3 单元格右下角的填充柄上，当鼠标指针变为实心十字形状时，按住鼠标左键拖动至 I12 单元格，查看计算结果。

（7）选择 I3:I12 单元格区域，单击"减少小数位数"按钮，如图 11-9 所示，使总评成绩取为整数。计算结果如图 11-4 所示。

图 11-9　"减少小数位数"按钮

（8）单击 I4 单元格，因为公式中部分使用的绝对引用，所以对应的编辑栏中的单元格引用地址部分也随之发生了改变，显示为"=E4*$F$3+G4*$H$3"。

提示： 因为行 F 和 H 不变，可改为混合引用："=E4*F$3+G4*H$3"。

11.1.3　使用"选择性粘贴"只保留公式的计算结果

如果想在单元格对应的编辑栏中不再显示公式本身，而显示公式的计算结果。其操作步骤如下：

（1）选择 Sheet1 工作表全部数据，选择"开始"→"剪贴板"→"复制"命令。

（2）选择 Sheet2 工作表 A1 单元格并右击，选择"选择性粘贴"→"数值"命令，如图 11-10 所示。查看结果，如图 11-11 所示。

图 11-10 "选择性粘贴"命令

	A	B	C	D	E	F	G	H	I
1	成绩总评分数								
2	学号	姓名	平时测验1	平时测验2	平时成绩	平时比例	期末成绩	期末比例	总评分数
3	001	杨 平	95	95	95	0.3	82	0.7	85.9
4	002	张小东	96	98	97		90		92.1
5	003	王晓杭	95	95	95		77		82.4
6	004	李立扬	90	90	90		89		89.3
7	005	钱明明	85	90	87.5		87		87.15
8	006	程坚强	75	87	81		89		86.6
9	007	叶明放	88	75	81.5		78		79.05
10	008	周学军	85	90	87.5		86		86.45
11	009	赵爱军	75	80	77.5		56		62.45
12	010	黄永抗	84	88	86		93		90.9

图 11-11 粘贴结果

11.2 计算"比赛打分成绩表"表格数据

在实际工作中，我们经常需要判定竞赛成绩和名次，如体育比赛、舞蹈比赛、知识竞赛、卡拉 OK 大赛等。下面通过"比赛打分成绩表"实例来讲解成绩判定的基本方法。

素材文档见"\第 11 章\比赛打分成绩表.xlsx"。本例完成的效果如图 11-12 所示。

比赛打分成绩表													
歌手编号	1号评委	2号评委	3号评委	4号评委	5号评委	6号评委	总 分	最高分	最低分	最终分数	平均分	名 次	获奖等级
001	9.00	8.80	8.90	8.40	8.20	8.90	52.20	9.00	8.20	35.00	8.75	5	三等奖
002	5.80	6.80	5.90	6.00	6.90	6.40	37.80	6.90	5.80	25.10	6.28	10	三等奖
003	8.00	7.50	7.30	7.40	7.90	8.00	46.10	8.00	7.30	30.80	7.70	9	三等奖
004	8.60	8.20	8.90	9.00	7.90	8.50	51.10	9.00	7.90	34.20	8.55	6	三等奖
005	8.20	8.10	8.80	8.90	8.40	8.50	50.90	8.90	8.10	33.90	8.48	7	三等奖
006	8.00	7.60	7.80	7.50	7.90	8.00	46.80	8.00	7.50	31.30	7.83	8	三等奖
007	9.00	9.20	8.50	8.70	8.90	9.10	53.40	9.20	7.50	35.70	8.93	3	二等奖
008	9.60	9.50	9.40	8.90	8.80	8.80	55.70	9.60	8.80	37.30	9.33	1	一等奖
009	9.20	9.00	8.70	8.30	8.80	9.10	53.30	9.20	8.30	35.80	8.95	2	二等奖
010	8.80	8.60	8.90	8.80	9.00	8.40	52.50	9.00	8.40	35.10	8.78	4	三等奖

图 11-12 "比赛打分成绩表"最终效果

11.2.1 使用 SUM 函数求和

求和的具体步骤如下：

（1）打开"比赛打分成绩表"工作簿，Sheet1 工作表中已输入各位评委分数，如图 11-13 所示。

比赛打分成绩表													
歌手编号	1号评委	2号评委	3号评委	4号评委	5号评委	6号评委	总 分	最高分	最低分	最终分数	平均分	名 次	获奖等级
001	9.00	8.80	8.90	8.40	8.20	8.90							
002	5.80	6.80	5.90	6.00	6.90	6.40							
003	8.00	7.50	7.30	7.40	7.90	8.00							
004	8.60	8.20	8.90	9.00	7.90	8.50							
005	8.20	8.10	8.80	8.90	8.40	8.50							
006	8.00	7.60	7.80	7.50	7.90	8.00							
007	9.00	9.20	8.50	8.70	8.90	9.10							
008	9.60	9.50	9.40	8.90	8.80	8.80							
009	9.20	9.00	8.70	8.30	8.80	9.10							
010	8.80	8.60	8.90	8.80	9.00	8.40							

图 11-13 "比赛打分成绩表"初始状态

（2）在工作表中选择 H3 单元格，单击编辑栏中的"插入函数"按钮f_x，打开"插入函数"对话框，如图 11-14 所示。

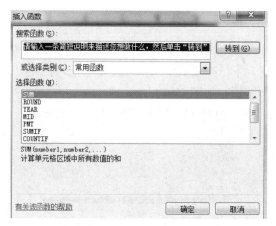

图 11-14　"插入函数"对话框

（3）在"或选择类别"下拉列表框中选择"常用函数"选项，在"选择函数"列表框中选择"SUM"选项，单击"确定"按钮。

（4）打开"函数参数"对话框，将 Number1 文本框中的参数设置为 B3:G3 单元格区域，单击"确定"按钮，如图 11-15 所示。

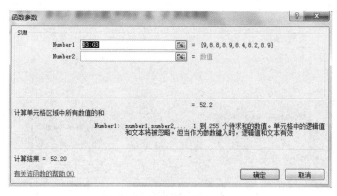

图 11-15　设置参数的范围

（5）在 Sheet1 工作表的 H3 单元格中可查看计算结果，如图 11-16 所示。

（6）选择 H3 单元格，拖动填充柄向下填充至 H12 单元格，如图 11-17 所示。

	A	B	C	D	E	F	G	H
1							比赛打分成绩	
2	歌手编号	1号评委	2号评委	3号评委	4号评委	5号评委	6号评委	总　分
3	001	9.00	8.80	8.90	8.40	8.20	8.90	52.20
4	002	5.80	6.80	5.90	6.00	6.90	6.40	
5	003	8.00	7.50	7.30	7.40	7.90	8.00	
6	004	8.60	8.20	8.90	9.00	7.90	8.50	
7	005	8.20	8.10	8.80	8.90	8.40	8.50	
8	006	8.00	7.60	7.80	7.50	7.90	8.00	
9	007	9.00	9.20	8.50	8.70	8.90	9.10	
10	008	9.60	9.50	9.40	8.90	8.80	9.50	
11	009	9.20	9.00	8.70	8.30	9.00	9.10	
12	010	8.80	8.60	8.90	8.80	9.00	8.40	

图 11-16　查看计算结果

	A	B	C	D	E	F	G	H
1							比赛打分成绩	
2	歌手编号	1号评委	2号评委	3号评委	4号评委	5号评委	6号评委	总　分
3	001	9.00	8.80	8.90	8.40	8.20	8.90	52.20
4	002	5.80	6.80	5.90	6.00	6.90	6.40	37.80
5	003	8.00	7.50	7.30	7.40	7.90	8.00	46.10
6	004	8.60	8.20	8.90	9.00	7.90	8.50	51.10
7	005	8.20	8.10	8.80	8.90	8.40	8.50	50.90
8	006	8.00	7.60	7.80	7.50	7.90	8.00	46.80
9	007	9.00	9.20	8.50	8.70	8.90	9.10	53.40
10	008	9.60	9.50	9.40	8.90	8.80	9.50	55.70
11	009	9.20	9.00	8.70	8.30	9.00	9.10	53.30
12	010	8.80	8.60	8.90	8.80	9.00	8.40	52.50

图 11-17　填充数据

11.2.2　计算最大值和最小值

1．计算最大值

具体步骤如下：

（1）选择 I3 单元格，单击编辑栏中的"插入函数"按钮，打开"插入函数"对话框。

（2）在"或选择类别"下拉列表框中选择"统计"选项，在"选择函数"列表框中选择 MAX 选项，单击"确定"按钮，如图 11-18 所示。

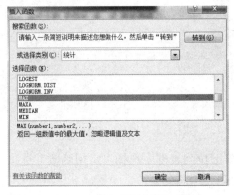

图 11-18　选择需插入的函数

（3）打开"函数参数"对话框，将 Number1 文本框中的参数设置为 B3:G3，单击"确定"按钮，如图 11-19 所示。

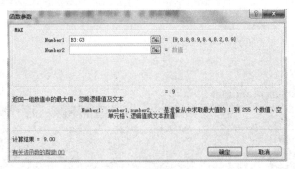

图 11-19　设置参数的范围

（4）返回 Sheet1 工作表，可查看计算结果，如图 11-20 所示。

（5）选择 I3 单元格，拖动填充柄向下填充至 I12 单元格，如图 11-20 所示。

	A	B	C	D	E	F	G	H	I
1					比赛打分成绩表				
2	歌手编号	1号评委	2号评委	3号评委	4号评委	5号评委	6号评委	总　分	最高分
3	001	9.00	8.80	8.90	8.40	8.20	8.90	52.20	9.00
4	002	5.80	6.80	5.90	6.00	6.90	6.40	37.80	6.90
5	003	8.00	7.50	7.30	7.40	7.90	8.00	46.10	8.00
6	004	8.60	8.20	8.90	9.00	7.90	8.50	51.10	9.00
7	005	8.20	8.10	8.80	8.90	8.40	8.50	50.90	8.90
8	006	8.00	7.60	7.80	7.50	7.90	8.00	46.80	8.00
9	007	9.00	9.20	8.50	8.70	8.90	9.10	53.40	9.20
10	008	9.60	9.50	9.40	7.90	8.80	9.50	55.70	9.60
11	009	9.20	9.00	8.70	8.90	9.10	8.40	53.30	9.20
12	010	8.80	8.60	8.90	8.80	9.00	8.40	52.50	9.00

图 11-20　"最大值"计算结果

2. 计算最小值

同理，选择 J3 单元格，打开"插入函数"对话框，在其中选择最小值函数（MIN）并设置参数范围，效果如图 11-21 所示。

歌手编号	1号评委	2号评委	3号评委	4号评委	5号评委	6号评委	总　分	最高分	最低分
001	9.00	8.80	8.90	8.40	8.20	8.90	52.20	9.00	8.20
002	5.80	6.80	5.90	6.00	6.90	6.40	37.80	6.90	5.80
003	8.00	7.50	7.30	7.40	7.90	8.00	46.10	8.00	7.30
004	8.60	8.20	8.90	9.00	7.90	8.50	51.10	9.00	7.90
005	8.20	8.10	8.80	8.90	8.40	8.50	50.90	8.90	8.10
006	8.00	7.60	7.80	7.50	7.90	8.00	46.80	8.00	7.50
007	9.00	9.20	8.50	8.70	8.90	9.10	53.40	9.20	8.50
008	9.60	9.50	9.40	8.90	8.80	9.50	55.70	9.60	8.80
009	9.20	9.00	8.70	8.30	9.00	9.10	53.30	9.20	8.30
010	8.80	8.60	8.90	8.80	9.00	8.40	52.50	9.00	8.40

图 11-21　"最小值"计算结果

11.2.3　计算最终分数、平均分

具体操作步骤如下：

（1）选择 K3 单元格，输入公式"=H3-I3-J3"，计算最终分数并向下填充。

（2）选择 L3 单元格，输入公式"=K3/4"，计算平均分并向下填充。计算结果如图 11-22 所示。

歌手编号	1号评委	2号评委	3号评委	4号评委	5号评委	6号评委	总　分	最高分	最低分	最终分数	平均分
001	9.00	8.80	8.90	8.40	8.20	8.90	52.20	9.00	8.20	35.00	8.75
002	5.80	6.80	5.90	6.00	6.90	6.40	37.80	6.90	5.80	25.10	6.28
003	8.00	7.50	7.30	7.40	7.90	8.00	46.10	8.00	7.30	30.80	7.70
004	8.60	8.20	8.90	9.00	7.90	8.50	51.10	9.00	7.90	34.20	8.55
005	8.20	8.10	8.80	8.90	8.40	8.50	50.90	8.90	8.10	33.90	8.48
006	8.00	7.60	7.80	7.50	7.90	8.00	46.80	8.00	7.50	31.30	7.83
007	9.00	9.20	8.50	8.70	8.90	9.10	53.40	9.20	8.50	35.70	8.93
008	9.60	9.50	9.40	8.90	8.80	9.50	55.70	9.60	8.80	37.30	9.33
009	9.20	9.00	8.70	8.30	9.00	9.10	53.30	9.20	8.30	35.80	8.95
010	8.80	8.60	8.90	8.80	9.00	8.40	52.50	9.00	8.40	35.10	8.78

图 11-22　"最终分数、平均分"计算结果

11.2.4　计算名次

具体操作步骤如下：

（1）选择 M3 单元格，单击编辑栏中的"插入函数"按钮，打开"插入函数"对话框。

（2）在"或选择类别"下拉列表框中选择"统计"选项，在"选择函数"列表框中选择"RANK.EQ"选项，单击"确定"按钮，如图 11-23 所示。

图 11-23　选择需插入的函数

（3）打开"函数参数"对话框，将 Number 文本框中的参数设置为 K3，将 Ref 文本框中的参数设置为"$K$3:$K$12"，单击"确定"按钮，如图 11-24 所示。

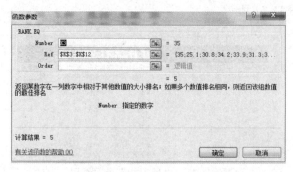

图 11-24　设置参数的范围

（4）返回 Sheet1 工作表，选择 M3 单元格，拖动填充柄向下填充至 M12 单元格，计算结果如图 11-25 所示。

| | M3 | | | f_x | =RANK.EQ(K3,$K$3:$K$12) | | | | | | | | |

	A	B	C	D	E	F	G	H	I	J	K	L	M	N
1	比赛打分成绩表													
2	歌手编号	1号评委	2号评委	3号评委	4号评委	5号评委	6号评委	总　分	最高分	最低分	最终分数	平均分	名　次	获奖等级
3	001	9.00	8.80	8.90	8.40	8.20	8.90	52.20	9.00	8.20	35.00	8.75	5	
4	002	5.80	6.80	5.90	6.00	6.90	6.40	37.80	6.90	5.80	25.10	6.28	10	
5	003	8.00	7.50	7.30	7.40	7.90	8.00	46.10	8.00	7.30	30.80	7.70	9	
6	004	8.60	8.20	8.90	9.00	7.90	8.50	51.10	9.00	7.90	34.20	8.55	6	
7	005	8.20	8.10	8.80	8.90	8.40	8.50	50.90	8.90	8.10	33.90	8.48	7	
8	006	8.00	7.60	7.80	7.50	7.90	8.00	46.80	8.00	7.50	31.30	7.83	8	
9	007	9.00	9.20	8.50	8.70	8.90	9.10	53.40	9.20	8.50	35.70	8.93	3	
10	008	9.60	9.50	9.40	8.90	8.80	9.50	55.70	9.60	8.80	37.30	9.33	1	
11	009	9.20	9.00	8.70	8.30	9.00	9.30	53.30	9.20	8.30	35.80	8.95	2	
12	010	8.80	8.60	8.90	8.80	9.00	8.40	52.50	9.00	8.40	35.10	8.78	4	

图 11-25　"名次"计算结果

11.2.5　使用嵌套函数计算获奖等级

在"插入函数"对话框中选择函数类型，然后设置判断条件，并在"函数参数"对话框中进行函数参数设置即可。具体步骤如下：

（1）选择 N3 单元格，单击编辑栏中的"插入函数"按钮，打开"插入函数"对话框。

（2）在"或选择类别"下拉列表框中选择"逻辑"选项，在"选择函数"列表框中选择 IF 选项，单击"确定"按钮，如图 11-26 所示。

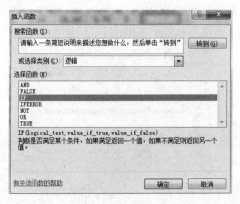

图 11-26　选择需插入的函数

（3）打开"函数参数"对话框，将 Logical_test 文本框中的参数设置为"M9=1"，将 Value_if_true 文本框中的参数设置为"*"一等奖"*"，将 Value_if_false 文本框中的参数设置为"IF(M9<4,"二等奖","三等奖")"，单击"确定"按钮，如图 11-27 所示。

图 11-27　设置参数的范围

（4）返回 Sheet1 工作表，选择 N3 单元格，拖动填充柄向下填充至 N12 单元格，计算结果如图 11-28 所示。

N3		=IF(M3=1,"一等奖",IF(M3<4,"二等奖","三等奖"))											
	A	B	C	D	E	F	G	H	I	J	K	L	M	N
1	比赛打分成绩表													
2	歌手编号	1号评委	2号评委	3号评委	4号评委	5号评委	6号评委	总　分	最高分	最低分	最终分数	平均分	名　次	获奖等级
3	001	9.00	8.80	8.90	8.40	8.90	8.90	52.20	9.00	8.20	35.00	8.75	5	三等奖
4	002	5.80	6.80	5.90	6.00	6.90	6.40	37.80	6.90	5.80	25.10	6.28	10	三等奖
5	003	8.00	7.50	7.30	7.40	7.90	8.00	46.10	8.00	7.30	30.80	7.70	9	三等奖
6	004	8.60	8.20	8.90	9.00	7.90	8.50	51.10	9.00	7.90	34.20	8.55	6	三等奖
7	005	8.20	8.10	8.80	8.90	8.40	8.50	50.90	8.90	8.10	33.90	8.48	7	三等奖
8	006	8.00	7.60	7.80	7.50	7.90	8.00	46.80	8.00	7.50	31.30	7.83	8	三等奖
9	007	9.00	9.20	8.50	8.70	9.00	9.10	53.40	9.20	8.50	35.70	8.93	3	二等奖
10	008	9.60	9.50	9.40	8.90	8.80	9.50	55.70	9.60	8.80	37.30	9.33	1	一等奖
11	009	9.20	9.00	8.70	8.30	9.00	9.10	53.30	9.20	8.30	35.80	8.95	2	二等奖
12	010	8.80	8.60	8.90	8.80	9.00	8.40	52.50	9.00	8.40	35.10	8.78	4	三等奖

图 11-28　"获奖等级"计算结果

11.3　管理"足球出线的确认"数据

在实际工作中，有些竞赛不仅仅是单项成绩的比较这么简单，而可能是一种综合条件的排序甚至更加复杂的计算的结果。利用 Excel 表格中记载的原始成绩记录，根据裁判规则，加上几步适当的操作，就可以将复杂的判定工作变得既简捷又准确。下面通过足球比赛的实例来讲解竞赛成绩判定的基本方法。

素材文档见"\第 11 章\足球出线的确认.xlsx"。本例完成的效果如图 11-29 所示。

1 2 3		A	B	C	D	E
	1	小组赛积分表				
	2	球队	胜负	对手	净胜球	积分
	6	辽宁 汇总			6	9
	10	上海 汇总			1	6
	14	山东 汇总			-3	1
	18	北京 汇总			-4	1
	19	总计			0	17

图 11-29　"足球出线的确认"最终效果

11.3.1　使用记录单添加数据

打开"足球出线的确认"工作簿，如图 11-30 所示。

	A	B	C	D	E
1	小　组　赛　积　分　表				
2	球队	胜负	对手	净胜球	积分
3	山东	平	北京	0	
4	辽宁	胜	北京	3	
5	上海	胜	北京	1	
6	北京	负	辽宁	-3	
7	山东	负	辽宁	-2	
8	上海	负	辽宁	-1	
9	北京	平	山东	0	
10	辽宁	胜	山东	2	
11	上海	胜	山东	1	
12	北京	负	上海	-1	
13	山东	负	上海	-1	
14	辽宁	胜	上海	1	

图 11-30　"足球出线的确认"工作簿

可使用"记录单"来输入和管理数据，现讲解将记录单添加到功能区的方法：

（1）选择"文件"→"选项"命令，打开"Excel 选项"对话框，在左侧窗格中选择"自定义功能区"选项。

（2）在右侧窗格中选择"开始"主选项卡，然后在中间窗格中的"从下列位置选择命令"下拉列表框中选择"不在功能区中的命令"选项，从下面的列表框中选择"记录单"选项，单击窗口中间的"添加"按钮，如图 11-31 所示。

图 11-31　"Excel 选项"对话框

（3）单击"确定"按钮，"记录单"功能按钮即被添加到"开始"选项卡中，如图 11-32 所示。

图 11-32　"开始"选项卡中的"记录单"按钮

通过"记录单"对话框可以添加、删除、修改记录，如图 11-33 所示。

图 11-33　"记录单"对话框

11.3.2　计算积分

计算积分的具体步骤如下：

（1）选择 E3 单元格，在编辑栏中输入公式 "=IF(B3="胜",3,IF(B3="平",1,0))"，按"回车"键确定。

提示：可使用"插入函数"对话框，选择 IF 函数，具体操作按前面介绍的方法。

（2）选择 E3 单元格，拖动填充柄向下填充至 E14 单元格，计算结果如图 11-34 所示。

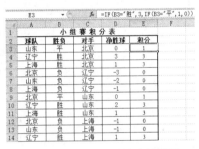

图 11-34　各队积分的计算结果

11.3.3　排序数据

排序数据是将表格中的数据按特定的方式重新进行排列，可以按升序、降序的方式，也可以由用户自定义排序。具体步骤如下：

（1）单击数据表中的任一单元格，选择"数据"→"排序和选项"→"排序"命令，如图 11-35 所示。

（2）在弹出的"排序"对话框中设置排序条件，如图 11-36 所示。

图 11-35　"排序"按钮

图 11-36　设置排序条件

（3）单击"确定"按钮，结果如图 11-37 所示。

	小 组 赛 积 分 表				
	球队	胜负	对手	净胜球	积分
北京	负	辽宁	-3	0
北京	平	山东	0	1
北京	负	上海	-1	0
辽宁	胜	北京	3	3
辽宁	胜	山东	2	3
辽宁	胜	上海	1	3
山东	平	北京	0	1
山东	负	辽宁	-2	0
山东	负	上海	-1	0
上海	胜	北京	1	3
上海	负	辽宁	-1	0
上海	胜	山东	1	3

图 11-37　排序结果

11.3.4　筛选数据

数据筛选功能可实现在表格中有选择地快速查看满足条件的记录。具体步骤如下：

（1）单击数据表中的任一单元格，选择菜单"数据"→"排序和选项"→"筛选"命令，如图 11-38 所示。

（2）在"球队"列下拉列表框中选择"北京"，单击"确定"按钮，如图 11-39 所示。

图 11-38　"筛选"按钮　　　　　　　　　　图 11-39　"球队"筛选

（3）在"积分"下拉列表框中选择"数字筛选"→"大于或等于"命令，如图 11-40 所示。

图 11-40　"积分"筛选

（4）在"自定义自动筛选方式"对话框的数值栏中输入"1"，如图 11-41 所示。

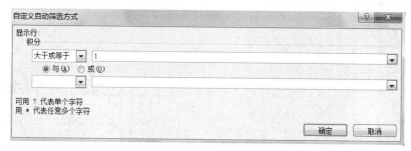

图 11-41　"自定义自动筛选方式"对话框

（5）单击"确定"按钮，结果如图 11-42 所示。

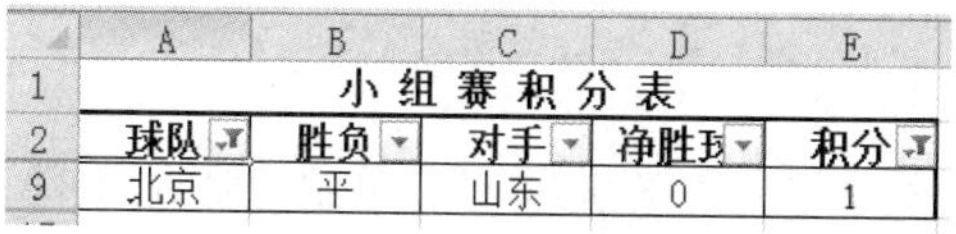

	A	B	C	D	E
1	小 组 赛 积 分 表				
2	球队	胜负	对手	净胜球	积分
9	北京	平	山东	0	1

图 11-42　筛选结果

（6）再次选择"数据"→"排序和选项"→"筛选"命令，退出筛选状态。

11.3.5　数据的分类汇总

分类汇总是在数据表中对某一列（称为统计指标或分类字段）的数据进行归类和分组，并应用 SUM()、COUNT()等统计函数在每一组的末端插入各组的汇总结果。

对数据分类汇总以后，若要查看数据清单中的明细数据或者单独查看汇总总计，就要用到分级显示的内容。在图 11-29 汇总结果表中，工作表左上方是分级显示的级别符号 1 2 3，如果要分级显示某个级别的信息，单击该级别的数字即可。

分级显示级别符号下方有显示明细数据符号 ➕，单击该符号可以在数据清单中显示出明细数据；同样，单击 ➖ 符号可以隐藏明细数据。

操作要求：按球队分类汇总各队的积分。

先退出数据的筛选状态，选择"性别"列的任意单元格，进行降序排序操作。

提示： 分类汇总前务必对分类的字段进行排序。

分类汇总具体步骤如下：

（1）单击"数据"选项卡的"排序和筛选"工具组中的"排序"按钮，主关键字选择"球队"，先对球队进行排序。

（2）单击"数据"选项卡的"分级显示"工具组中的"分类汇总"按钮，在弹出的"分类汇总"对话框中设置分类字段为"球队"，汇总方式为"求和"，汇总项为"积分"和"净胜球"两项，如图 11-43 所示。

（3）单击"确定"，结果如图 11-44 所示。

（4）单击左上角出现的 3 个层次中的"2"选项，折叠汇总表，得到仅含汇总项（小计和总计）的表格，结果如图 11-45 所示。

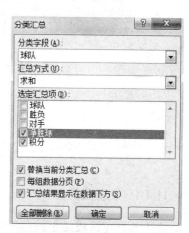

图 11-43　"分类汇总"对话框

图 11-44　分类汇总结果　　　　　图 11-45　分球队汇总数据

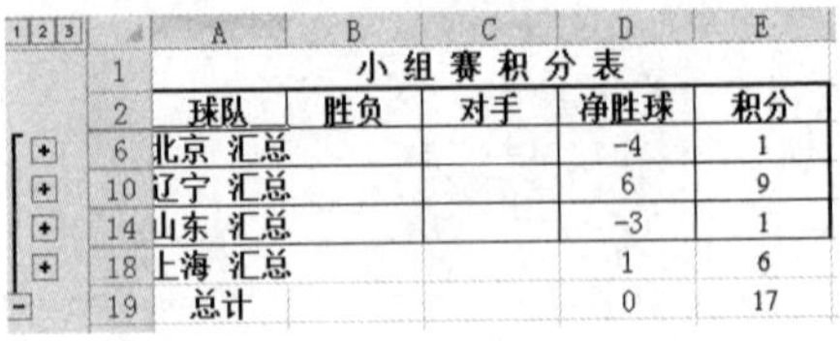

11.3.6　小组名次排定

确定小组名次的具体步骤如下：

（1）先将球队的"积分"作为主要关键字，单击"添加条件"按钮，再将"净胜球"作为"次要关键字"，两者均按"降序"进行排序，如图 11-46 所示。

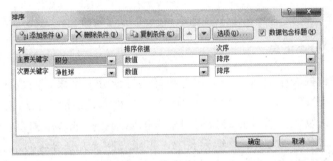

图 11-46　"排序"设置

（2）单击"确定"按钮，这样就得到了最终的小组比赛名次的顺序，结果如图 11-47 所示。小组出线权也就此确定。可以看出，当积分相同时，净胜球多（或输球少）的队伍排在了净胜球少（或输球多）的队伍前面。

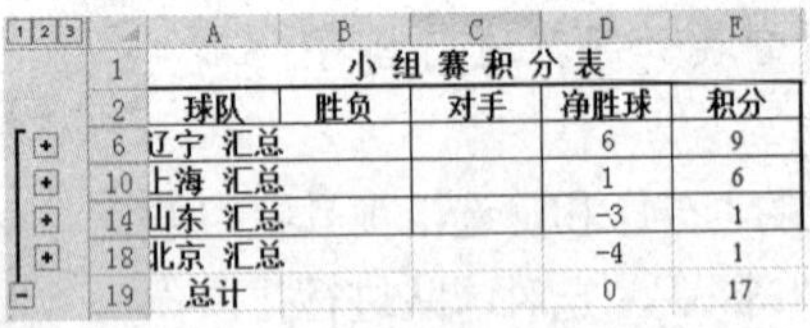

图 11-47　小组比赛出线权的确定

11.4　综合实践——计算和管理"学生成绩登记表"

11.4.1　任务描述

统计各类考试成绩是教师经常碰到的问题，不但要对考试成绩进行录入，还需要对考试结果作出分析，对具备的各种条件和成绩做总体判断，有时还需要从资料中提取各种信息，这时就必须对 Excel 强大的函数功能进行深入的学习。

素材文档见"\第 11 章\学生成绩登记表.xlsx"。

（1）在 Sheet1 中使用条件格式将"高等数学"、"大学英语"、"计算机基础"、"体育"四门课中成绩小于 60 的单元格，字体颜色设置为红色，加粗显示。

（2）使用 REPLACE 函数，将 Sheet1 中"学生成绩登记表"的学生学号进行更改，并将更改的学号填入到"新学号"列中。学号更改的方法为：在原学号的前面加上"2013"。例如："001"→"2013001"。

（3）使用数组公式，对 Sheet1 中的每个学生计算总分和平均分，将其计算结果保存到表中的"总分"列和"平均分"列中。

（4）使用 RANK 函数，对 Sheet1 中的每个同学排名情况进行统计，并将排名结果保存到表中的"排名"列中。

（5）不及格门数的统计。

（6）考试过关判定，对每个考生是否能过关作出判定，有不及格的不能通过，通过为 Pass，没通过为 Fail。

（7）在 Sheet1 中，对各门课计算最大值、最小值和平均值。

（8）在 Sheet1 中，利用数据库函数及已设置的条件区域，根据以下情况计算，并将结果填入相应的单元格中。条件如下：

1）计算"高等数学"和"大学英语"成绩都大于或等于 85 的学生人数。

2）计算"体育"成绩大于或等于 90 的"女生"姓名。

3）计算"体育"成绩中男生的平均分。

4）计算"体育"成绩中男生的最高分。

（9）根据 Sheet1 中的结果，使用统计函数，统计"数学"考试成绩各个分数段的学生人数，并将统计结果保存到 Sheet2 中的相应位置。

（10）将 Sheet1 中的"学生成绩登记表"复制到 Sheet3 当中，并对 Sheet3 进行高级筛选。要求：

1）筛选条件为："性别"为男；"大学英语">80；"计算机基础">=75。

2）将筛选结果保存在 Sheet3 中。

11.4.2　知识点（目标）

本案例讨论应用函数分析学生信息、计算考试成绩，并分析每科成绩的最高分、最低分和平均分，统计每个学生的总分排名，根据给定条件从数据中提取相关信息，以及进行相关统计工作。下面通过"学生成绩登记表"计算分析学生的学习情况为例进行综合讲解。

11.4.3　操作思路及实施步骤

（1）打开"学生成绩登记表"工作簿，如图 11-48 所示。

（2）选择 Sheet1 工作表中的 E4:H11 单元格区域，在"开始"选项卡的"样式"工具组中，单击"条件格式"按钮，在弹出的下拉列表框中选择"突出显示单元格规则"→"小于"命令，如图 11-49 所示。

（3）在打开的"小于"对话框的"为小于以下值的单元格设置格式"文本框中输入 60，在"设置为"下拉列表框中选择"自定义格式"选项，如图 11-50 所示。在弹出的"设置单元格式"对话框的"字体"选项卡中，设置字形为加粗，字体颜色为红色，如图 11-51 所示，单击"确定"按钮，返回"小于"对话框，再单击"确定"按钮。至此完成成绩小于 60 的单元格的显示。

	A	B	C	D	E	F	G	H	I	J	K	L	M
1	学生成绩登记表												
2	信息工程131班												
3	学号	新学号	姓名	性别	高等数学	大学英语	计算机基础	体育	总分	平均分	排名	不及格门数	考试过关
4	001		陈一	男	85	88	80	88					
5	002		刘二	女	84	89	78	95					
6	003		张三	男	77	65	70	75					
7	004		李四	男	45	50	60	61					
8	005		王五	女	68	64	69	62					
9	006		赵六	男	88	82	56	79					
10	007		洪七	男	52	47	72	68					
11	008		叶飞	女	78	78	90	75					
12													
13	最高分												
14	最低分												
15	平均分												
16													
17	条件区域1：						情况					计算结果	
18	高等数学	大学英语				"高等数学"和"大学英语"成绩都大于或等于85的学生人数：							
19	>=85	>=85				"体育"成绩大于或等于90的"女生"姓名：							
20						"体育"成绩中男生的平均分：							
21	条件区域2：					"体育"成绩中男生的最高分：							
22	体育	性别											
23	>=90	女											
24													
25	条件区域3：												
26	性别												
27	男												

图 11-48　"学生成绩登记表"初始状态

图 11-49　"条件格式"下拉列表框

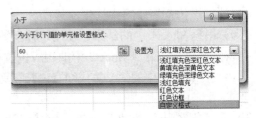

图 11-50　"小于"对话框

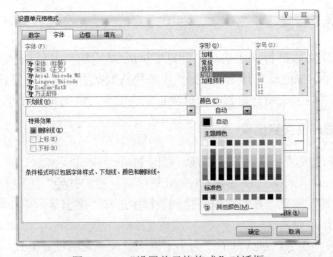

图 11-51　"设置单元格格式"对话框

（4）选中 B4 单元格，单击编辑栏左侧的"插入函数"按钮 *fx*，打开"插入函数"对话框，在"选择函数"列表框中选择 REPLACE 函数.

（5）单击"确定"按钮，打开"函数参数"对话框，设置 Old_text 参数为"A4"，Start_num 参数为"1"，Num_chars 参数为"0"，New_text 参数为"2013"，如图 11-52 所示，单击"确定"按钮。公式栏中显示"=REPLACE(A4,1,0,2013)"，B4 单元格中显示的值为 2013001，按住 B4 单元格的填充柄拖下拉到 B11 单元格。

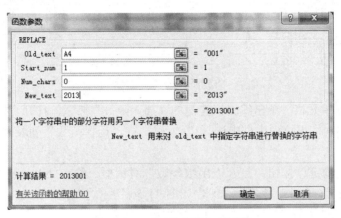

图 11-52 "函数参数"对话框

（6）选中 I4:I11 单元格区域，在"编辑栏"输入"=E4:E11+ F4:F11+G4:G11+H4:H11"，如图 11-53 所示。

	A	B	C	D	E	F	G	H	I	J
1	学生成绩登记表									
2	信息工程101班									
3	学号	新学号	姓名	性别	高等数学	大学英语	计算机基础	体育	总分	平均分
4	001	2012001	陈一	男	85	88	80	88	11+H4:H11	
5	002	2012002	刘二	女	84	89	78	95		
6	003	2012003	张三	男	77	65	70	75		
7	004	2012004	李四	男	45	50	60	61		
8	005	2012005	王五	女	68	64	69	62		
9	006	2012006	赵六	男	88	82	56	79		
10	007	2012007	洪七	男	52	47	72	68		
11	008	2012008	叶飞	女	78	78	90	75		
12										
13	最高分				88	89	90	95	0	0
14	最低分				45	47	56	61	0	0

图 11-53 选中"总分"区域

（7）按组合键 Shift+Ctrl+Enter，公式编辑栏显示{= =E4:E11+F4:F11+G4:G11+H4:H11}，总分计算完成，如图 11-54 所示。

	A	B	C	D	E	F	G	H	I
1	学生成绩登记表								
2	信息工程131班								
3	学号	新学号	姓名	性别	高等数学	大学英语	计算机基础	体育	总分
4	001	2013001	陈一	男	85	88	80	88	341
5	002	2013002	刘二	女	84	89	78	95	346
6	003	2013003	张三	男	77	65	70	75	287
7	004	2013004	李四	男	45	50	60	61	216
8	005	2013005	王五	女	68	64	69	62	263
9	006	2013006	赵六	男	88	82	56	79	305
10	007	2013007	洪七	男	52	47	72	68	239
11	008	2013008	叶飞	女	78	78	90	75	321

图 11-54 计算总分

（8）选中区域 J4:J11，在编辑栏中输入"= I4:I11/3"，按组合键 Shift+Ctrl+Enter，公式编辑栏显示{= I4:I11/3}，平均分计算完成，如图 11-55 所示。（保留 2 位小数）

J4	▼	fx	{=I4:I11/4}						
	A	B	C	D	E	F	G	H	I	J
1	学生成绩登记表									
2	信息工程131班									
3	学号	新学号	姓名	性别	高等数学	大学英语	计算机基础	体育	总分	平均分
4	001	2013001	陈一	男	85	88	80	88	341	85.25
5	002	2013002	刘二	女	84	89	78	95	346	86.50
6	003	2013003	张三	男	77	65	70	75	287	71.75
7	004	2013004	李四	男	45	50	60	61	216	54.00
8	005	2013005	王五	女	68	64	69	62	263	65.75
9	006	2013006	赵六	男	88	82	56	79	305	76.25
10	007	2013007	洪七	男	52	47	72	68	239	59.75
11	008	2013008	叶飞	女	78	78	90	75	321	80.25

图 11-55　计算平均分

（9）选中 K4 单元格，单击编辑栏左侧的"插入函数"按钮，打开"插入函数"对话框，在"或选择函数类别"下拉列表框中选择"统计"，在"选择函数"列表框中选择 RANK.EQ 函数。

（10）单击"确定"按钮，打开"函数参数"对话框，输入 Number 参数为"I4"，Ref 参数为"$I$4:$I$11"，Order 参数为"0"，如图 11-56 所示。单击"确定"按钮，公式栏中显示"=RANK.EQ(I4,$I$4:$I$11,0)"，K4 单元格中显示的值为 2。

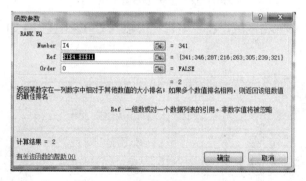

图 11-56　"函数参数"对话框

（11）双击 K4 单元格的填充柄，填充 K 列，统计出其他同学的排名，如图 11-57 所示。

K4	▼	fx	=RANK.EQ(I4,$I$4:$I$11,0)							
	A	B	C	D	E	F	G	H	I	J	K
1	学生成绩登记表										
2	信息工程131班										
3	学号	新学号	姓名	性别	高等数学	大学英语	计算机基础	体育	总分	平均分	排名
4	001	2013001	陈一	男	85	88	80	88	341	85.25	2
5	002	2013002	刘二	女	84	89	78	95	346	86.50	1
6	003	2013003	张三	男	77	65	70	75	287	71.75	5
7	004	2013004	李四	男	45	50	60	61	216	54.00	8
8	005	2013005	王五	女	68	64	69	62	263	65.75	6
9	006	2013006	赵六	男	88	82	56	79	305	76.25	4
10	007	2013007	洪七	男	52	47	72	68	239	59.75	7
11	008	2013008	叶飞	女	78	78	90	75	321	80.25	3

图 11-57　用填充柄填充 K 列

提示：Ref 区域须用绝对引用，否则自动填充的结果不对，请读者观察各单元格公式的变化情况。

（12）选择 L4 单元格，通过"统计"函数类的条件计数 COUNTIF()函数，来自动计算每个考生考试不及格的门数，"函数参数"对话框设置如图 11-58 所示。

（13）选择 L4 单元格，拖动填充柄至 J11 单元格。

（14）选择 M4 单元格，通过"逻辑"函数类的判断分支 IF() 函数，来对每个考生是否能过关自动作出判定，有不及格的不能通过，通过为 Pass，未通过为 Fail。"函数参数"对话框设置如图 11-59 所示。

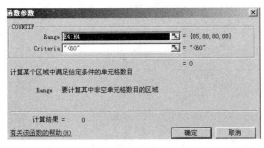
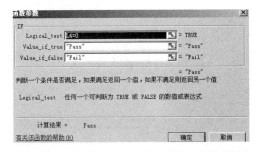

图 11-58　COUNTIF() 函数的"函数参数"对话框设置　　图 11-59　IF() 函数的"函数参数"对话框设置

（15）选择 M4 单元格，拖动填充柄至 M11 单元格。判定公式填充和输出结果如图 11-60 所示。

	A	B	C	D	E	F	G	H	I	J	K	L	M
	M4		=IF(L4=0,"Pass","Fail")										
1	学生成绩登记表												
2	信息工程101班												
3	学号	新学号	姓名	性别	高等数学	大学英语	计算机基础	体育	总分	平均分	排名	不及格门数	考试过关
4	001	2012001	陈一	男	85	88	80	88	341	113.67	2	0	Pass
5	002	2012002	刘二	女	84	89	78	95	346	115.33	1	0	Pass
6	003	2012003	张三	男	77	65	70	75	287	95.67	5	0	Pass
7	004	2012004	李四	男	45	50	60	61	216	72.00	8	2	Fail
8	005	2012005	王五	女	68	64	69	62	263	87.67	6	0	Pass
9	006	2012006	赵六	男	88	82	56	79	305	101.67	4	1	Fail
10	007	2012007	洪七	男	52	47	72	68	239	79.67	7	2	Fail
11	008	2012008	叶飞	女	78	78	90	75	321	107.00	3	0	Pass

图 11-60　判定公式填充和输出结果

（16）按照上述方法使用一般公式，在 E13 至 J13、E14 至 J14、E15 至 J15 单元格分别使用"统计"函数类的 MAX 函数、MIN 函数和 AVERAGE 函数计算同列数据中的最大值、最小值和平均值，如图 11-61 所示。

	A	B	C	D	E	F	G	H	I	J	K	L	M
1	学生成绩登记表												
2	信息工程101班												
3	学号	新学号	姓名	性别	高等数学	大学英语	计算机基础	体育	总分	平均分	排名	不及格门数	考试过关
4	001	2012001	陈一	男	85	88	80	88	341	113.67	2	0	Pass
5	002	2012002	刘二	女	84	89	78	95	346	115.33	1	0	Pass
6	003	2012003	张三	男	77	65	70	75	287	95.67	5	0	Pass
7	004	2012004	李四	男	45	50	60	61	216	72.00	8	2	Fail
8	005	2012005	王五	女	68	64	69	62	263	87.67	6	0	Pass
9	006	2012006	赵六	男	88	82	56	79	305	101.67	4	1	Fail
10	007	2012007	洪七	男	52	47	72	68	239	79.67	7	2	Fail
11	008	2012008	叶飞	女	78	78	90	75	321	107.00	3	0	Pass
12													
13	最高分				88	89	90	95	346	115.33			
14	最低分				45	47	56	61	216	72.00			
15	平均分				72.13	70.38	71.88	75.38	289.75	96.58			

图 11-61　对各门课计算最大值、最小值和平均值

（17）选择 L18 单元格，单击 *fx*，插入函数 DCOUNTA，打开"函数参数"对话框如图 11-62 所示。在编辑栏中输入公式"=DCOUNTA(A3:H11,B20:C21)"，按 Enter 键确认，计算结果为 1。

（18）选择 L19 单元格，在编辑栏中输入公式"=DGET(A3:H11,C3, B22:C23)"，"函数参数"对话框如图 11-63 所示。按 Enter 键确认，计算结果为"刘二"。

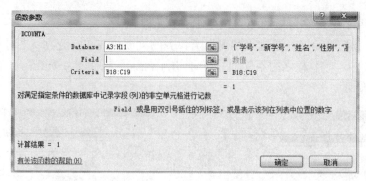

图 11-62　DCOUNTA()函数的"函数参数"对话框

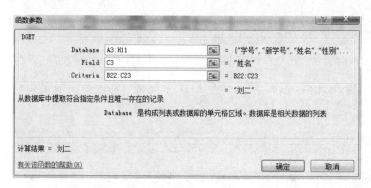

图 11-63　DGET()函数的"函数参数"对话框

（19）选择 L20 单元格，在编辑栏中输入公式"=DAVERAGE(A3:H11,H3,B26:B27)"，"函数参数"对话框如图 11-64 所示。按 Enter 键确认，计算结果为 74.2。

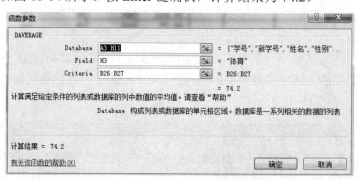

图 11-64　DAVERAGE()函数的"函数参数"对话框

（20）选择 L21 单元格，在编辑栏中输入公式"=DMAX(A3:H11,H3,B26:B27)"，"函数参数"对话框如图 11-65 所示。按 Enter 键确认，计算结果为 88。

（21）求"数学分数位于 0 到 20 分的人数"，在 Sheet2 工作表的 B2 单元格中输入公式"=COUNTIF(Sheet1!\$E\$4:\$E\$11, "<=20")"，可用鼠标直接选择 Sheet1 上的区域，公式参数设置如图 11-66 所示。计算结果为 0。

（22）求"数学分数位于 20 到 40 分的人数"，在 Sheet2 工作表的 B3 单元格中输入公式："=COUNTIF(Sheet1!\$E\$4:\$E\$11, "<=40")-B2"，计算结果为 0。

（23）求"数学分数位于 40 到 60 分的人数"，在 Sheet2 工作表的 B4 单元格中输入公式："=COUNTIF(Sheet1!\$E\$4:\$E\$11, "<=60")-B2-B3"，计算结果为 2。

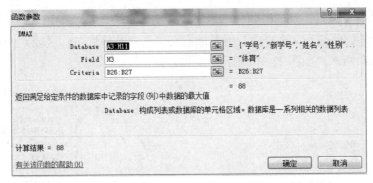

图 11-65　DMAX()函数的“函数参数”对话框

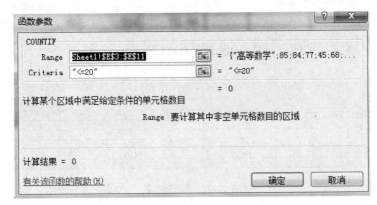

图 11-66　使用 COUNTIF()函数求 0～20 分人数

（24）求“数学分数位于 60 到 80 分的人数”，在 Sheet2 工作表的 B5 单元格中输入公式“=COUNTIF(Sheet1!$E$4:$E$11, "<=80")-B2-B3-B4”，计算结果为 3。

（25）求“数学分数位于 80 到 100 分的人数”，在 Sheet2 工作表的 B6 单元格中输入公式“=COUNTIF(Sheet1!$E$4:$E$11, ">80")”，计算结果为 3。

在 Sheet2 中最后的统计结果如图 11-67 所示。

	A	B	C	D
1	统计情况	统计结果		
2	数学分数位于0到20分的人数:	0		
3	数学分数位于20到40分的人数:	0		
4	数学分数位于40到60分的人数:	2		
5	数学分数位于60到80分的人数:	3		
6	数学分数位于80到100分的人数:	3		

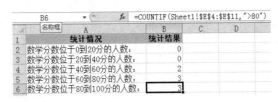

图 11-67　最后的统计结果

（26）将 Sheet1 中的数据表选中 A1:M15 单元格区域，直接复制到 Sheet3 中。在 Sheet3 中的空白区域创建筛选条件，如图 11-68 所示。

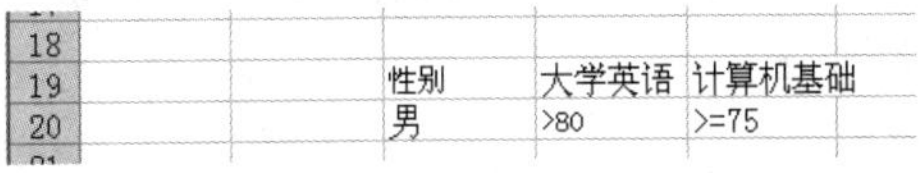

18					
19		性别	大学英语	计算机基础	
20		男	>80	>=75	

图 11-68　建立条件区域

（27）单击 Sheet3 中 A1:I39 单元格区域中的任一单元格，单击“数据”选项卡的“排序和筛选”工具组中的“高级”按钮，如图 11-69 所示，打开“高级筛选”对话框。

（28）在"高级筛选"对话框的"列表区域"文本框中，会自动填入数据清单所在区域，将光标定位在"条件区域"文本框中，用鼠标拖选已创建的筛选条件区域 C19:E20，则条件区域文本框内会自动填入，如图 11-70 所示。

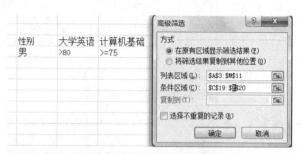

图 11-69　"排序和筛选"组　　　　　　　　　　图 11-70　"条件区域"选取

（29）单击"确定"按钮，筛选结果如图 11-71 所示。

	A	B	C	D	E	F	G	H	I	J	K	L	M
1	学生成绩登记表												
2	信息工程101班												
3	学号	新学号	姓名	性别	高等数学	大学英语	计算机基础	体育	总分	平均分	排名	不及格门数	考试过关
4	001	2012001	陈一	男	85	88	80	88	341	113.67	2	0	Pass
12													
13	最高分					88	89	90	95	346	115.33		
14	最低分					45	47	56	61	216	72.00		
15	平均分				72.13	70.38	71.88	75.38	289.75	96.58			

图 11-71　筛选结果

11.4.4　任务总结

通过本案例的练习，从以下几个方面介绍了制作 Excel 工作表涉及的知识内容：

数据排序、数据筛选基本操作方法，通过排序和分类汇总功能对数据进行相应的操作。通过综合实践练习，使读者能够更深入地理解上述知识点的应用价值，并将其融入到实际工作中去。

（1）条件格式。

条件格式可以在很大程度上改进电子表格的设计和可读性，允许指定多个条件来确定单元格的行为，根据单元格的内容自动应用单元格的格式。

（2）Excel 公式。

Excel 公式是在 Excel 工作表中进行数值计算的等式。公式输入是以"="开始的。简单的公式有加、减、乘、除等计算。复杂一些的公式可能包含函数、引用、运算符和常量。

数组公式是可对多值或一组值执行多重计算的公式。应用数组公式必须先选择用来存放结果的单元格区域（可以是一个单元格），然后在编辑栏输入公式，然后按 Ctrl+Shift+Enter 组合键锁定数组公式，Excel 将在公式两边自动加上"{}"。注意不要自己键入花括号，否则，Excel 认为输入的是一个正文标签。

（3）常用函数的基本应用。

函数是预先编写的公式，可以对一个或多个值执行运算，并返回一个或多个值。函数可以简化和缩短工作表中的公式，尤其在用公式执行很长或很复杂的计算时。常用函数有以下几种：

　　1）数学函数：求和 SUM()函数、求平均值 AVERAGE()函数、求最大值 MAX()函数和最小值 MIN()函数等。

　　2）文本函数：REPLACE()函数。

　　3）统计函数：COUNTIF()、RANK()函数。

　　4）逻辑函数：IF()函数。

　　5）数据库函数：DCOUNTA()、DGET()、DAVERAGE()、DMAX()函数。

　　（4）数据排序。

　　Excel 升序排列即按数字从最小到最大进行排序，字符按字母先后顺序排序；降序排序则反之。Excel 可以设置多个字段进行排序。

　　（5）筛选。

　　通过筛选可以在 Excel 数据表中选出符合设置的任意条件的数据。

　　Excel 中提供了两种数据的筛选操作，即自动筛选和高级筛选。

　　自动筛选一般用于简单的条件筛选，筛选时将不满足条件的数据暂时隐藏起来，只显示符合条件的数据；高级筛选一般用于条件较复杂的筛选操作，其筛选的结果可显示在原数据表格中，不符合条件的记录被隐藏起来，也可以在新的位置显示筛选结果，不符合条件的记录保留在数据表中而不会被隐藏，这样就更便于进行数据的比对了。

　　（6）分类汇总。

　　Excel 可自动计算列表中数据的汇总和总计值。当插入自动分类汇总时，Excel 将分级显示列表，以便为每个分类汇总显示和隐藏明细数据行。若要插入分类汇总，应先将列表排序，以便将要进行分类汇总的行组合到一起。然后，为包含数字的列计算分类汇总。

本章小结

　　本章主要介绍了 Excel 数据的计算与管理操作，包括使用公式、常用函数，引用单元格（相对引用、绝对引用、混合引用），只显示公式计算结果，使用 SUM()函数求和，使用嵌套函数，使用记录单，排序和筛选数据，以及分类汇总数据等知识。

　　本章的内容是学习 Excel 2010 的重点，读者应认真学习和掌握。通过综合实践练习，可使读者更加深入地理解上述知识点的应用价值，并将其融入到实际工作中。

疑难解析（问与答）

　　问：如何解决 Excel 表格中不能计算公式而出现"循环引用"的问题？

　　答：仔细分析所用公式，是否在运算过程中引用了自身单元格或依靠自身取得结果的单元格，排除了这两个引用，公式便可用了。例如在单元格 A1 中输入公式，那公式中就不能用 A1 进行运算，不能出现例如 A1 = A1+1 这样的逻辑错误，也不能有 A1=B1+1，而 B1=A1+1。

　　问：如何在相对引用、绝对引用和混合引用间快速切换？

　　答：在 Excel 中进行公式设计时，会根据需要在公式中使用不同的单元格引用方式，可以用如下方法来快速切换单元格的引用方式：选中包含公式的单元格，在编辑栏中选择要更改的引用，按 F4 键可在相对引用、绝对引用和混合引用间快速切换。例如选中 "A1" 引用，反复按 F4 键时，就会在$A$1、A$1、$A1 之间切换。

习题十一

一、判断题

1．在 Excel 的一个单元格中输入 "=AVERGE(A5:B6)"，则该单元格实现的结果必是(A5+A6+B5+B6)/4。

（　　）

2．在 Excel 中，有时空格也可以作为运算符。　　　　　　　　　　　　　　　（　　）

3．排序时如果有多个关键字段，则所有关键字段必须选用相同的排序趋势（递增或递减）。（　　）

4．在 Excel 中，既可以按行排序，也可以按列排序。　　　　　　　　　　　　（　　）

5．分类汇总只能按一个字段分类。　　　　　　　　　　　　　　　　　　　　（　　）

6．Excel 中，使用分类汇总，必须对数据区域进行排序。　　　　　　　　　　（　　）

7．COUNT()函数用于计算区域中单元格个数。　　　　　　　　　　　　　　　（　　）

8．Excel 2010 中的 "兼容性函数" 实际上已经有新函数替换。　　　　　　　　（　　）

9．Excel 的同一个数组常量中不可以使用不同类型的值。　　　　　　　　　　（　　）

10．Excel 中 Rand()函数在工作表计算一次结果后就固定下来。　　　　　　　（　　）

11．Excel 中的数据库函数的参数个数均为 4 个。　　　　　　　　　　　　　（　　）

12．Excel 中的数据库函数都以字母 D 开头。　　　　　　　　　　　　　　　（　　）

13．HLookup 函数是在表格或区域的第一行搜寻特定值。　　　　　　　　　　（　　）

14．不同字段之间进行 "或" 运算的条件是必须使用高级筛选。　　　　　　　（　　）

15．如需编辑公式，可单击 "插入" 选项卡中 f_x 图标启动公式编辑器。　　　（　　）

16．如果所选条件出现在多列中，并且条件间有 "与" 的关系，必须使用高级筛选。（　　）

17．只有每列数据都有标题的工作表才能够使用记录单功能。　　　　　　　　（　　）

二、选择题

1．在 Excel 中提供了数据合并功能，可以将多张工作表的数据合并，并将计算结果存放在另一张工作表中。合并计算支持的函数有（　　）。

  A．平均值　　　　　　B．计数　　　　　　C．最大值　　　　　　D．求和

2．在 Excel 电子表格中，可以进行（　　）运算。

  A．整数+整数　　　B．分式+分式　　　C．日期+整数　　　D．星期+整数

3．在 Excel 的列表中，如果要以 "姓名" 字段作为关键字进行排序，系统可以按 "姓名" 的（　　）之一为序重排数据。

  A．拼音字母　　　　B．笔画　　　　C．部首偏旁　　　　D．输入码

4．在 Excel 中，假定从 A1 到 C2 的矩形区域内各单元格均有数值存在，则公式=SUM(B1:B4)等价于（　　）。

  A．=SUM(B1+B2,(B)3+(B)4)　　　　　　B．=SUM(B1+B4)

  C．=SUM(A1:B4,B1:C4)　　　　　　　　D．=SUM(B1,B2,B3,B4)

5．在 Excel 公式输入的格式中，（　　）是正确的。

  A．=SUM(51,29,17)　　　　　　　　　B．=SUM(1,2,……,100)

  C．=SUM(E1:E6)　　　　　　　　　　　D．=SUM(D8:D2)

6. 计算贷款指定期数应付的利息额，应使用（　　）函数。

    A. FV　　　　　　　　B. PV　　　　　　　　C. IPMT　　　　　　　D. PMT

7. 下列函数中，（　　）函数不需要参数。

    A. DATE　　　　　　　B. DAY　　　　　　　C. TODAY　　　　　　D. TIME

8. VLOOKUP 函数从一个数组或表格的（　　）中查找含有特定值的字段，再返回同一列中某一指定单元格中的值。

    A. 第一行　　　　　　B. 最末行　　　　　　C. 最左列　　　　　　D. 最右列

9. 返回参数组中非空值单元格数目的函数是（　　）。

    A. COUNT　　　　　　　　　　　　B. COUNTBLANK

    C. COUNTIF　　　　　　　　　　　D. COUNTA

10. 关于分类汇总，叙述正确的是（　　）。

    A. 分类汇总前首先应按分类字段值对记录排序

    B. 分类汇总可以按多个字段分类

    C. 只能对数值型字段分类

    D. 汇总方式只能求和

11. 关于筛选，叙述正确的是（　　）。

    A. 自动筛选可以同时显示数据区域和筛选结果

    B. 高级筛选可以进行更复杂条件的筛选

    C. 高级筛选不需要建立条件区，只有数据区域就可以了

    D. 自动筛选可以将筛选结果放在指定的区域

12. 将数字截尾取整的函数是（　　）。

    A. TRUNC　　　　　　B. INT　　　　　　　C. ROUND　　　　　　D. CEILING

13. 将数字向上舍入到最接近的偶数的函数是（　　）。

    A. EVEN　　　　　　　B. ODD　　　　　　　C. ROUND　　　　　　D. TRUNC

14. 将数字向上舍入到最接近的奇数的函数是（　　）。

    A. ROUND　　　　　　B. TRUNC　　　　　　C. EVEN　　　　　　　D. ODD

15. 某单位要统计各科室人员工资情况，按工资从高到低排序，若工资相同，以工龄降序排列，则以下做法正确的是（　　）。

    A. 主要关键字为"科室"，次要关键字为"工资"，第二个次要关键字为"工龄"

    B. 主要关键字为"工资"，次要关键字为"工龄"，第二个次要关键字为"科室"

    C. 主要关键字为"工龄"，次要关键字为"工资"，第二个次要关键字为"科室"

    D. 主要关键字为"科室"，次要关键字为"工龄"，第二个次要关键字为"工资"

16. 使用 Excel 的数据筛选功能，是将（　　）。

    A. 满足条件的记录显示出来，而删除不满足条件的数据

    B. 不满足条件的记录暂时隐藏起来，只显示满足条件的数据

    C. 不满足条件的数据用另外一个工作表保存起来

    D. 将满足条件的数据突出显示

17. 以下 Excel 运算符中优先级最高的是（　　）。

    A. :　　　　　　　　　B. ,　　　　　　　　　C. *　　　　　　　　　D. +

18. 在记录单的右上角显示"3/30"，其意义是（　　）。

A．当前记录单仅允许 30 个用户访问　　　B．当前记录是第 30 号记录

C．当前记录是第 3 号记录　　　　　　　　D．您是访问当前记录单的第 3 个用户

19．在一个表格中，为了查看满足部分条件的数据内容，最有效的方法是（　　）。

A．选中相应的单元格　　　　　　　　　　B．采用数据透视表工具

C．采用数据筛选工具　　　　　　　　　　D．通过宏来实现

20．在一工作表中筛选出某项的正确操作方法是（　　）。

A．单击数据表外的任一单元格，执行"数据→筛选"命令，单击想查找列的下三角，从下拉菜单中选择筛选项

B．单击数据表中的任一单元格，执行"数据→筛选"命令，单击想查找列的下三角，从下拉菜单中选择筛选项

C．执行"查找与选择→查找"命令，在"查找"对话框的"查找内容"框中输入要查找的项，单击"关闭"按钮

D．执行"查找与选择→查找"命令，在"查找"对话框的"查找内容"框中输入要查找的项，单击"查找下一个"按钮

三、操作题

1．打开素材文件"习题－操作题素材\第 11 章\年级周考勤表"，按下列要求进行操作，并将结果存盘。

（1）求出 Sheet1 表中每班本周平均缺勤人数（小数取 2 位）并填入相应单元格中。

本周平均缺勤人数=本周缺勤总数/5

（2）求出 Sheet1 表中每天实际出勤人数并填入相应单元格中。

（3）求出 Sheet1 表中该年级各项合计数并填入相应单元格中。

（4）将 Sheet1 表内容按本周平均缺勤人数降序排列并将平均缺勤人数最多的 3 个班级内容的字体颜色改成红色。

（5）在 Sheet1 表的第 1 行前插入标题行"年级周考勤表"，设置为楷体，字号 16，合并及居中。

2．打开素材文件"习题－操作题素材\第 11 章\商品销售统计表"，建立的工作表如图 11-72 所示，按下列要求进行操作，并将结果存盘。

	A	B	C	D	E	F	G	H
1	虚拟商厦商品销售统计表（1月-6月）							
2	商品号	商品名称	类别	单价	销售量	销售额	成本费	利润
3	001	电视机	大家电	2200	500		870000	
4	002	电冰箱	大家电	3450	248		492300	
5	003	空调器	大家电	1549	560		520400	
6	004	饮水机	小家电	400	350		10000	
7	005	电风扇	小家电	285	1229		285000	
8								
9	合计值							
10								2011/7/13

图 11-72　商品销售统计表

（1）用公式计算表中的销售额、利润，依次填入相应单元格中，并计算销售量、销售额、成本费及利润的合计值。计算公式为：

销售额=单价*销售量

利润=销售额-成本费

（2）在工作表右下角的单元格中输入创建本工作表的日期，并添加批注，批注内容为"制表日期"。

（3）将此工作表命名为"销售表"，删除工作簿中的空工作表。

（4）将工作表标题设置为黑体、粗斜体、16 号、带有双下划线且跨列居中，标题与工作表之间空一行，并将日期的颜色设置为蓝色。

（5）将工作表中单元格的水平方向和垂直方向均采用居中对齐方式。

（6）商品单价、销售额、成本费、利润采用货币样式。

（7）在工作表的第一行下面，每一列右边及表的四周添加最粗黑色实线边框，其余为黑色细实线边框，并在工作表的最末行上添加 40%的灰色底纹。

（8）为工作表制作嵌入式折线图，要求数据系列为销售额与成本费。

（9）对已制作的图表，添加图表标题、分类轴标题、数据轴标题，在"销售额"曲线上加数据标记。

（10）按销售额递增次序对数据进行排序，同一销售额按利润降序排列。

（11）筛选出单价大于 1000，销售量大于等于 500 的所有记录，并将这些记录改用蓝色表示。筛选完成后再恢复全部数据显示。

（12）按类别进行分类汇总，求利润的平均值，分类汇总完成后再恢复全部数据显示。

3．工资表是企业发放职工工资并办理工资结算的专业表格，又称工资结算表，通常按车间或部门编制，每月一张。在其中，要根据工资卡、考勤记录、产量记录及代扣款项等资料按人名填列应付工资、代扣款项和实发金额三部分内容。

打开素材文件"习题－操作题素材\第 11 章\工资表"，按下列要求操作，并将结果存盘。

注意： 全文内容、位置不得随意变动，否则后果自负。

（1）将 Sheet1 中的内容分别复制到 Sheet2 和 Sheet3 中，并将 Sheet2 重命名为"工资表"，如图 11-73 所示。

	A	B	C	D	E	F
1	姓名	年龄	职称	应发工资	扣除	实发工资
2	李木兴	50	工程师	2567.6	220.0	
3	徐一望	55	教　授	3571.3	324.0	
4	胡　菲	26	助　教	1456.6	131.0	
5	陈小为	45	教　授	3567.4	320.0	
6	徐朋友	32	教　授	2898.1	263.0	
7	林大芳	45	副教授	2778.4	252.0	
8	方小名	45	工程师	2500.7	178.0	
9	张良占	56	副教授	2778.4	250.0	
10	孙　达	24	助　教	1456.6	243.0	
11	马　达	30	助　教	1452.1	138.0	

图 11-73　工资表

（2）在工资表中，利用公式计算出"实发工资"（实发工资=应发工资－扣除），并填入相应的单元格内。

（3）将工资表中"年龄"列的列宽设置为 5。

（4）将工资表中数据区域 A1:F1 中的文字颜色设为红色、字号设为 14。

（5）在 Sheet3 中筛选出表中"应发工资"大于 3000 或小于 2000 的记录。

4．打开素材文件"习题－操作题素材\第 11 章\电费计算管理"表格，按下列要求操作，并将结果存盘。

某公司的后勤管理人员计算每个月的电费支出情况：

图 11-74 列出了各种功率（匹）空调与输入功率（千瓦）之间的对应关系。

空调的输入功率		
功率（匹）	1	1.5	2
输入功率（千瓦）	0.736	1.1	1.45

图 11-74　功率与输入功率之间的对应关系

各种空调的使用时间记录如图 11-75 所示。请通过空调的使用时间和输入功率来算各个空调耗电量，使用级差计算需要支付的费用。

空调的使用记录及耗电量计算								
序号	空调名称	功率	输入功率	开启时间	结束时间	用电时间	耗电量	电费
1	空调1	1		9:10:10	11:20:45			
2	空调2	1.5		10:10:04	13:20:30			
3	空调3	2		14:11:20	15:20:15			
4	空调4	1.5		9:11:55	20:20:00			
5	空调5	2		9:12:30	15:19:45			
6	空调6	2		10:13:05	15:19:30			
7	空调7	1.5		9:13:40	11:19:15			
8	空调8	1		7:14:15	23:19:00			
9	空调9	2		9:14:50	16:18:45			
10	空调10	1.5		14:15:25	16:18:30			

图 11-75　"电费计算管理"表格

5．新建 Excel 工作簿，命名为"九九乘法表"，完成下列操作：

（1）在 Sheet1 工作表中生成如图 11-76 所示的表格。

	A	B	C	D	E	F	G	H	I	J
1		1	2	3	4	5	6	7	8	9
2	1	1*1=1	2*1=2	3*1=3	4*1=4	5*1=5	6*1=6	7*1=7	8*1=8	9*1=9
3	2	1*2=2	2*2=4	3*2=6	4*2=8	5*2=10	6*2=12	7*2=14	8*2=16	9*2=18
4	3	1*3=3	2*3=6	3*3=9	4*3=12	5*3=15	6*3=18	7*3=21	8*3=24	9*3=27
5	4	1*4=4	2*4=8	3*4=12	4*4=16	5*4=20	6*4=24	7*4=28	8*4=32	9*4=36
6	5	1*5=5	2*5=10	3*5=15	4*5=20	5*5=25	6*5=30	7*5=35	8*5=40	9*5=45
7	6	1*6=6	2*6=12	3*6=18	4*6=24	5*6=30	6*6=36	7*6=42	8*6=48	9*6=54
8	7	1*7=7	2*7=14	3*7=21	4*7=28	5*7=35	6*7=42	7*7=49	8*7=56	9*7=63
9	8	1*8=8	2*8=16	3*8=24	4*8=32	5*8=40	6*8=48	7*8=56	8*8=64	9*8=72
10	9	1*9=9	2*9=18	3*9=27	4*9=36	5*9=45	6*9=54	7*9=63	8*9=72	9*9=81

图 11-76　"九九乘法表"表格 1

（2）在 Sheet2 工作表中生成如图 11-77 所示的表格。

	A	B	C	D	E	F	G	H	I	J
1		1	2	3	4	5	6	7	8	9
2	1	1*1=1								
3	2	1*2=2	2*2=4							
4	3	1*3=3	2*3=6	3*3=9						
5	4	1*4=4	2*4=8	3*4=12	4*4=16					
6	5	1*5=5	2*5=10	3*5=15	4*5=20	5*5=25				
7	6	1*6=6	2*6=12	3*6=18	4*6=24	5*6=30	6*6=36			
8	7	1*7=7	2*7=14	3*7=21	4*7=28	5*7=35	6*7=42	7*7=49		
9	8	1*8=8	2*8=16	3*8=24	4*8=32	5*8=40	6*8=48	7*8=56	8*8=64	
10	9	1*9=9	2*9=18	3*9=27	4*9=36	5*9=45	6*9=54	7*9=63	8*9=72	9*9=81

图 11-77　"九九乘法表"表格 2

第 12 章　Excel 图表分析

- 熟练掌握创建和编辑图表的方法。
- 熟练掌握更改图表类型、设置图表选项和美化图表标题等操作。
- 熟练掌握数据透视表和数据透视图的创建与编辑方法。

1. 图表的有关术语

在 Excel 中，根据工作表上的数据生成的图形仍存放在工作表中，这种含有图形的工作表称为图表。图表的优点是能够清楚地反映数据的差异和变化，从而更有效地反映数据。尤其值得一提的是，当工作表中的数据发生变化时，图形也会相应地改变，不需要重新绘制。

（1）数据标记。

每个数据标记都代表源于工作表单元格的一个数据，具有相同图案（条形、面积、圆点、扇区或其他类似符号）的数据标记代表一个数据系列。

（2）数据标志。

数据标志是为数据标记提供附加信息的标志，可以显示数值、数据系列或分类的名称、百分比，或者是这些信息的组合。

（3）数据系列。

数据系列是绘制在图表中的一组相关数据标记。图表中的每一数据系列都具有特定的颜色或图案，并在图表的图例中进行了描述。在一张图表中可以绘制一个或多个数据系列，但是饼图中只能有一个数据系列。

（4）图例。

图例是一个方框，用于标识图表中为数据系列或分类所指定的图案或颜色。

（5）轴。

在建立图表时，需要绘制出不同类型的数据，将分类项作为 X 轴（分类轴），将其对应的数据系列作为 Y 轴（数值轴）。

2. 数据透视表与数据透视图

数据透视表是一种对大量数据快速汇总和建立交叉列表（行与列）的交互式动态表格，能帮助用户分析、组织数据，例如：计算平均数、标准差，建立列联表，计算百分比，建立新的数据子集等。

数据透视图则以生动的图标方式显示数据透视表的结果。一般在创建数据透视图的同时产生数据透视表。

在创建数据透视表之前，首先需将数据组织好，确保数据中的第一行包含列标签，然后必须确保表格中含有数字的文本。

12.1　制作"房产销售业绩表"图表

地产市场营销是指房地产商在竞争的市场环境下，按照市场形势变化的要求而组织和管理企业的一系列活动，直至在市场上完成商品房的销售、取得效益、达到目标的经营过程。房产销售业绩表反映房产销售的相关数据。

Excel 的图表可以使数据之间的关系一目了然。

素材文档见"\第 12 章\房产销售业绩表.xlsx"。

12.1.1　创建图表

创建图表的具体步骤如下：

（1）打开"房产销售业绩表"，如图 12-1 所示。

（2）将光标定位于工作表中任一单元格，选择"插入"→"图表"→"柱形图"命令，在弹出的下拉列表框中选择"二维柱形图"中的第一种类型——簇状柱形图，如图 12-2 所示。

姓名	部门	一月份	二月份	三月份	汇总
张东	三分部	1860	1530	5520	8910
陈好	二分部	1630	1200	8030	10860
杜鹃	一分部	1720	1140	5730	8590
萧宜	三分部	1260	1450	8760	11470
叶笑里	一分部	1530	1120	6250	8900
楠科	三分部	1520	1300	2120	4940
张淘	一分部	1030	1576	3671	6277
范杰	二分部	1450	3210	3280	7940
邓波	二分部	1390	1089	4690	7169
丘梨	二分部	1250	1360	7560	10170

图 12-1　"房产销售业绩表"表格

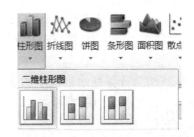

图 12-2　"柱形图"下拉列表框

将插入的柱形图拖动到空白的区域。如果对创建的图表不满意，还可以更改图表类型，选中柱形图，然后右击，在弹出的快捷菜单中选择"更改系列图表类型"命令，弹出"更改图表类型"对话框，从中选择要更改为的图表类型，然后单击"确定"按钮即可。

如果对图表布局不满意，也可以进行重新设计。选中已创建的图表，在"图表"工具栏中切换到"设计"选项卡，单击"图表布局"工具组中的"快速布局"按钮，在弹出的下拉列表框中选择满意的选项。

例如选择布局 3、样式 2，如图 12-3 所示。图表效果如图 12-4 所示。

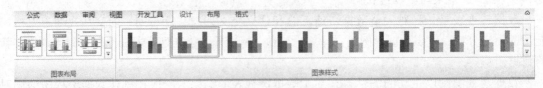

图 12-3　图表布局和样式

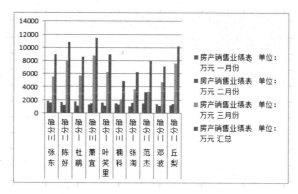

图 12-4　插入"柱形图"后效果

12.1.2　编辑图表

1．更改数据

图表中的数据与表格中的数据是相链接的，对表格中的数据进行修改后，图表中对应的数据系列也会随之发生改变；而对图表中的数据系列进行修改时，表格对应单元格的数据也会随之发生改变。更改数据的具体步骤如下：

（1）选中图表，选择　"设计"→"数据"→"选择数据"命令，如图 12-5 所示。或者选中图表后右击，在弹出的快捷菜单中选择"选择数据"命令。弹出"选择数据源"对话框，如图 12-6 所示。

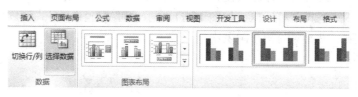

图 12-5　"选择数据"按钮

（2）将光标定位到图 12-6 的"图表数据区域"文本框，移动鼠标到数据表区，按住 Ctrl 键的同时选中工作表的 A3:A9 和 C3:F9 单元格区域，返回"选择数据源"对话框，查看图表效果，只选取了 6 个人、三个月和汇总的数据，去掉"部门"列，效果如图 12-7 所示。

图 12-6　"选择数据源"对话框

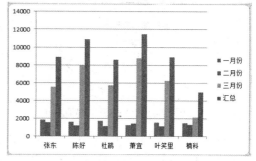

图 12-7　选择数据后的"柱形图"效果

2．设置图表选项

选中图表，选择"图表工具"→"设计"→"布局"命令，或在图表区的相应区域处右击，在弹出快捷菜单中对图表进行相关的格式设置。具体步骤如下：

（1）在图表区空白的区域右击，弹出快捷菜单，如图 12-8 所示。选择"设置图表区域格式"选项，打开"设置图表区格式"对话框，可对图表进行格式设置（如图表的边框样式、填充颜色等），如图 12-9 所示。

图 12-8 　"设置图表区格式"快捷菜单　　　　图 12-9 　"设置图表区格式"对话框

（2）选中图表，选择"图表工具"→"布局"→"图例"→"其他图例选项"命令。或在图表区的"图例"处右击，弹出快捷菜单，如图 12-10 所示，选择"设置图例格式"选项。

打开"设置图例格式"对话框，如图 12-11 所示。可进行图例格式设置，在"图例位置"下选择不同的选项，可改变图例在图表中的位置。

图 12-10 　"图例"快捷菜单　　　　　　　图 12-11 　"设置图例格式"对话框

（3）在图表的刻度区右击，弹出快捷菜单，如图 12-12 所示。选择"设置坐标轴格式"选项，打开"设置坐标轴格式"对话框，可进行坐标轴格式设置，如图 12-13 所示。

（4）选中图表，选择"图表工具"→"布局"→"数据标签"→"其他数据标签选项"，如图 12-14 所示。或在图表的数据图形上右击，在弹出的快捷菜单中选择"设置数据标签格式"选项。打开"设置数据标签格式"对话框，可对图表进行格式设置，如图 12-15 所示。

图 12-12　"刻度区"快捷菜单

图 12-13　"设置坐标轴格式"对话框

图 12-14　"数据标签"选项

图 12-15　"设置数据标签格式"对话框

12.1.3　更改图表类型

选择图表，对"图表类型"进行设置。具体步骤如下：

（1）选中图表，选择"图表工具"→"设计"→"类型"→"更改图表类型"命令。或在图表区空白的区域右击，在弹出的快捷菜单中选择"更改图表类型"选项，如图 12-16 所示。

图 12-16　"图表"快捷菜单

（2）打开"更改图表类型"对话框，可对图表类型进行修改，如图 12-17 所示。

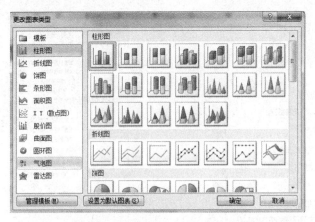

图 12-17 "更改图表类型"对话框

12.2 分析"职工业绩考核"表格

绩效考核通常也称为业绩考评或"考绩"，是针对企业中每个职工所承担的工作，应用各种科学的定性和定量的方法，对职工行为的实际效果及其对企业的贡献或价值进行考核和评价。

数据透视表是一种对大量数据进行快速汇总和建立交叉列表的交互式表格，它不仅可以转换行和列查看源数据的不同汇总结果，而且可以显示不同页面以筛选数据。数据透视表是一个动态的图表。

下面的员工绩效评比结果用数据透视表和数据透视图来表示。

素材文档见"\第 12 章\职工业绩考核.xlsx"。

12.2.1 创建数据透视表

创建数据透视表的具体步骤如下：

（1）打开"职工业绩考核"工作簿，如图 12-18 所示。

（2）选中 Sheet1 工作表中数据表的任一单元格，选择"插入"→"表格"→"数据透视表"→"数据透视表"命令，如图 12-19 所示。

姓名	岗位级别	工龄(年)	性别	目标业绩(件)	完成业绩(件)	完成率
张强	1级	14	男	2600	2160	83%
李华	3级	8	男	200	170	85%
梦小小	1级	10	女	900	880	98%
认天一	1级	12	男	2700	2310	86%
艾佳	2级	4	女	1600	1400	88%
华文龙	4级	5	男	400	340	85%
叶天	3级	4	男	400	350	88%
汪蓝	4级	5	男	500	220	44%
贺长宇	4级	2	男	900	780	87%
张爱年	4级	3	男	600	480	80%
刘海	3级	5	女	300	250	83%
綦晓丽	4级	1	女	1500	1260	84%
余琴	3级	7	女	700	500	71%
张伯涛	2级	12	男	2100	1700	81%

图 12-18 "职工业绩考核"工作簿

图 12-19 "数据透视表"下拉列表框

（3）在打开的"创建数据透视表"对话框的"表/区域"文本框中，已经自动填入光标所在的单元格区域（也可以在表中拖拉鼠标重新选取，或键盘输入）。选中"现有工作表"单选

按钮，将光标置于"位置"文本框中，再单击 Sheet2 工作表中的 A1 单元格，该单元格地址会
自动填入该文本框中，如图 12-20 所示。

图 12-20　"创建数据透视表"对话框

提示： 如果选中"新工作表"单选按钮，将会生成一个新的工作表。

（4）单击"确定"按钮，打开"数据透视表字段列表"任务窗格，如图 12-21 所示。将
字段"姓名"拖至"行标签"区域，将字段"岗位级别"拖至"列标签"区域，将字段"完成
业绩"拖至"数值"区域，结果如图 12-22 所示。

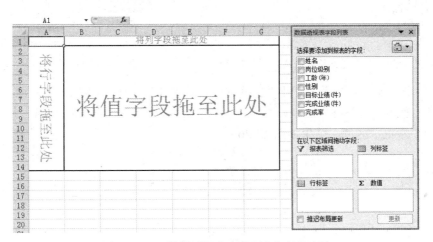

图 12-21　"数据透视表字段列表"任务窗格

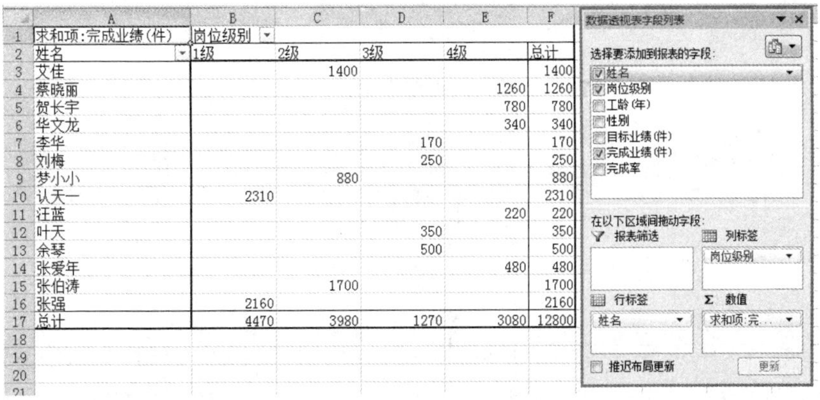

图 12-22　"数据透视表"结果

12.2.2 创建数据透视图

同样，以 12.2.1 中的图表作为数据透视图的制作依据，操作步骤如下：

（1）选中数据表任一单元格，选择"插入"→"表格"→"数据透视表"→"数据透视图"命令。

（2）在打开的"创建数据透视表及数据透视图"对话框的"表/区域"文本框中，已经自动填入光标所在的单元格区域（若没有选好数据清单，请拖拉鼠标选好，或键盘输入），如图 12-23 所示。

选中"创建数据透视表及数据透视图"对话框中的"现有工作表"单选按钮，将光标置于"位置"文本框中，单击 Sheet3 工作表标签，切换到 Sheet3，再单击 Sheet3 中的 A1 单元格，该单元格地址会自动填入该文本框中，如图 12-24 所示。

图 12-23　"创建数据透视表及数据透视图"对话框　　　图 12-24　填充"位置"文本框

（3）单击"确定"按钮，打开"数据透视表字段列表"任务窗格，如图 12-25 所示。将字段"姓名"拖至"行标签"区域，将字段"岗位级别"拖至"列标签"区域，将字段"完成业绩"拖至"数值"区域，结果如图 12-26 所示。

图 12-25　"数据透视图表字段列表"任务窗格

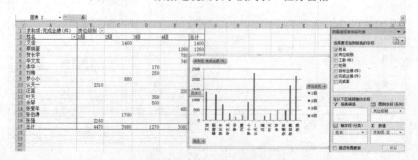

图 12-26　数据透视图结果

12.2.3　使用数据透视表分析数据

使用数据透视表分析数据的具体操作步骤如下：

选中数据透视表，选择"数据透视表工具"→"选项"/"设计"命令，如图 12-27 所示，可对数据透视表和数据透视图进行格式设置。

（a）选项　　　　　　　　　　　　　　　　（b）设计

图 12-27　"数据透视表工具"菜单

也可以在"数据透视表"上，对"数据透视表"的字段进行设置和操作，从而控制数据的显示情况。

12.3　综合实践（一）——用图表分析"学生期末成绩表"

12.3.1　任务描述

统计各类考试成绩是教师经常遇到的问题，不但要对考试成绩进行录入，还需要对考试结果作出分析，对具备的各种条件和成绩做总体判断，有时还需要从资料中提取各种信息，这时候就必须对 Excel 强大的函数功能进行深入的学习。

本例讨论应用函数分析学生信息、计算考试成绩，并分析每科成绩的最高分、最低分、平均分，统计每个学生的总分排名，根据给定条件从数据中提取相关信息，以及进行相关统计工作。

素材文档见"\第 12 章\学生期末成绩表.xlsx"，数据工作表如图 12-28 所示，主要完成下列操作：

	A	B	C	D	E	F	G	H
1	学号	姓名	班级	英语	汇编语言	电力拖动	电子技术	微机接口
2	930302	刘昌明	一班	72	66	75	68	58
3	930303	叶凯	一班	65	75	80	77	68
4	930304	张超	一班	83	80	72	81	73
5	930305	斯宝玉	一班	66	70	81	75	80
6	930306	董伟	二班	77	62	85	81	73
7	930307	舒跃进	二班	45	58	62	60	55
8	930308	殷锡根	二班	80	71	75	62	72
9	930309	博勒	三班	73	62	81	75	63
10	930310	吴进录	三班	75	65	78	68	55
11	930311	陆蔚兰	三班	68	52	72	62	56

图 12-28　学生期末成绩表

（1）在工作表 Sheet1 中，将姓名为"叶凯"的同学的"微机接口"成绩改为 75 分，并在 I 列增加"总分"列，并求出各相应总分值。

（2）将工作表 Sheet1 复制到 Sheet2 中，并将 Sheet2 更名为"学生期末成绩表"。

（3）将"学生期末成绩表"中的第一行和"微机接口"成绩高于 70 分的学生复制到 Sheet3，对 Sheet3 工作表设置自动套用格式为"表样式浅色 1"，设置页眉为"学生表格之三"（靠左，楷体，字号 12，单下划线），页脚为"第三页"（靠右）。

（4）在 Sheet1 中，按"班级"升序排序，并生成一个关于"班级"的汇总表（要求计算各门课程的平均分，其他设置不变），汇总表第三级隐藏。

（5）根据"学生成绩表"中的"总分"创建一个"饼图"存放于区域 F1:J11，图表标题为"库存比例"（楷体，字号 16，红色），以姓名为图例项，图例位于图表"底部"，数据标志选"显示百分比"。

12.3.2　知识点（目标）

（1）工作表内容的复制。
（2）工作表的更名。
（3）数据筛选。
（4）页眉页脚设置。
（5）分类汇总。
（6）创建图表。

12.3.3　操作思路及实施步骤

本题先对表格中的数据进行编辑修改，再对表格进行复制、粘贴、更名操作，然后对数据进行图表创建、编辑操作。具体步骤如下：

（1）打开"学生期末成绩表"工作簿。单击工作表标签 Sheet1，单击单元格 H3，输入"75"。

（2）在单元格 I1 中输入文字"总分"，单击单元格 I2，输入公式"=SUM(D2:H2)"并单击编辑栏的"输入"按钮。

（3）按住单元格 I2 的填充柄拖动至 I11 释放。

（4）单击工作表标签 Sheet1，选定 A1:I11 单元格区域，单击"开始"选项卡"剪贴板"工具组中的"复制"按钮。

（5）选定工作表 Sheet2 中的单元格 A1，单击"开始"选项卡"剪贴板"工具组中的"粘贴"按钮。

（6）右击工作表标签 Sheet2，在弹出的快捷菜单中选择"重命名"，输入工作表名称"学生期末成绩表"。

（7）单击"学生期末成绩表"中的单元格 H1，单击"数据"选项卡"排序和筛选"工具组中的"筛选"按钮。

（8）单击"微机接口"筛选下拉列表按钮，单击"数字筛选"，选择"大于"选项，如图 12-29 所示。弹出"自定义自动筛选方式"对话框，如图 12-30 所示。在"大于"框后填入"70"，单击"确定"按钮，即筛选出了"微机接口"分数大于 70 分的 5 个学生记录，结果如图 12-31 所示。

图 12-29　"微机接口"筛选下拉列表

（9）选定数据区域，单击"开始"选项卡"剪贴板"工具组中的"复制"按钮。

（10）选定工作表 Sheet3 单元格 A1，单击"开始"选项卡"剪贴板"工具组中的"粘贴"按钮。

（11）选定图 12-31 中所示的数据区域，即 A1:I8 单元格区域。单击"开始"选项卡"样式"工具组中的"套用表格格式"按钮，选择"表样式浅色 1"，如图 12-32 所示。然后单击"确定"按钮。

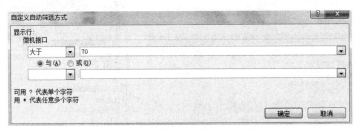

图 12-30　"自定义自动筛选方式"对话框

	A	B	C	D	E	F	G	H	I
1	学号	姓名	班级	英语	汇编语言	电力拖动	电子技术	微机接口	总分
3	930303	叶凯	一班	65	75	80	77	75	372
4	930304	张超	一班	83	80	72	81	73	389
5	930305	斯宝玉	一班	66	70	81	75	80	372
6	930306	董伟	二班	77	62	85	81	73	378
8	930308	殷锡根	二班	80	71	75	62	72	360

图 12-31　筛选结果

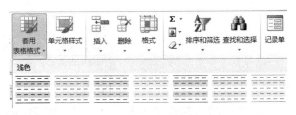

图 12-32　"套用表格格式"列表

（12）单击"页面布局"选项卡"页面设置"工具组中的"页面设置"按钮，打开"页面设置"对话框，如图 12-33 所示。

图 12-33　"页面设置"对话框

（13）选择"页眉/页眉"选项卡，单击"自定义页眉"按钮，打开"页眉"对话框，如图 12-34 所示。在左边编辑框中输入"学生表格之三"。单击"格式文本"按钮 **A**，打开"字体"对话框，如图 12-35 所示。选择楷体，字号 12，单下划线，单击"确定"按钮，返回"页眉”对话框，再单击“确定”按钮，返回“页面设置”对话框。

图 12-34　"页眉"对话框

图 12-35　"字体"对话框

（14）单击"自定义页脚"按钮，打开"页脚"对话框，如图 12-36 所示。在右边编辑框中输入"第三页"，并单击"确定"按钮，返回"页面设置"对话框，设置效果如图 12-37 所示。

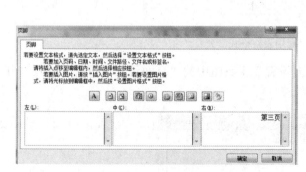

图 12-36　"页脚"对话框

图 12-37　"页眉/页脚"设置效果

单击"确定"按钮，或用"打印预览"按钮查看页眉/页脚设置效果。

（15）单击工作表标签 Sheet1，单击"班级"列的任一单元格，单击"数据"选项卡"排序和筛选"工具组中的"升序"按钮，然后单击"确定"按钮。

（16）先单击有数据的任意单元格，再单击"数据"选项卡"分级显示"工具组中的"分类汇总"按钮，打开"分类汇总"对话框，如图 12-38 所示，设置分类字段为"班级"，汇总方式为"平均值"，选中"选定汇总项"中的"英语"、"汇编语言"、"电力拖动"、"电子技术"、"微机接口"复选框。单击"确定"按钮。

单击左侧显示的分级按钮"2"，结果如图 12-39 所示。

（17）单击工作表标签"学生期末成绩表"，选定 B1:B11

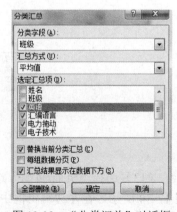

图 12-38　"分类汇总"对话框

和 I1:I11 单元格区域；单击"插入"选项卡"图表"工具组中的"饼图"命令，在下拉列表框中选择"二维饼图"的第二种。

1 2 3		A	B	C	D	E	F	G	H	I
	1	学号	姓名	班级	英语	汇编语言	电力拖动	电子技术	微机接口	总分
+	5			二班 平均值	67.33333	63.66667	74	67.66667	66.66667	339.3333
+	9			三班 平均值	72	59.66667	77	68.33333	58	335
+	14			一班 平均值	71.5	72.75	77	75.25	71.5	368
-	15			总计平均值	70.4	66.1	76.1	70.9	66	349.5

图 12-39　"分类汇总"结果

（18）按住左键拖动图表使图表左上角与单元格 F1 左上角对齐时释放；指向图表右下角控点，按住左键将右下角拖动至单元格 J11 右下角对齐时释放。

提示： 在功能组中可选择图表布局和样式，例如选择布局 1、样式 2。

（19）在"图表标题"文本框中输入"总分比例"，单击图表标题并选中标题文字，然后右击，在弹出的快捷菜单中选择"字体"，打开"字体"对话框，如图 12-40 所示，选择字体为楷体，字号 16，单击"字体颜色"下拉按钮，单击"红色"。

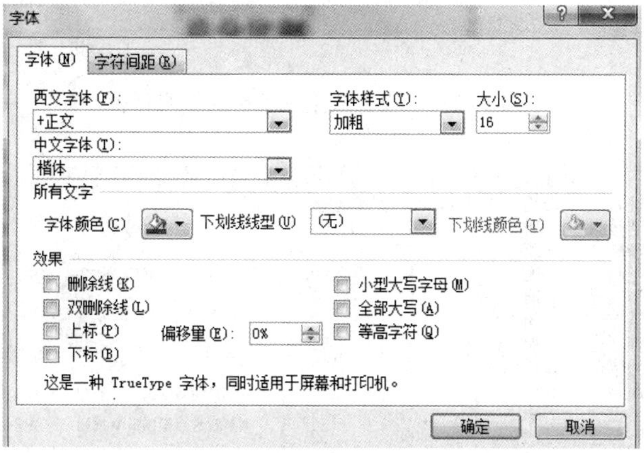

图 12-40　"字体"对话框

（20）在图表区的"图例"处右击，在弹出的快捷菜单中选择"设置图例格式"选项，打开"设置图例格式"对话框，在"图例选项"中单击"底部"单选按钮，如图 12-41 所示。

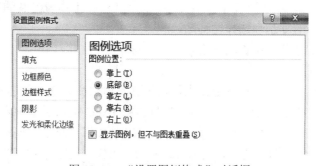

图 12-41　"设置图例格式"对话框

（21）在图表区处右击，在弹出的快捷菜单中选择"设置数据标签格式"选项，打开"设置数据标签格式"对话框，在"标签选项"中勾选"百分比"复选框，如图 12-42 所示。

最后得到的图表效果如图 12-43 所示。

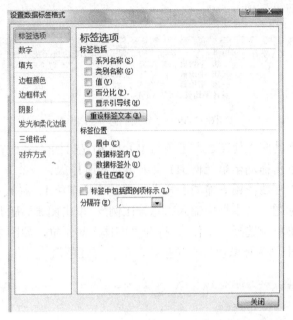

图 12-42　"设置数据标签格式"对话框

图 12-43　"学生期末成绩表"图表结果

12.3.4　任务总结

通过本案例的练习，从以下几个方面介绍了制作 Excel 工作表涉及的知识内容：

（1）工作表内容的复制和选择性粘贴。

（2）工作表的重命名、设置表格格式、数据排序。

（3）数据筛选。

（4）页眉页脚设置。页眉页脚是在工作表每页的顶部和底部的叙述性文字，例如页码、日期、时间、工作表名等。新的工作簿没有页眉页脚。Excel 提供了几种内部格式的页眉页脚，用户可以选用，也可以自己设置页眉页脚，并且可以对页眉页脚进行编辑、设定格式。

（5）创建图表。使用图表会使得用 Excel 编制的工作表更易于理解和交流。Excel 具有许多高级的制图功能，使用起来也非常简便。在本例中，我们学习了建立一张简单的图表的方法，并对图表进行修饰，使图表更加精致，以及如何编辑图表标题、图例项、数据标志等。

12.4　综合实践（二）——用图表分析"停车情况记录表"

停车场收费系统采用非接触式智能卡，在停车场的出入口处设置一套出入口管理设备，使停车场形成一个相对封闭的场所，进出车只需将 IC 卡在读卡箱前轻晃一下，系统即能瞬间完成检验、记录、核算、收费等工作，挡车道闸自动启闭，方便快捷地进行着停车场的管理。进场车主和停车场的管理人员均持有一张属于自己的智能卡，作为个人的身份识别，只有通过系统检验认可的智能卡才能进行操作（管理卡）或进出（停车卡），充分保证了系统的安全性、保密性，有效地防止车辆失窃，免除车主后顾之忧。其主要功能是对停车进行收费管理。

12.4.1　任务描述

Excel 除了日常应用较多的文本、统计、数学、日期时间等函数外，还提供了方便工作表之间数据相互引用的查找引用函数。涉及的知识点包括有关函数、筛选和数据透视图。

素材文档见"\第 12 章\停车情况记录表.xlsx"，数据工作表如图 12-44 所示。

	A	B	C	D	E	F	G
	F9		fx	=E9-D9			
1		停车价目表					
2	小汽车	中客车	大客车				
3	5	8	10				
4							
5							
6							
7			停车情况记录表				
8	车牌号	车型	单价	入库时间	出库时间	停放时间	应付金额
9	浙A12345	小汽车	5	8:12:25	11:15:35	3:03:10	
10	浙A32581	大客车	10	8:34:12	9:32:45	0:58:33	
11	浙A21584	中客车	8	9:00:36	15:06:14	6:05:38	
12	浙A66871	小汽车	5	9:30:49	15:13:48	5:42:59	
13	浙A51271	中客车	8	9:49:23	10:16:25	0:27:02	
14	浙A54844	大客车	10	10:32:58	12:45:23	2:12:25	

图 12-44　"停车情况记录表"数据表

操作要求：

（1）将 Sheet4 的 A1 单元格设置为只能录入 5 位数字或文本。当录入位数错误时，提示错误原因，样式为"警告"，错误信息为"只能录入 5 位数字或文本"。

（2）在 Sheet4 的 B1 单元格中输入公式，判断当前年份是否为闰年（年数能被 4 整除而不能被 100 整除，或者能被 400 整除的年份），结果为 TRUE 或 FALSE。

（3）根据 Sheet1 中的"停车价目表"价格，利用 HLOOKUP 函数对"停车情况记录表"中的"单价"列根据不同的车型进行自动填充。

（4）在 Sheet1 中，利用数组公式计算汽车在停车库中的停放时间，要求：

1）公式计算方法为"出库时间–入库时间"。

2）格式为：小时:分钟:秒。例如：一小时十五分十二秒在停放时间中的表示为：1:15:12。

（5）使用函数公式计算停车费用，要求：根据停放时间的长短计算停车费用，并将计算结果填入到"应付金额"列中。计算时注意以下两点：

1）停车按小时收费，对于不满一个小时的按一个小时计费。

2）对于超过整点小时十五分钟的多累积一个小时。例如 1 小时 23 分将以 2 小时计费。

（6）使用统计函数，对 Sheet1 中的"停车情况记录表"根据下列条件进行统计并填入相应单元格，要求：

1）统计停车费用大于等于 40 元的停车记录条数。

2）统计最高的停车费用。

（7）将 Sheet1 中的"停车情况记录表"复制到 Sheet2，对 Sheet2 进行高级筛选，要求：

1）筛选条件为："车型"—小汽车，"应付金额" >=30。

2）将结果保存在 Sheet2 中。

计算过程中应注意：

1）无需考虑是否删除筛选条件。

2）复制过程中，将标题项"停车情况记录表"连同数据一同复制。

3）复制数据表后，粘贴时，数据表必须顶格放置。

（8）根据 Sheet1 创建一个数据透视图，保存在 Sheet3 中，要求：

1）显示各种车型所收费用的汇总。

2）行区域设置为"车型"。

3）计费项为"应付金额"。

4）将对应的数据透视表也保存在 Sheet3 中。

12.4.2　知识点（目标）

Excel 的数据计算分析功能非常强大，也是应用最广泛的部分。Excel 主要有文本、统计、数学、逻辑、时间日期等九大类函数，它们可以单独使用或者与加、减等算术运算符组合嵌套使用，对工作表数值进行各种运算。要对相关函数有一定的了解，才能进行正确地计算和统计。

（1）数学函数 SUM()、Average()、MAX()、MIN()等函数的使用。

数学函数是计算中的常用函数，包括 SUM()求和函数、Average()求平均值函数、MAX()求最大值函数、MIN()求最小值函数。

（2）统计函数 COUNT()、COUNTIF()等函数的应用。

COUNT()函数是统计给定区域中存在数字格式数据的单元格个数；COUNTIF()函数是统计给定区域中满足一定条件的单元格个数。

（3）利用数据库函数及已设置的条件区域进行设置条件的统计。用到的函数有 DCOUNTA()、DGET()、DAVERAGE()、DMAX()等。

（4）高级筛选的操作。

（5）数据透视表和数据透视图的创建和使用。

12.4.3　操作思路及实施步骤

先用相关函数进行计算，再进行筛选和数据透视图的操作。具体步骤如下：

（1）打开"停车情况记录表"工作簿，在 Sheet4 中选中单元格 A1，单击"数据"选项卡的"数据工具"工具组中的"数据有效性"下拉按钮，在打开的下拉列表框中选择"数据有效性"选项，如图 12-45 所示。

（2）在打开的"数据有效性"对话框中选择"设置"选项卡，在"允许"下拉列表框中选择"文本长度"，在"数据"下拉列表框中选择"等于"，在"长度"文本框中输入"5"，如图 12-46 所示。

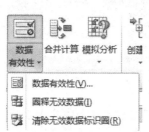
　　　　图 12-45　　"数据有效性"下拉列表框

　　图 12-46　　"数据有效性"对话框的"设置"选项卡

（3）再单击"出错警告"选项卡，在"样式"下拉列表框中选择"警告"，在"错误信息"编辑框中输入"只能录入 5 位数字或文本"，如图 12-47 所示，单击"确定"按钮。

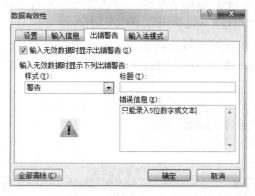

图 12-47　　"数据有效性"对话框的"出错警告"选项卡

（4）在 Sheet4 的 B1 单元格中输入公式：

" =IF(OR(AND(MOD(NOW(),4)=0,MOD(NOW(),100)<>0),MOD(NOW(),400)=0),"闰年","平年")"或"=IF(MOD(NOW(),400)=0,"闰年",IF(MOD(NOW(),4)<>0,"平年",IF(MOD(NOW(),100)<>0,"闰年","平年")))"

（5）在 Sheet1 的单元格 C9 中，插入函数 HLOOKUP()，如图 12-48 所示。打开"函数参数"对话框，如图 12-49 所示。

图 12-48　　"插入函数"对话框

图 12-49 "函数参数"对话框

在 Lookup_value 框设置查找值为车型，输入 B9；在 Table_array 框输入要搜索区域的 A2:C3，并使用绝对引用；在 Row_index_num 框输入数字 2，用以确定找到的结果（即单格）位于搜索表的第 2 行；在 Range_lookup 框输入查找精确匹配的逻辑值"FALSE"。

（6）用填充柄填充"单价"列。

（7）先选中 F9:F38 单元格区域，再输入公式"=E9:E39-D9:D39"，然后按组合键 Ctrl+Shift+Enter，此时，公式编辑栏中显示"{=E9:E39-D9:D39}"，如图 12-50 所示。

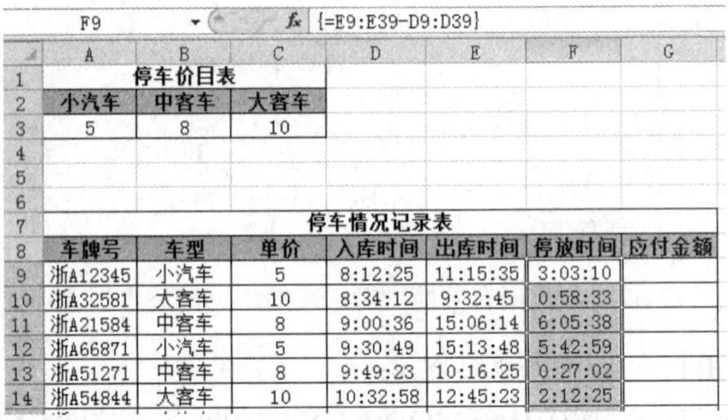

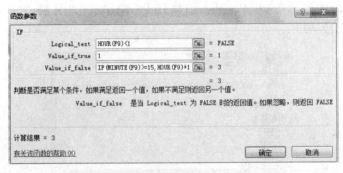

图 12-50 "停放时间"计算

（8）在单元格 G9 中插入函数 IF()，"函数参数"对话框如图 12-51 所示。

图 12-51 IF()函数的"函数参数"对话框

在 Logical_test 框输入逻辑表达式"HOUR(F9)<1"（或 HOUR(F9)=0）；在 Value_if_true 框输入"1"，表示不满一个小时的算作一个小时；在 Value_if_false 框输入"IF(MINUTE(F9)>=15,HOUR(F9)+1,HOUR(F9))"，表示超过一小时又分成两种情况：若分钟数大于 15 的多加 1 小时，否则维持原小时数。

单击"确定"按钮，在 G9 单元格显示的是按计时要求的停车小时数。

在编辑栏中输入计算停车小时数的表达式后输入"*C9"，即得到停车费。整个表达式为："=IF(HOUR(F9)<1,1,IF(MINUTE(F9)>=15,HOUR(F9)+1,HOUR(F9)))*C9"，或为"=IF(HOUR(F9)=0,1,HOUR(F9)+(MINUTE(F9)>15))*C9"。

（9）用填充柄填充"应付金额"列。

（10）在单元格 J8 中插入 COUNTIF()函数，其"函数参数"对话框如图 12-52 所示。公式为"=COUNTIF(G9:G39,">=40")"。

图 12-52　COUNTIF()函数的"函数参数"对话框

（11）在单元格 I9 中插入 MAX()函数，其"函数参数"对话框如图 12-53 所示。公式为"=MAX(G9:G39)"。

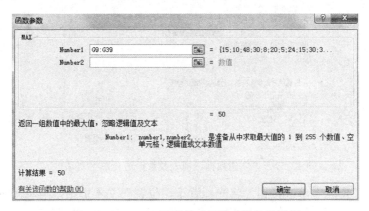

图 12-53　MAX()函数的"函数参数"对话框

停车费用大于等于 40 元的停止记录参数和最高停车费用统计结果如图 12-54 所示。

（12）选择 Sheet1 表中的 A7:G39 单元格区域，右击并选择"复制"命令，选择 Sheet2 表中的 A1 单元格，右击并选择"选择性粘贴（值和数字格式）"命令。

（13）在 Sheet2 中的空白区域（如 I2:J3）创建筛选条件，如图 12-55 所示。

统计情况	统计结果
停车费用大于等于40元的停车记录条数：	4
最高的停车费用：	50

图 12-54　统计结果

I	J
车型	应付金额
小汽车	>=30

图 12-55　设置条件区域

（14）单击 Sheet2 数据区域中的任一单元格，在"数据"选项卡"排序和筛选"工具组中单击"高级"按钮，打开"高级筛选"对话框，如图 12-56 所示。选择并确认"列表区域"为"$A$2:$G$33"，"条件区域"为"$I$2:$J$3"，单击"确定"按钮。筛选出符合条件的汽车（2 辆）。

图 12-56　"高级筛选"对话框

（15）选中 Sheet1 数据表的任一单元格，选择"插入"→"表格"→"数据透视表"→"数据透视图"命令。

（16）在打开的"创建数据透视表及数据透视图"对话框的"表/区域"文本框中，已经自动填入光标所在的单元格区域（若没有选好数据清单，请拖拉鼠标选好，或键盘输入），如图 12-57 所示。

图 12-57　"创建数据透视表及数据透视图"对话框

选中"现有工作表"单选按钮，将光标置于"位置"文本框中，再单击 Sheet3 工作表中的 A1 单元格，该单元格地址会自动填入该文本框中，如图 12-58 所示。

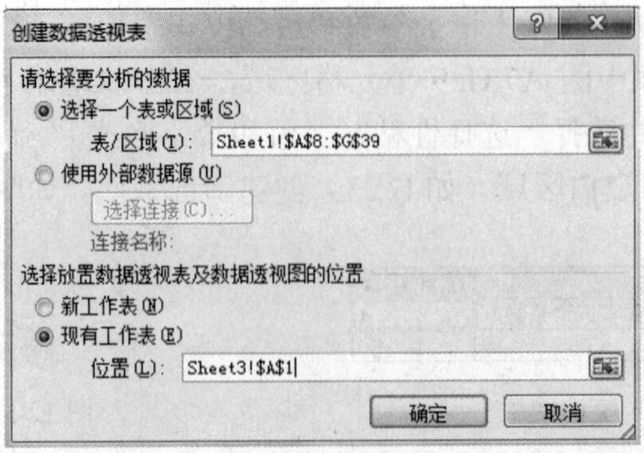

图 12-58　填充"位置"文本框

（17）单击"确定"按钮，打开"数据透视表字段列表"任务窗格，如图 12-59 所示。将字段"姓名"拖至"行标签"区域，将字段"岗位级别"拖至"列标签"区域，将字段"完成业绩"拖至"数值"区域，结果如图 12-60 所示。

图 12-59　"数据透视表字段列表"任务窗格

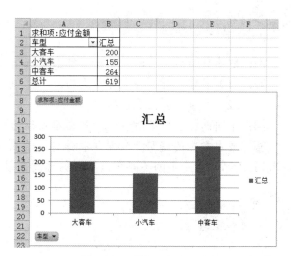

图 12-60　数据透视图结果

12.4.4　任务总结

通过本案例的练习，从以下几个方面介绍了制作 Excel 工作表涉及的知识内容：

（1）有效性设置。

设置输入提示信息和输入错误提示信息，既保证了数据的正确性，同时也提高了数据的录入效率。

（2）常用函数的使用。

如 IF()函数，查找与引用 HLOOKUP()函数，时间函数 HOUR()、MINUTE()函数，统计 COUNTIF()函数等是 Excel 中几种很常用的函数，这些函数的使用帮助人们从繁琐的数值计算中解脱出来，同时通过与填充柄等工具的结合，有力地提高了工作效率。

（3）高级筛选。

在日常工作中，经常用到筛选操作。相对于自动筛选，高级筛选可以根据复杂条件进行筛选，而且可以把筛选的结果复制到指定的位置，更方便进行对比。高级筛选中，可以使用通配符作为筛选以及查找和替换内容时的比较条件。在练习中，领会高级筛选的一些技巧。

（4）数据透视表和数据透视图。

分类汇总适合在分类的字段少，汇总的方式不多的情况下进行。如果分类的字段较多，则需使用数据透视表。使用数据透视表前，使用者务必清晰知道自己想要得到的汇总表格框架，根据框架的模式把相应的数据字段拉到合适的位置，即可得到符合条件的数据透视表。

本章小结

　　本章主要介绍 Excel 2010 图表的操作，包括创建和编辑图表、缩放及移动图表、改变图表类型和格式等操作，以及创建数据透视表和数据透视图、利用数据透视表分析数据等，通过本章的学习，读者可进一步掌握并熟练运用图表分析数据的方法。

疑难解析（问与答）

　　问： 创建数据透视表时对数据有什么要求吗？
　　答：（1）表格最好不要合并单元格。
　　　　　（2）尽量不要出现空格。
　　问： 不同的图表类型所表现的数据重点有何不同？
　　答： 表示数据的趋势变化常用折线图；直观地表示同一属性的不同数据值的大小一般用柱形图；表示总量为 1 的不同数据所占的比例选用饼图为好；三维图形能美观地表示立体效果。

习题十二

一、判断题

1．高级筛选不需要建立条件区，只需要指定数据区域。　　　　　　　　　　　　（　　）
2．自动筛选的条件只能有一个，高级筛选的条件可以是多个。　　　　　　　　　（　　）
3．数据透视表中的字段是不能进行修改的。　　　　　　　　　　　　　　　　　（　　）
4．在 Excel 中，建立数据透视表时，数据系列只能是数值。　　　　　　　　　　（　　）
5．当原始数据发生变化后，只需单击"更新数据"按钮，数据透视表就会自动更新数据。（　　）
6．数据透视表中的字段是不能进行修改的。　　　　　　　　　　　　　　　　　（　　）
7．修改了图表数据源单元格的数据，图表会自动跟着刷新。　　　　　　　　　　（　　）
8．在 Excel 工作表中建立数据透视图时，数据系列只能是数值。　　　　　　　　（　　）
9．在 Excel 中创建数据透视表时，可以从外部（如 DBF、MDB 等数据库文件）获取源数据。（　　）

二、选择题

1．在 Excel 中，下列叙述正确的是（　　）。
　　A．Excel 是一种表格数据综合管理与分析系统，并实现了图、文、表的完美结合
　　B．在 Excel 的工作表中，"记录单"可以修改记录数据，但不能直接修改公式字段的值
　　C．在 Excel 中，图表一旦建立，其标题的字体、字形是不可改变的
　　D．在 Excel 中，工作簿是由工作表组成的
2．在 Excel 中，有关图表的叙述正确的是（　　）。
　　A．图表的图例可以移动到图表之外
　　B．图表绘图区可以显示数据值

  C．选中图表后再键入文字，则文字会取代图表

  D．一般只有选中了图表才会出现"图表"菜单

3．为了实现多字段的分类汇总，Excel 提供的工具有（　　）。

  A．数据地图　　　　B．数据列表　　　　C．数据分析　　　　D．数据透视表

4．Excel 图表是动态的，当在图表中修改了数据系列的值时，与图表相关的工作表中的数据（　　）。

  A．出现错误值　　　B．不变　　　　　　C．自动修改　　　　D．用特殊颜色显示

三、操作题

1．打开素材文件"习题－操作题素材\第 12 章\图书流通表"，如图 12-61 所示。按下列要求操作，并将结果存盘。

	A	B	C	D	E	F	G	H
1	学校图书馆五月份图书流通表							
2	月份	文艺小说	教学参考	自然科学	社会科学	其他	合计	平均
3	一月	202	65	512	461	64		
4	二月	460	88	356	415	59		
5	三月	534	105	622	392	86		
6	四月	520	231	285	515	91		
7	五月	531	206	415	524	243		
8	六月	349	324	349	288	216		
9	七月	113	57	375	120	163		
10	八月	668	29	295	344	114		
11	九月	337	85	456	562	241		
12	十月	684	135	482	611	152		
13	十一月	661	264	595	249	79		
14	十二月	522	188	573	624	94		

图 12-61　图书流通表

（1）将工作表 Sheet1 复制到 Sheet2 中，并将 Sheet2 更名为"流通表"。

（2）分别求出"流通表"每个月各类图书出借的合计数和平均数（小数取 2 位），并填入相应单元格中。

（3）将"流通表"每月所有信息按"平均"值升序排列，并将"平均"值为最高的 3 个月的所有内容字体颜色以"红色"表示。

（4）根据"流通表"平均值数据创建一个"饼图"，显示在区域 A16:H24，要求以"月份"为图例项，图例位于图表底部。

（5）在"流通表"第 15 行增加一行"畅销否"，在对应的 B15:E15 单元格中，利用公式给出结果：如果月平均销售量≥200，填上"畅销"，否则填上"不够畅销"（不包括引号）。

2．打开素材文件"习题－操作题素材\第 12 章\员工情况统计表"，如图 12-62 所示。完成以下操作。

	A	B	C	D	E	F	G	H
1	姓　名	性　别	出生年月	年　龄	所在区域	原电话号码	升级后号码	是否>=40男性
2	王一	男	1967/6/15		西湖区	05716742801		
3	张二	女	1974/9/27		上城区	05716742802		
4	林三	男	1953/2/21		下城区	05716742803		
5	胡四	女	1986/3/30		拱墅区	05716742804		
6	吴五	男	1953/8/3		下城区	05716742805		
7	章六	女	1959/5/12		上城区	05716742806		
8	陆七	女	1972/11/4		拱墅区	05716742807		
9	苏八	男	1988/7/1		上城区	05716742808		
10	韩九	男	1973/4/17		西湖区	05716742809		
11	徐一	女	1954/10/3		下城区	05716742810		
12	项二	男	1964/3/31		江干区	05716742811		
13	贾三	男	1995/5/8		余杭区	05716742812		
14	孙四	女	1977/11/25		江干区	05716742813		
15	姚五	男	1981/9/16		拱墅区	05716742814		
16	周六	女	1993/5/4		上城区	05716742815		
17	金七	女	1966/4/20		江干区	05716742816		
18	赵八	男	1976/8/14		余杭区	05716742817		

图 12-62　员工情况统计表

（1）在 Sheet5 的 A1 单元格中设置为只能录入 5 位数字或文本。当录入位数错误时，提示错误原因，样式为"警告"，错误信息为"只能录入 5 位数字或文本"。

（2）在 Sheet5 的 B1 单元格中输入公式，判断当前年份是否为闰年，结果为 TRUE 或 FALSE。

闰年的定义：年数能被 4 整除而不能被 100 整除，或者能被 400 整除的年份。

（3）使用时间函数对 Sheet1 中用户的年龄进行计算。

要求：假设当前时间是"2013-5-1"，结合用户的出生年月，计算用户的年龄，并将其计算结果填充到"年龄"列中。计算方法为两个时间年份之差。

（4）使用 REPLACE() 函数对 Sheet1 中用户的电话号码进行升级。

要求：对"原电话号码"列中的电话号码进行升级。升级方法是在区号（0571）后面加上"8"，并将其计算结果保存在"升级后号码"列的相应单元格中。

例如：电话号码"05716742808"，升级后为"057186742808"。

（5）使用逻辑函数判断 Sheet1 中大于等于 40 岁的男性，如果是，保存结果为 TRUE；否则，保存结果为 FALSE。将结果保存在 Sheet1 中的"是否>=40 男性"列中。

（6）根据以下条件，对 Sheet1 中的数据利用统计函数进行统计：

1）统计性别为"男"的人数，将结果填入 Sheet2 的 B2 单元格中。

2）统计年龄为">40"的人数，将结果填入 Sheet2 的 B3 单元格中。

（7）将 Sheet1 复制到 Sheet3 中，并对 Sheet3 进行高级筛选。

1）筛选条件为："性别"－女，"所在区域"－西湖区。

2）将筛选结果保存在 Sheet3 中。

（8）根据 Sheet1 的结果创建一数据透视图，将其保存在 Sheet4 中，要求：

1）显示每个区域所拥有的用户数量。

2）x 坐标设置为"所在区域"。

3）计数项为"所在区域"。

4）将对应的数据透视表也保存在 Sheet4 中。

3．打开素材文件"习题－操作题素材\第 12 章\白炽灯采购情况表"，如图 12-63 所示。完成以下操作。

产品	瓦数	寿命（小时）	商标	单价	每盒数量	采购盒数	采购总额		条件区域1：		
白炽灯	200	3000	上海	4.50	4	3			商标	产品	瓦数
氖管	100	2000	上海	2.00	15	2			上海	白炽灯	<100
日光灯	60	3000	上海	2.00	10	5					
其他	10	8000	北京	0.80	25	6					
白炽灯	80	1000	上海	0.20	40	3					
日光灯	100	未知	上海	1.25	10	4			条件区域2：		
日光灯	200	3000	上海	2.50	15	0			产品	瓦数	瓦数
其他	25	未知	北京	0.50	10	3			白炽灯	>=80	<=100
白炽灯	200	3000	北京	5.00	3	2					
氖管	100	2000	北京	1.80	20	5					
白炽灯	100	未知	北京	0.25	10	5					
白炽灯	10	800	上海	0.20	25	2					
白炽灯	60	1000	北京	0.15	25	0					
白炽灯	80	1000	北京	0.20	30	2					
白炽灯	100	2000	上海	0.80	10	5					
白炽灯	40	1000	上海	0.10	20	5					

情况	计算结果
商标为上海，瓦数小于100的白炽灯的平均单价：	
产品为白炽灯，其瓦数大于等于80且小于等于100的品种数：	

图 12-63　白炽灯采购情况表

（1）在 Sheet5 中设定 A 列中不能输入重复的数值。

（2）在 Sheet1 中，使用条件格式将"瓦数"列中数据小于 100 的单元格的字体颜色设置为红色、加粗显示。

（3）使用数组公式计算 Sheet1“采购情况表”中的每种产品的采购总额，将结果保存到表中的“采购总额”列中。

计算方法为：采购总额=单价×每盒数量×采购盒数

（4）在 Sheet1 中利用数据库函数及已设置的条件区域，计算以下情况的结果，并将结果保存到相应的单元格中。

1）计算商标为上海，瓦数小于 100 的白炽灯的平均单价。

2）计算产品为白炽灯，瓦数大于等于 80 且小于等于 100 的品种数。

（5）某公司对各个部门员工吸烟情况进行统计，作为人力资源搭配的一个数据依据。对于调查对象，只能回答 Y（吸烟）或者 N（不吸烟）。根据调查情况，制作出 Sheet2 中的“吸烟调查情况表”。请使用函数统计符合以下条件的数值。

1）统计未登记的部门个数，将结果保存在 B14 单元格中。

2）在登记的部门中统计吸烟的部门个数，将结果保存在 B15 单元格中。

（6）使用函数对 Sheet2 中的 B21 单元格中的内容进行判断，判断其是否为文本，如果是，结果为“TRUE”；如果不是，结果为“FALSE”，并将结果保存在 Sheet2 的 B22 单元格中。

（7）将 Sheet1 中的“采购情况表”复制到 Sheet3 中，对 Sheet3 进行高级筛选，要求：

1）筛选条件：产品为白炽灯，商标为上海。

2）将结果保存在 Sheet3 中。

（8）根据 Sheet1 中的“采购情况表”，在 Sheet4 中创建一张数据透视表，要求：

1）显示不同商标的不同产品的采购数量。

2）行区域设置为“产品”。

3）列区域设置为“商标”。

4）计数项为“采购盒数”。

4．打开素材文件“习题一操作题素材\第 12 章\服装采购表”，如图 12-64 所示。完成以下操作。

	A	B	C	D	E	F	G	H	I	J	K
1	折扣表					价格表					
2	数量	折扣率				衣服	120				
3	1	0%				裤子	80				
4	100	6%				鞋子	150				
5	200	8%									
6	300	10%									
7											
8											
9			采购表								
10	项目	采购数量	采购时间	单价	折扣	合计				统计表	
11	衣服	20	2008/1/12						统计类别	总采购量	总采购金额
12	裤子	45	2008/1/12						衣服		
13	鞋子	70	2008/1/12						裤子		
14	衣服	125	2008/2/5						鞋子		
15	裤子	185	2008/2/5								
16	鞋子	140	2008/2/5								
17	衣服	225	2008/3/14								
18	裤子	210	2008/3/14								
19	鞋子	260	2008/3/14								
20	衣服	385	2008/4/30								
21	裤子	350	2008/4/30								
22	鞋子	315	2008/4/30								
23	衣服	25	2008/5/15								
24	裤子	120	2008/5/15								
25	鞋子	340	2008/5/15								

图 12-64　服装采购表

（1）在 Sheet5 中，使用函数将 A1 单元格中的数四舍五入到整百，存放在 B1 单元格中。

（2）在 Sheet1 中，使用条件格式将"采购数量"列中数量小于 100 的单元格的字体颜色设置为红色、加粗显示。

（3）使用 VLOOKUP 函数对 Sheet1 中"采购表"的"单价"列进行填充。

要求：根据"价格表"中的商品单价，利用 VLOOKUP 函数，将其单价自动填充到采购表中的"单价"列。

（4）使用逻辑函数对 Sheet1 中的"折扣"列进行填充。

要求：根据"折扣表"中的商品折扣率，利用相应的函数，将其折扣率自动填充到采购表中的"折扣"列。

（5）利用公式对 Sheet1 中"采购表"的"合计"列进行计算。

要求：根据"采购数量"、"单价"和"折扣"计算采购的合计金额，将结果保存在"合计"列中。

计算公式：单价×采购数×（1–折扣率）

（6）使用 SUMIF 函数，统计各种商品的采购总量和采购总金额，将结果保存在 Sheet1 中的"统计表"的相应位置。

（7）将 Sheet1 中的"采购表"复制到 Sheet2 中，并对 Sheet2 进行高级筛选。

1）筛选条件为"采购数量">150，"折扣率">0。

2）将筛选结果保存在 Sheet2 中。

（8）根据 Sheet1 中的"采购表"新建一个数据透视图，保存在 Sheet3 中。要求：

1）该图显示每个采购时间点所采购的所有项目数量汇总情况。

2）X 坐标设置为"采购时间"。

3）求和项为采购数量。

4）将对应的数据透视表也保存在 Sheet3 中。

5. 打开素材文件"习题－操作题素材\第 12 章\员工资料表"，如图 12-65 所示。完成以下操作。

	职务补贴率表				员工资料表					
	职务	增幅百分比		姓 名	身份证号码	性 别	出生日期	职务	基本工资	职务补贴率	工资总额
	高级工程师	80%		王一	330675196706154485	男		高级工程师	3000		
	中级工程师	60%		张二	330675196708154432	女		中级工程师	3000		
	工程师	40%		林三	330675195302215412	男		高级工程师	3000		
	助理工程师	20%		胡四	330675198603301836	女		助理工程师	3000		
				吴五	330675195308032859	男		高级工程师	3000		
				章六	330675195905128755	女		高级工程师	3000		
				陆七	330675197211045896	女		中级工程师	3000		
				苏八	330675198807015258	男		工程师	3000		

图 12-65 员工资料表

（1）在 Sheet5 中使用函数计算 A1:A10 区域中奇数的个数，结果存放在 A12 单元格中。

（2）在 Sheet5 中使用函数将 B1 单元格中的数四舍五入到整百，结果存放在 C1 单元格中。

（3）仅使用文本函数 MID 函数和 CONCATENATE 函数对 Sheet1 中的"出生日期"列进行自动填充。

要求：

1）填充的内容根据"身份证号码"列的内容来确定：

①身份证号码中的第 7 位至第 10 位：表示出生年份；

②身份证号码中的第 11 位至第 12 位：表示出生月份；

③身份证号码中的第 13 位至第 14 位：表示出生日。

2）填充结果的格式为：××××年××月××日，（注意：不使用单元格格式进行设置）。

（4）根据 Sheet1 中的"职务补贴率表"的数据，使用 VLOOKUP 函数对"员工资料表"中的"职务补贴率"列进行自动填充。

（5）使用数组公式对 Sheet1 中"员工资料表"的"工资总额"列进行计算，并将计算结果保存在"工资总额"列。

计算方法：工资总额=基本工资×（1+职务补贴）

（6）在 Sheet2 中，根据"固定资产情况表"，利用财务函数，对以下条件进行计算。

1）计算"每天折旧值"，并将结果填入到 E2 单元格中。

2）计算"每月折旧值"，并将结果填入到 E3 单元格中。

3）计算"每年折旧值"，并将结果填入到 E4 单元格中。

（7）将 Sheet1 中的"员工资料表"复制到 Sheet3 中，并对 Sheet3 进行高级筛选：

1）筛选条件为："性别"-女、"职务"-高级工程师。

2）将筛选结果保存在 Sheet3 中。

在筛选过程中应注意以下三点：

1）无需考虑是否删除或移动筛选条件。

2）复制过程中，将标题项"员工资料表"连同数据一同复制。

3）数据表必须顶格放置。

（8）根据 Sheet1 中的"员工资料表"，在 Sheet4 中新建一数据透视表。要求：

1）显示每种性别的不同职务的人数汇总情况。

2）行区域设置为"性别"。

3）列区域设置为"职务"。

4）数据区域设置为"职务"。

5）计数项为职务。

6. 打开素材文件"习题−操作题素材\第 12 章\教材订购情况表"，如图 12-66 所示。完成以下操作。

	A	B	C	D	E	F	G	H	I	J	K
1				教材订购情况表							统计情况
2	客户	ISSN	教材名称	出版社	版次	作者	订数	单价	金额		出版社名称为"高等教育出版社"的书的种类
3	c1	7-5600-5710-6	新编大学英语快速阅读3	外语教学与研究出版社	一版	史宝辉	9855	23			订购数量大于110,且小于850的书的种类数:
4	c1	7-04-513245-8	高等数学 下册	高等教育出版社	六版	同济大学	3700	25			
5	c1	7-04-813245-9	高等数学 上册	高等教育出版社	六版	同济大学	3500	24			
6	c1	7-04-414587-1	概率论与数理统计教程	高等教育出版社	四版	沈恒范	1592	31			用户支付情况表
7	c1	7-5341-1401-2	Visual Basic 程序设计教程	浙江科技出版社	一版	陈庆章	1504	27			用户
8	c1	7-03-027426-7	大学信息技术基础	科学出版社	二版	胡同森	1249	18			c1
9	c1	7-03-012345-6	化工原理（下）	科学出版社	一版	何潮洪	924	40			c2
10	c1	7-04-345678-0	电路	高等教育出版社	五版	邱关源	869	35			c3
11	c1	7-03-012346-8	化工原理（上）	科学出版社	一版	何潮洪 冯霄	767	38			c4
12	c1	7-300-05679-2	管理学（第七版中文）	中国人民大学出版社	一版	斯蒂芬.P. 罗宾	585	55			

图 12-66　教材订购情况表

（1）将 Sheet5 的 A1 单元格设置为只能录入 5 位数字或文本。当录入位数错误时，提示错误原因，样式为"警告"，错误信息为"只能录入 5 位数字或文本"。

（2）在 Sheet5 的 B1 单元格中输入分数 1/3。

（3）使用数组公式计算 Sheet1 中的订购金额，将结果保存到表中的"金额"列。

（4）使用统计函数对 Sheet1 中结果按以下条件进行统计，并将结果保存在 Sheet1 中的相应位置。要求：

1）统计出版社名称为"高等教育出版社"的书的种类数。

2）统计订购数量大于 110 且小于 850 的书的种类数。

（5）使用函数计算每个用户所订购图书所需支付的金额总数，将结果保存在 Sheet1 中的相应位置。

（6）使用函数判断 Sheet2 中的年份是否为闰年，如果是，结果保存"闰年"；如果不是，则结果保存"平年"，并将结果保存在"是否为闰年"列中。

（7）将 Sheet1 复制到 Sheet3 中，并对 Sheet3 进行高级筛选，要求：

1）筛选条件为"订数>=500 且金额总数<=30000"。

2）将结果保存到 Sheet3 中。

（8）根据 Sheet1 中的结果在 Sheet4 中新建一张数据透视表，要求：

1）显示每个客户在每个出版社所订的教材数目。

2）行区域设置为"出版社"。

3）列区域设置为"客户"。

4）计数项为订数。

第四篇　PowerPoint 2010 高级应用

第 13 章　PowerPoint 2010 基本操作

第 14 章　形式多样的幻灯片

第 15 章　演示文稿的动态效果与放映输出

第 13 章　PowerPoint 2010 基本操作

本章学习目标

- 熟练掌握演示文稿的新建、保存、打开与关闭等基本操作。
- 熟练掌握幻灯片的插入、删除、选定、复制、移动等操作。
- 熟练掌握幻灯片版式设计，以及设置主题模板和主题颜色等操作。
- 掌握 PowerPoint 2010 母版的操作。
- 掌握幻灯片中文本的输入以及格式的设置。

基本知识讲解

　　PowerPoint 提供了强大的幻灯片制作功能，可以让用户轻松地制作出各种类型的演示文稿，并通过计算机或者投影仪进行放映。与以前的版本相比较，PowerPoint 2010 在用户界面和命令功能上都有了非常大的飞跃，它更注重与他人共同协作创建、使用演示文稿，切换效果和动画运行起来比以往更为平滑和丰富，同时还有许多新增的 SmartArt 图形版式。

　　PowerPoint 2010 工作界面与 Word、Excel 有很多相似之处，也有自己独特的地方，包括标题栏、快速访问工具栏、功能区和幻灯片/大纲窗格、编辑区、备注栏等，如图 13-1 所示。PowerPoint 窗口较为简单，与 Word 窗口风格一致，许多菜单命令和工具栏按钮的组成与功能都与 Word 类似。

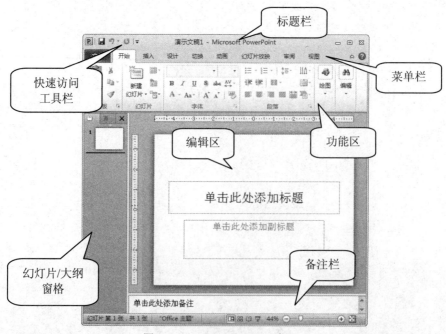

图 13-1　PowerPoint 2010 窗口

1. PowerPoint 视图

在制作演示文稿的不同阶段，PowerPoint 提供了不同的工作环境，称为视图。在 PowerPoint 2010 中，一共有 6 种视图，分别是普通视图、幻灯片浏览视图、幻灯片放映视图、阅读视图、备注页视图和母版视图（包括幻灯片母版、讲义母版和备注母版）。各种视图提供不同的观察侧面和功能，用户可以通过"视图"选项卡，在不同视图中进行切换，从各种角度来管理演示文稿。图 13-1 所示为普通视图下的窗口。

2. 占位符

占位符是幻灯片中的容器，可容纳如文本（包括正文、项目符号列表和标题）、表格、图表、SmartArt 图形、影片、声音、图片及剪贴画等内容。占位符包括标题占位符、内容占位符、幻灯片编号占位符、日期占位符和页脚占位符等，其作用是规划幻灯片结构。占位符用于幻灯片上，表现为一个虚框，虚框内部往往有"单击此处添加标题"之类的提示语，一旦用户输入内容，提示语会自动消失。占位符中的文本会出现在普通视图的大纲窗格中。

3. 幻灯片版式

幻灯片版式是内容在幻灯片上的排列方式，通过幻灯片版式的应用可以对文字、图片等对象进行更加合理的布局。幻灯片版式主要由占位符组成。PowerPoint 2010 中包含十余种内置幻灯片版式，用户也可以创建满足特定需求的自定义版式。幻灯片的主题（颜色、字体、效果和背景）不同，相同版式的显示效果也会不同。

4. 主题

使用 PowerPoint 2010 创建演示文稿时，可以通过使用主题来快速地美化和统一每一张幻灯片的风格。如果对主题效果的某一部分元素不够满意，可以通过颜色、字体或者效果进行修改。若对自己修改的主题效果满意的话，还可以将其保存下来，供以后使用。

5. 幻灯片母版

幻灯片母版用于设置幻灯片的样式，它存储有关演示文稿的主题和幻灯片版式的所有信息，包括背景、颜色、字体、效果、占位符大小和位置等。使用幻灯片母版的主要优点是可以对演示文稿中的每张幻灯片进行统一的样式更改，包括对以后添加到演示文稿中幻灯片的样式更改。当演示文稿包括大量幻灯片时，幻灯片母版优势尤为明显。用户可以通过"视图"选项卡切换到"幻灯片母版"视图，对母版进行设置。

13.1　创建"项目报告"演示文稿

在完成一个项目的初期、中期和结束，都需要做相关的项目状态报告。在作报告的同时，利用演示文稿来展示项目的工作安排、进展情况、成果等内容尤为方便。本节利用模板创建一个"项目报告"演示文稿，并对其进行修改。最终效果如图 13-2 所示。

13.1.1　利用样本模板创建演示文稿

在启动 PowerPoint 2010 后，会自动新建一个包含一张空白标题幻灯片的演示文稿，可以对其进行编辑，添加所需内容。当需要另外创建新的演示文稿时，可以新建空白演示文稿或新建基于模板的演示文稿。下面利用模板创建一个演示文稿，其操作步骤如下：

（1）在"文件"选项卡中选择"新建"命令，显示如图 13-3 所示的界面。在"可用的模板和主题"栏中，单击"样本模板"按钮，显示如图 13-4 所示的界面。

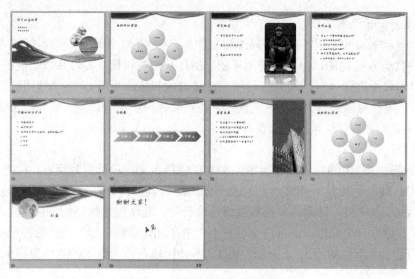

图 13-2 "项目报告"最终效果

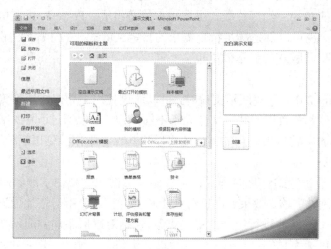

图 13-3 新建演示文稿

图 13-4 利用模板创建演示文稿

（2）在陈列的样本模板中，选择"项目状态报告"模板，此时右侧显示该模板预览。单击预览下面的"创建"按钮来创建一个新的演示文稿，如图 13-5 所示。该演示文稿包含 11 张幻灯片。

图 13-5　利用"项目状态报告"模板创建的演示文稿

提示：除了利用样本模板外，还可以根据"主题"、"根据现有内容新建"等方法来创建演示文稿。

13.1.2　保存、关闭与打开演示文稿

PowerPoint 保存、关闭与打开的操作与 Word 和 Excel 对文档的操作相类似。

（1）保存：通过"文件"选项卡中的"保存"命令或单击"快速访问工具栏"中的"保存"按钮，都可以将当前演示文稿进行保存。若第一次保存演示文稿，需要设置文件名，选择路径和文件类型（默认扩展名为*.pptx）。可以用此方法将已创建的演示文稿保存到相应的目录中，并取名为"项目报告"，文件类型默认。

提示：对于已经保存过的演示文稿，"保存"操作是把新的更新保存到原来的文件中。在制作演示文稿的过程中，应注意随时保存。关于文件的随时保存问题，本章下面的内容中，不再重复提醒。

（2）关闭：选择"文件"选项卡中的"退出"命令或单击窗口的"关闭"按钮，都可以关闭当前演示文稿窗口。若当前演示文稿尚未保存，则会给出相应提示，由用户选择是否保存，或者取消关闭的操作。

（3）打开：双击演示文稿对应的文件可以将其打开。若已经打开 PowerPoint 2010 应用软件，则可以通过"文件"选项卡中的"打开"命令，选择对应的文件来打开演示文稿。

13.1.3　幻灯片的基本操作

一个演示文稿一般由若干张幻灯片组成，可以对幻灯片进行选择、删除、新建、移动、复制等操作。打开已创建的"项目报告"演示文稿。在普通视图的幻灯片窗格或者幻灯片浏览视图中，可以方便地查看该演示文稿的所有幻灯片或单击选择某张幻灯片。右击幻灯片窗格中的幻灯片，通过快捷菜单是的命令可以对幻灯片进行基本的操作（用户也可以在"开始"选项卡的"剪贴板"工具组中，通过相关的按钮完成类似的操作）。

（1）删除：演示文稿的第 5、6、7 张幻灯片都是日程表，最后两张都是附录。现要将第 5 张、第 7 张和最后一张幻灯片删除。具体操作步骤如下：

1）选择不连续的两张幻灯片。在普通视图的幻灯片窗格中，单击选择第 5 张幻灯片。然后按住 Ctrl 键的同时选择第 7 张幻灯片。

提示：此处选择不连续的幻灯片，需要配合 Ctrl 键。若是选择连续多张幻灯片，可以单击第一张幻灯片，然后按住 Shift 键的同时选择最后一张幻灯片。

2）在选中的幻灯片上右击，如图 13-6 所示，在弹出的快捷菜单中选择"删除幻灯片"。

3）选择最后一张幻灯片，按 Delete 键对其进行删除。

（2）复制和移动：复制一张幻灯片，并将它移动到指定的位置。具体操作步骤如下：

1）在幻灯片窗格中，在当前第 7 张幻灯片（"依赖项和资源"幻灯片）上右击，在弹出的快捷菜单中选择"复制幻灯片"，此时显示两张连续的重复幻灯片，如图 13-7 所示。

2）用鼠标将新产生的幻灯片拖动到第 2 张幻灯片之前，使之成为第 2 张幻灯片，如图 13-8 所示。该操作若在幻灯片浏览视图中完成更加方便。

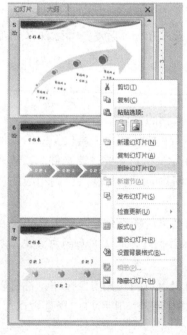

图 13-6　删除幻灯片

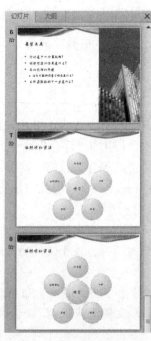

图 13-7　复制幻灯片

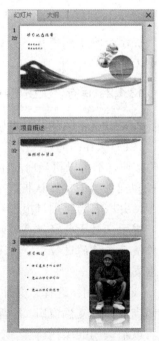

图 13-8　移动幻灯片

提示：也可以通过"复制→粘贴"、"剪切→粘贴"等操作来实现幻灯片的复制和移动。

（3）新建：选择适当的幻灯片版式，在最后新建一张幻灯片。具体操作步骤如下：

1）幻灯片窗格中，将光标定位于最后一张幻灯片之后。在"开始"选项卡的"幻灯片"工具组中，单击"新建幻灯片"按钮的下半部分。弹出如图 13-9 所示的列表。

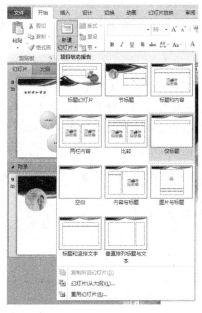

图 13-9　选择幻灯片版式

提示：若单击"新建幻灯片"按钮的上半部分，将根据幻灯片的位置，选择一种默认的版式来新建幻灯片。

2）在其中选择"仅标题"版式，如图 13-10 所示，新建了一张幻灯片。

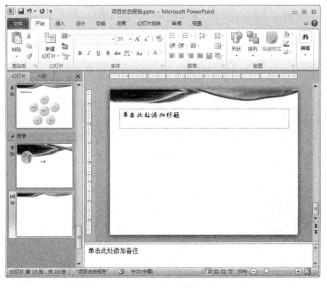

图 13-10　新建幻灯片

提示：新建幻灯片后，可以在"开始"选项卡的"幻灯片"工具组中，通过"版式"按钮查看或修改幻灯片版式。

13.1.4　幻灯片中文本的输入

　　幻灯片内部不能随意输入文本，文本内容必须输入特定的占位符中。如前面新建的幻灯片中，只可以在"单击此处添加标题"占位符中输入文本内容。若要在幻灯片其他部分添加文本，必须插入文本框等对象后才能进行文本输入。具体操作步骤如下：

　　（1）单击"标题"占位符，输入文本"谢谢大家！"。

　　（2）在"插入"选项卡的"文本"工具组中，单击"文本框"按钮。此时，光标变成十字形。在幻灯片空白处拖动鼠标，插入一个文本框。

　　（3）在文本框中输入"再见"如图 13-11 所示。文本框四周 8 个白色控制点可以改变文本框的大小，上部有一个绿色圆形的旋转工具，用鼠标拖动该旋转工具可以调整文本框的角度。保存后退出。

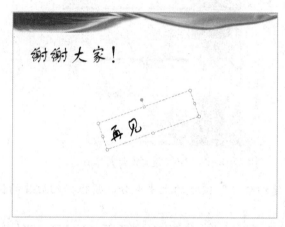

图 13-11　输入文本

　　提示：幻灯片中插入的对象，若有控制点和旋转工具，都可以进行类似的大小调节和角度设置。

13.2　编辑"电子通知"演示文稿

　　通知一般使用的是 Word 文档的形式，方便排版和打印。若只需发送电子版通知，也可使用 PowerPoint 来制作，使其更加美观，按内容分页，条理清晰。打开素材中的文件"电子通知.pptx"。对其进行编辑，最终效果如图 13-12 所示。

图 13-12　"电子通知"最终效果

13.2.1　设计演示文稿主题风格

一般来说，同一个演示文稿中的幻灯片都保持相对一致的风格。这就需要为演示文稿确定一个主题。打开素材后，查看到该演示文稿包含 3 张幻灯片。具体操作步骤如下：

（1）选择主题模板。选择"设计"选项卡，在"主题"工具组中，将鼠标移动到某个主题模板上，可以在当前幻灯片上看到该主题的预览效果，便于用户选择。单击主题模板右下侧的"其他"下三角按钮，可以展开所有可用的主题模板，如图 13-13 所示。在此，选择"奥斯汀"主题模板。

图 13-13　选择主题模板

提示：同一个演示文稿内部也可以设置不同的主题模板，选择指定的多张幻灯片进行设置即可。也可以通过右击主题模板，查看该主题的其他应用方式。

（2）自定义主题颜色。在"设计"选项卡的"主题"工具组中，单击"颜色"按钮。展开如图 13-14 所示的内置主题颜色，可供选择。将鼠标移动到某个主题颜色上，可以在当前幻灯片上看到该主题的预览效果。选择"新建主题颜色"，弹出如图 13-15 所示的对话框。

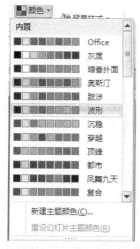

图 13-14　主题颜色

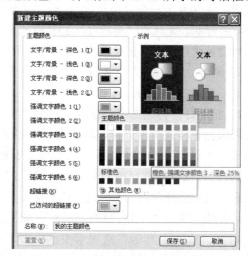

图 13-15　"新建主题颜色"对话框

（3）单击"强调颜色文字 1"右侧的颜色按钮，将其修改为"橙色，强调文字颜色 3，深色 25%"。将主题颜色名称设置成"我的主题颜色"。单击"保存"按钮，观察幻灯片的变化。

提示 1：主题颜色包含幻灯片涉及的所有颜色，如文字、背景，以及超链接的颜色等。

提示 2：同理可以更改主题的字体和效果，以及修改背景样式。

13.2.2　利用母版进行布局

利用母版可以从整体上对演示文稿进行布局和调整，对每张幻灯片进行统一的样式更改。具体操作步骤如下：

（1）选择"视图"选项卡，在"母版视图"工具组中单击"幻灯片母版"按钮。即可显示幻灯片母版视图，同时出现"幻灯片母版"选项卡，如图 13-16 所示。

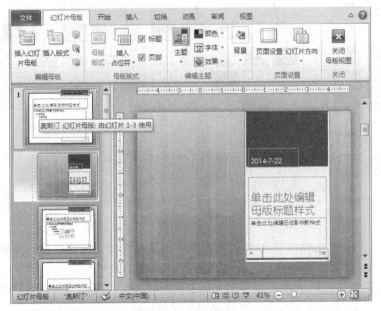

图 13-16　幻灯片母版视图

提示：左侧显示一个带编号 1 的幻灯片母版，以及其下多张较小的幻灯片，对应各个版式的幻灯片母版，是代表"奥斯汀"主题的一套母版。鼠标移动到母版上可以显示当前母版由那几张幻灯片使用。可以发现："标题幻灯片"版式由幻灯片 1 使用，"标题和内容"版式由幻灯片 2、3 使用，"节标题"版式以及其后的所有版式任何幻灯片都不使用。若演示文稿使用了多个主题，则会有多套幻灯片母版。

（2）将幻灯片标题加粗。选择左侧的"奥斯汀"幻灯片母版，然后在右侧选择"单击此处编辑母版标题样式"占位符，将其文字内容加粗，如图 13-17 所示。

提示：加粗的操作也可以通过"开始"选项卡或快捷菜单完成。

（3）也可以单独设置和某个版式对应的幻灯片母版，如在第 2、3 幻灯片对应的母版中添加联系方式。选择左侧的"标题和内容版式"幻灯片母版，在右侧幻灯片的左下角插入一个文本框，并添加文字"电话：12345678"，如图 13-18 所示。

（4）在"幻灯片母版"选项卡中，单击"关闭母版视图"按钮，回到默认的普通视图。可以看到，所有幻灯片的标题都加粗了，而电话号码只出现在第 2、3 两张幻灯片中。

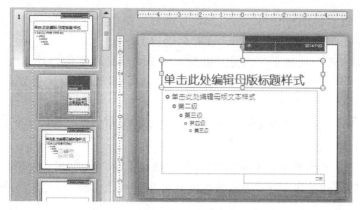

图 13-17　幻灯片母版

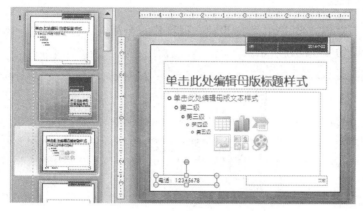

图 13-18　"标题和内容"版式幻灯片母版

13.2.3　设置幻灯片文本格式

整体布局完成后，可以对各个幻灯片进行一些格式细节的修改。具体操作步骤如下：

（1）选择第 1 张幻灯片，在"开始"选项卡的"段落"工具组中，将副标题"校美术社团"，设置为右对齐。

（2）选择第 2 张幻灯片，在"开始"选项卡的"段落"工具组中，取消通知具体内容的项目符号；在"字体"工具组中，将其格式设置为斜体，字号 28。

提示：幻灯片内部字体和段落格式的设置与 Word 操作基本类似。

13.2.4　设置幻灯片页眉页脚

也可以对幻灯片进行页眉页脚设置，使其内容更加丰富。具体操作步骤如下：

（1）在"插入"选项卡的"文本"工具组中单击"页眉和页脚"按钮，弹出如图 13-19 所示的对话框。

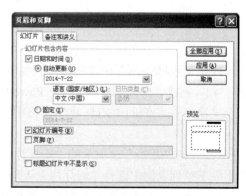

图 13-19　"页眉和页脚"对话框

（2）在此，将"日期和时间"与"幻灯片编号"两个复选框进行勾选。日期和时间选择"自动更新"。单击"全部应用"按钮，保存后退出。

提示："全部应用"按钮会将设置应用到该演示文稿的所有幻灯片，"应用"按钮只将设置应用到所选幻灯片。

13.3　综合实践——制作"课程简介"演示文稿

学生在选课时，先要通过课程简介对该课程进行了解。利用演示文稿制作的课程简介，幻灯片分页显示的方式简单明了，可以快速地让师生了解该课程的主要内容和特点，方便进行课程选择。

13.3.1　学习任务

创建一个演示文稿，为《VB 程序设计》课程作一个简介，包括课程基本情况和课程主要内容等。最终效果如图 13-20 所示。

图 13-20　"课程简介"最终效果

13.3.2　知识点（目标）

（1）创建演示文稿，添加已知内容。
（2）幻灯片内部文本的格式设置。
（3）应用主题模板。
（4）设置页眉和页脚。

13.3.3　操作思路及实施步骤

创建一个演示文稿，将素材内容添加进去，再对其进行格式美化。课程的有关内容都在"课程简介素材.docx"中。实施步骤如下：

（1）新建一个演示文稿。打开 PowerPoint 2010 自动创建一个包含一张空白标题幻灯片的演示文稿。在左侧的"幻灯片"窗格中将该幻灯片删除。保存演示文稿文件名为"课程简介.pptx"。

（2）在"开始"选项卡的"幻灯片"工具组中单击"新建幻灯片"按钮的下半部分。在弹出的下拉列表框中选择"幻灯片（从大纲）"，在弹出的对话框中选择素材中的文件"课程简介素材.docx"。单击"插入"按钮，根据素材内容及格式，在演示文稿中插入了三张幻灯片。

（3）选择第 1 张幻灯片，单击"开始"选项卡的"幻灯片"工具组的"版式"按钮，将其版式改为"标题幻灯片"。

（4）选中所有幻灯片，在"开始"选项卡的"幻灯片"工具组中单击"重设"按钮。将幻灯片中占位符的位置、大小、格式设为默认值。

（5）选择"设计"选项卡，应用"暗香扑面"主题模板。

（6）选择第 1 张幻灯片，在副标题中输入"课程简介"。

（7）选择"插入"选项卡，单击"页眉和页脚"命令。选择在幻灯片中插入日期和时间，以及幻灯片编号。要求：日期和时间自动更新，标题幻灯片中不显示页眉和页脚。保存后退出。

13.3.4　任务总结

本任务制作的演示文稿是根据素材导入内容的，要注意素材中内容的大纲级别。制作演示文稿的过程，一般来说，是先指定整个演示文稿的内容提纲，然后确定其风格，包括主题模板、主题颜色等。再对内容进行添加和修改，最后对幻灯片的格式进行微调。

本章主要介绍 PowerPoint 2010 的基本操作，包括演示文稿的新建、保存、打开与关闭，幻灯片的插入、删除、选定、复制、移动，幻灯片版式的设计，幻灯片主题的设置，母版的操作，幻灯片中文本的输入，格式的设置等知识。对于本章的基本操作应熟练掌握。

问：能否直接在幻灯片上输入文字？

答：不能。文字需输入到已有的占位符中，也可以先在幻灯片中插入文本框或可编辑文字的图形，再将文字输入到文本框或图形中。

问：一个演示文稿中可否包含不同的主题？

答：可以。注意在应用设计主题时，选择相应的幻灯片，右击主题模板，应用于选定幻灯片即可。

问：在幻灯片母版视图中，为什么幻灯片母版会有很多张？

答：除了幻灯片母版本身外，其下还有与其关联的多个幻灯片版式，可称为一套母版。若演示文稿包含多种主题模板，每个主题都有一套母版。

习题十三

一、判断题

1. 对幻灯片母版进行设置，可以对整个演示文稿起到统一风格的作用。　　　　　　（　　）

2. 在幻灯片中插入超链接，其超链接文字颜色是不能修改的。　　　　　　　　　（　　）

3. 在一个演示文稿中，可以设置某个幻灯片背景的图案与其他不同。　　　　　　（　　）

二、选择题

1．通过（　　）可以改变演示文稿的外观。

    A．设置主题　　　　　　　　　　　B．修改母版

    C．设置背景样式　　　　　　　　　D．以上三个都正确

2．幻灯片中占位符的作用是（　　）。

    A．表示文本长度　　　　　　　　　B．限制插入对象的数量

    C．表示图形大小　　　　　　　　　D．为文本、图形预留位置

3．在（　　）中，可以使用拖动幻灯片的方法来改变其顺序。

    A．幻灯片视图　　　　　　　　　　B．备注页视图

    C．幻灯片浏览视图　　　　　　　　D．幻灯片放映

三、操作题

1．利用"宣传手册"样本模板创建一个演示文稿。在首张标题幻灯片的副标题中添加姓名和电话作为作者信息，并将所有幻灯片的背景样式改为"样式 9"。保存并关闭。

2．新建一个演示文稿。在默认包含的标题幻灯片中输入标题"自我介绍"，副标题为自己姓名。应用"图钉"主题模板，新建两张幻灯片，其版式分别为"标题和内容"、"空白"。在第 2 张幻灯片中输入自我介绍的具体内容。在第 3 张幻灯片中插入一个文本框，输入文字"谢谢大家"，并设置字体。最终效果如图 13-21 所示，保存并关闭。

图 13-21　"自我介绍"最终效果

3．制作一张迎新晚会的请帖。设置被邀请人，说明晚会名称、时间地点，以及发起人等。具体内容自定。

第 14 章　形式多样的幻灯片

- 熟练掌握在幻灯片中插入图片、剪贴画、组织结构图、图表、表格等操作。
- 熟练掌握在幻灯片中插入音频、视频等操作。
- 掌握在幻灯片中嵌入对象的操作。

基本知识讲解

将各种元素（包括图片、图形、图表、表格、音频、视频及嵌入对象）和文字配合在一起，不但可以正确表示演示文稿的内容，而且可以大大增强其渲染能力，增强演示效果。

1. 嵌入对象

嵌入对象是包含在源文件中并且插入目标文件中的信息（对象）。一旦嵌入，该对象就成为目标文件的一部分。对嵌入对象所做的更改反映在目标文件中。对象被嵌入后，即使更改了源文件，目标文件中的信息也不会改变。

2. SmartArt 图形

SmartArt 图形是信息和观点的视觉表示形式。可以从多种不同布局中进行选择来创建 SmartArt 图形，从而快速、轻松、有效地传达信息。

14.1　编辑"公司会议"演示文稿

公司在召开会议时，会议主持人员的讲述可以配合演示文稿开展。幻灯片中的图片、表格、组织结构、图表等各种形式的内容，使得其阐述更加清晰明了、形象生动。打开素材中的文件"公司会议.pptx"。对其进行编辑，最终效果如图 14-1 所示。

图 14-1　"公司会议"最终效果

14.1.1　插入图片和剪贴画

在幻灯片的适当位置插入图片和剪贴画，可以使得画面更加美观，效果更加突出。下面的步骤中，插入一张公司新址的图片，然后利用母版给多张幻灯片插入同一张剪贴画。

（1）选择第 3 张幻灯片"公司新址"，该幻灯片的版式是"标题和内容"，其内容部分还没有输入。如图 14-2 所示，幻灯片内容的中心部分有六个按钮，分别用于插入表格、图表、SmartArt 图形、来自文件的图片、剪贴画，以及媒体剪辑。单击"插入来自文件的图片"按钮，选择素材中的"公司会议.jpg"文件，将图片插入到幻灯片中。

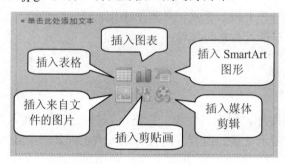

图 14-2　插入各种对象

提示 1：只要幻灯片版式中包含"内容"部分，并且尚未输入内容，就会有上述 6 个按钮，方便用户快速插入各种对象。

提示 2：若幻灯片对应的版式中没有上述 6 个按钮，可以在"插入"选项卡中完成相应的操作。

（2）选择"视图"选项卡，单击"幻灯片母版"按钮，显示幻灯片母版视图。选择左侧最顶上的幻灯片母版。在"插入"选择卡的"图像"工具组中单击"剪贴画"按钮，右侧显示"剪贴画"窗格。

（3）单击"搜索"按钮，即可看到大量剪贴画，如图 14-3 所示。此处，我们先输入搜索文字"树"，再进行搜索。选择"Tree，树木"剪贴画，将其插入到幻灯片母版中，调节占位符和剪贴画到如图 14-4 所示的位置。观察左侧各种幻灯片版式的母版，可以发现有大部分母版都自动带添加这个剪贴画。

图 14-3　"剪贴画"窗格

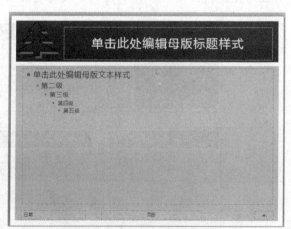

图 14-4　幻灯片母版

提示：搜索时，如不勾选"包括 Office.com 内容"复选框，则只能搜索到本地剪贴画。

（4）在"幻灯片母版"选项卡中关闭母版视图。除标题幻灯片外，其他幻灯片都添加了"树"剪贴画。

14.1.2　插入组织结构图

一个企业要想有好的发展，就必须有健全畅通的组织结构。SmartArt 图形工具是制作组织结构图的最好工具。具体操作步骤如下：

（1）选择第 4 张幻灯片"组织概述"，参看图 14-2，选择"插入 SmartArt 图形"命令。弹出"选择 SmartArt 图形"对话框，如图 14-5 所示。

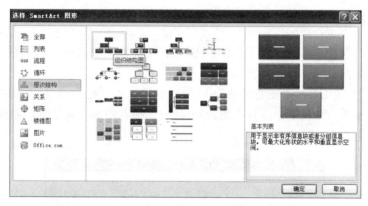

图 14-5　"选择 SmartArt 图形"对话框

（2）选择"层次结构"分类中的"组织结构图"，单击"确定"按钮，在幻灯片中插入图形。如图 14-6 所示，可以直接在图形中输入文字，也可以在左侧显示的对话框中完成输入。

（3）主任还管理一位实习生，需修改图形。如图 14-7 所示，右击"主任"图形，在弹出的快捷菜单中选择"添加形状"→"在下方添加形状"命令。输入相应的文本后，最终组织结构图如图 14-8 所示。

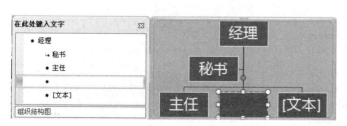

图 14-6　输入组织结构图内容　　　　　　　　图 14-7　添加形状

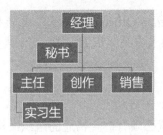

图 14-8　组织结构图

提示：若要添加类似"秘书"位置的图形，则要在快捷菜单中选择"添加形状"→"添加助理"命令。

14.1.3　插入图表和表格

利用柱形图、饼图、曲线图等图表，可以更加直观地反映数据。当数据量比较大时，可使用表格来展示数据。具体操作步骤如下：

（1）选择第 5 张幻灯片"重要开销"，在空白处插入关于近两季度开销的柱状图。在"插入"选项卡的"插图"工具组中选择"图表"。弹出"插入图表"对话框，如图 14-9 所示。此时，出现"图表工具"选项卡。

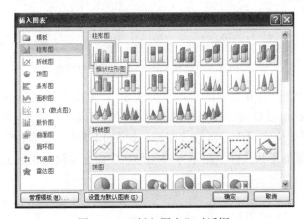

图 14-9　"插入图表"对话框

（2）选择"柱形图"分类中的"簇状柱形图"，单击"确定"按钮，插入图表。此时弹出 Excel 窗口，其中包含图表的默认数据。

（3）将 Excel 数据修改为如图 14-10 所示的内容，注意保持蓝色框刚好包含内容区域。关闭 Excel 窗口，并参照图 14-11 调整图表的位置和大小。

	A	B	C	D
1		上季度	本季度	
2	研究与开发	500	400	
3	销售与市场	600	600	
4	日常管理	100	500	
5	员工福利	200	300	
6				

图 14-10　图表数据

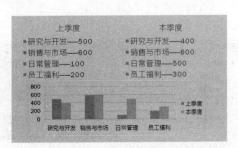

图 14-11　插入图表效果

（4）选择第 6 张幻灯片"职员考勤"，在"插入"选项卡中单击"表格"按钮。插入一个 6 行 5 列的表格。此时出现"表格工具"选项卡，可对表格进行修改。在表格中输入如图 14-12 所示的内容，保存后退出。

	到岗	病假	事假	旷工
小白	80			
小绿	70	9	1	
小黑	75			5
小红	80			
小黄	50	30		

图 14-12　输入表格内容

14.2　制作"生日贺卡"演示文稿

"生日贺卡"演示文稿最终效果如图 14-13 所示。

图 14-13　"生日贺卡"最终效果

14.2.1　插入 gif 文件和艺术字

gif 动态文件因其体积小而成像相对清晰，广泛应用于网络中。在幻灯片中插入 gif 文件可以方便显示动态效果。而艺术字则是从文本入手，达到美化幻灯片的效果。具体操作步骤如下：

（1）打开 PowerPoint 2010，自动创建一个包含一张空白标题幻灯片的演示文稿。保存演示文稿并命名为"生日贺卡.pptx"。

（2）单击"开始"选项卡的"幻灯片"工具组中的"版式"按钮，将幻灯片的版式改为"空白"。在"设计"选项卡的"主题"工具组中，将演示文稿的主题模板设为"凸显"。

（3）在"插入"选项卡的"图像"工具组中单击"图片"按钮。将素材中的图片文件"生日贺卡.gif"插入到幻灯片中，并调整到右上方位置。

（4）在"插入"选项卡的"文本"工具组中单击"艺术字"按钮。在弹出的下拉列表框中选择"填充-橙色，强调文字颜色 1，塑料棱台，映像"，如图 14-14 所示。输入文字"生日快乐"，并调整到左上方位置。

提示：放映时，可看到 gif 动态效果。单击状态栏中的"幻灯片放映"按钮（位置参看图 14-15），可以切换到幻灯片放映视图。

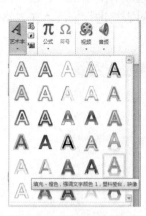

图 14-14　选择艺术字类型

图 14-15　艺术字和 gif 图片

14.2.2　插入声音和视频

在幻灯片中插入声音后，可以将贺卡升级为音乐贺卡。而比 gif 文件更复杂的动画文件以及拍摄的视频也可以插入到幻灯片中。具体操作步骤如下：

（1）在"插入"选项卡的"媒体"工具组中单击"音频"按钮的下半部分，弹出如图 14-16 所示的菜单，根据自己的需要进行选择。在此，选择"剪贴画音频"。

提示：若单击"音频"按钮的上半部分，默认选择插入"文件中的音频"。

（2）与插入剪贴画的操作类似，选择"柔和乐"。如图 14-17 所示，在幻灯片中插入了音频。

图 14-16　插入音频

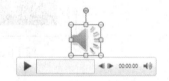

图 14-17　插入的音频

（3）单击喇叭图案，选择该音频，"音频工具"选项卡出现。在"播放"标签中的"音频选项"工具组中作如下设置：开始选择"自动"；勾选"循环播放，直到停止"和"放映时隐藏"复选框，如图 14-18 所示。放映演示文稿，查看效果。

（4）在"插入"选项卡的"媒体"工具组中单击"视频"按钮的下半部分，弹出如图 14-19 所示的菜单，选择"文件中的视频"命令。在素材中选择"生日贺卡.wmv"文件，将其插入到幻灯片中。

图 14-18　音频选项

图 14-19　插入视频

提示： PowerPoint 2010 支持多种视频文件，也包括 Flash 文件。

（5）放映演示文稿，单击视频开始播放。发现音频和视频的声音重叠了。在此，选中视频对象，按 Delete 键将其删除。

14.2.3　插入嵌入对象

在幻灯片中，也可以插入公式、其他 Office 文档、写字板文档等嵌入对象，丰富幻灯片内容。下面的步骤中，在幻灯片内部插入另一个演示文稿。

（1）在"插入"选项卡的"文本"工具组中单击"对象"按钮，弹出如图 14-20 所示的"插入对象"对话框。选择新建一个对象，类型为"Microsoft PowerPoint 演示文稿"，单击"确定"按钮，在幻灯片中插入一个嵌入的演示文稿。此时为嵌入对象的编辑状态，可以在嵌入演示文稿中添加需要的内容。

图 14-20　"插入对象"对话框

（2）单击"插入"选项卡的"视频"按钮，将素材中的"生日贺卡.wmv"文件插入到嵌入的演示文稿中，如图 14-21 所示。调节视频大小和位置，并设置自动播放后，单击嵌入对象以外的位置，退出嵌入对象的编辑状态。

图 14-21　嵌入对象

提示： 若还未完成操作，就退出了嵌入对象的编辑状态。通过双击嵌入对象，可以再次进入编辑状态。

（3）如图 14-22 所示，将嵌入对象移动到幻灯片左下方位置，在右侧插入一个文本框并输入祝福的语句，注意每个段落的对齐方式。"生日贺卡"完成。

图 14-22　输入祝福语句

（4）放映"生日贺卡"演示文稿，查看效果。单击嵌入对象，全屏后单击视频，开始播放视频。单击空白处，回到"生日贺卡"。保存后退出。

14.3　综合实践——制作"活动汇报"演示文稿

无论是在学校还是在社会中，我们都会参与甚至主持各类活动。当活动结束后，需要作一个活动的开展情况汇报。有利于我们回顾活动内容，总结工作经验。

14.3.1　学习任务

创建一个演示文稿，对"校园新闻网"的宣传活动进行汇报。活动资料见素材"活动汇报素材.docx"。最终效果如图 14-23 所示。

图 14-23　"活动汇报"最终效果

14.3.2　知识点（目标）

（1）选择版式创建幻灯片。
（2）在幻灯片中插入图片。
（3）在幻灯片中插入视频。
（4）在幻灯片中插入嵌入对象，并对嵌入对象进行编辑。

14.3.3　操作思路及实施步骤

创建一个演示文稿，输入内容，添加各种对象，并进行必要的格式美化。具体实施步骤如下：

（1）新建一个演示文稿。打开 PowerPoint 2010，自动创建一个包含一张空白标题幻灯片的演示文稿。保存演示文稿并命为"活动汇报.pptx"。

（2）在标题和副标题处分别输入"《校园新闻网》宣传"和"活动汇报"。在"设计"选项卡的"背景"工具组的"背景样式"中，选择"样式 7"。

（3）新建一张"标题和内容"版式的幻灯片，标题为"汇报内容"，将文件"活动汇报素材.docx"中的相应文本复制到幻灯片中。

（4）再新建一张"标题和内容"版式的幻灯片，标题为"网站截图展示"，并将素材中"活动汇报 0.jpg"插入到幻灯片中。

（5）新建一张"仅标题"版式的幻灯片，标题为"活动期间图片集合"。在标题下方插入四个嵌入对象，对象类型都为"Microsoft PowerPoint 演示文稿"。分别将素材中的"活动汇报 1.jpg"、"活动汇报 2.jpg"、"活动汇报 3.jpg"、"活动汇报 4.jpg"四张图片插入到四个嵌入演示文稿中。

提示：放映时，单击任意一张图片可以全屏观看。

（6）新建一张"内容与标题"版式的幻灯片，标题为"近期新闻视频"，并将文件"活动汇报素材.docx"中的相应文本复制到幻灯片左侧，在右侧插入视频文件"活动汇报.wmv"。

（7）新建一张"空白"版式的幻灯片。插入艺术字，选择"填充-白色，投影"样式，输入两行文字"汇报完毕"、"谢谢大家"。

（8）放映幻灯片，查看效果，保存后退出。

14.3.4　任务总结

本任务制作的演示文稿根据不同内容和形式，选择新建了各种版式的幻灯片。插入的对象包括图片、视频、嵌入对象等。本案例中插入的嵌入对象是嵌入演示文稿，它作为一个独立对象，也可以进行编辑操作，如输入文本、插入对象、新建幻灯片等。

本章主要介绍在 PowerPoint 2010 的幻灯片中插入各种对象的操作，包括插入图片、剪贴画、组织结构图、图表、表格的操作，以及插入音频、视频和嵌入对象的操作等。对于本章的操作，应熟练掌握。

疑难解析（问与答）

问：在幻灯片中插入的图表，其对应的数据是随机的吗？

答：不是。插入图表后，会弹出 Excel 表格，其中可以调整图表的数据内容。在已存在的图表上右击，选择"编辑数据"命令也可以把对应的 Excel 数据表格显示出来。

问：在幻灯片中插入的嵌入对象一定是新建的内容吗？

答：不是，可以把已经存在的文件创建一个对象，作为嵌入对象插入到幻灯片中。

 习题十四

一、判断题

1. 在幻灯片中，剪贴画有静态和动态两种。　　　　　　　　　　　　　　　　（　　）

2. 在 PowerPoint 中，旋转工具可以旋转图形对象，但不能旋转文本对象。　（　　）

3. 可以在幻灯片母版中插入图片，使得演示文稿风格统一。　　　　　　　　（　　）

二、选择题

1. 下列选项中，（　　）可以被插入到幻灯片中。

　　A. 图片　　　　　　　　B. 视频　　　　　　C. Word 文档　　　　　　D. 以上都可以

2. 下列说法正确的是（　　）。

　　A. 无需占位符就可以在幻灯片中插入图片

　　B. 即使在幻灯片中插入 gif 动画图片，在放映时也是静止的图片

　　C. 在幻灯片中插入音频，只有在本张幻灯片放映时才可以有播放效果

　　D. 不能在幻灯片中直接插入表格，必须插入一个"Excel 表格"嵌入对象

三、操作题

1. 修改 13 章操作题 2 中的"自我介绍"演示文稿。插入幻灯片，添加照片、履历表等内容，使得自我介绍进一步完整。

2. 制作一个"本月账单"演示文稿。要求有三张幻灯片：第 1 张幻灯片为标题；第 2 张幻灯片使用表格列出本月的各项支出（包括餐费、购买学习资料费、生活用品费等）；第 3 张幻灯片使用饼图展示各类支出的比例。

3. 制作视频音乐集锦。要求有三张幻灯片：第 1 张幻灯片为标题；第 2 张幻灯片放置四个视频，要求单击某个视频可以放大播放；第 3 张幻灯片放置多个音乐，由用户选择播放。

第 15 章　演示文稿的动态效果与放映输出

本章学习目标

- 熟练掌握在幻灯片中添加动画效果的方法。
- 熟练掌握如何设置交互式效果。
- 熟练掌握演示文稿的放映方法。
- 掌握演示文稿的输出方法。

基本知识讲解

在演示文稿的设计中，动态效果有极其重要的地位，好的动态效果可以明确主题、渲染气氛，产生特殊的视觉效果。PowerPoint 2010 中的动态效果主要包括：动画效果、幻灯片切换、幻灯片的链接等。再配以合理的放映输出设置，可以达到预期的要求。

1. 动画效果

PowerPoint 2010 中，可以为幻灯片内部的各个元素（文本、图形、声音、图像和其他对象）设置动画效果。动画类型分为进入、强调、退出、动作路径 4 类，同时可以配以速度、声音，以及触发器的设置。

2. 动画刷

PowerPoint 2010 中新增一个"动画刷"工具，功能类似于格式刷，但是动画刷主要用于动画格式的复制应用，可以利用它快速设置动画效果。大大简化了为对象（图像、文字等）设置相同的动画效果/动作方式的工作。

3. 幻灯片的链接

幻灯片的链接就是根据需要确定好幻灯片的放映次序、动作的跳转等。可以建立一些动作按钮，如"上一步""下一步""帮助""播放声音"和"播放影片"等文字按钮或图形按钮。放映时单击这些按钮，就能跳转到其他幻灯片或激活另一个程序、播放声音、播放影片、实现选择题的反馈、打开网络资源等，实现交互功能。

4. 幻灯片切换

幻灯片切换效果是在幻灯片放映时从一张幻灯片移到下一张幻灯片时出现的类似动画的效果。可以控制每张幻灯片切换效果的速度，也可以添加声音。

15.1　制作"学唐诗"演示文稿

随着电子设备的普及，利用其声音、画面、交互等特点进行儿童教育也越来越流行。打开素材中的文件"学唐诗.pptx"。对其进行编辑，最终效果如图 15-1 所示。

图 15-1 "学唐诗"最终效果

15.1.1 设置对象动画效果

具体操作步骤如下：

（1）选择第 2 张没有文字的幻灯片。插入 4 个文本框分别输入四句诗。设置字体为隶书，字号 44。

（2）选中"鹅鹅鹅"文本框，选择"动画"选项卡，在"动画"工具组中，将鼠标移动到某个动画效果上，可以在幻灯片上看到该动画的预览效果，便于用户选择。在此，选择"擦除"动画效果。

（3）如图 15-2 所示，在"动画"选项卡中，单击"效果选项"按钮，将方向改为"自左侧"。在"计时"工具组中，将持续时间改为 4 秒。

提示：时间的单位为秒。

（4）保持"鹅鹅鹅"文本框的选中状态。在"动画"选项卡的"高级动画"工具组中双击"动画刷"按钮。当鼠标带有"刷子"时，分别选择其余三句诗句，将同一个动画效果应用到这三个文本框上。此时，带动画效果的对象自动带有先后次序的编号，如图 15-3 所示。

图 15-2 设置动画效果

图 15-3 动画效果编号

提示：在应用动画效果时，会自动预览该动画，持续若干秒。因此，再次使用动画刷时，需等待一定时间。

（5）放映幻灯片，观察动画效果。单击一次鼠标，出现一句诗句。按 Esc 键回到普通视图。

15.1.2 设置动画效果选项

具体操作步骤如下：

（1）当动画效果较多时，可在"动画"选项卡的"高级动画"工具组中单击"动画窗格"

按钮。在窗口右侧显示如图 15-4 所示的动画窗格。可以看到目前有四个动画效果。选择某一个动画效果，利用下方的上下箭头，可以方便地调整顺序。

提示：各个动画效果右侧的矩形表示时间片的分布。

（2）选择第一个动画效果，按住 Shift 键，再选择最后一个动画效果，则选中所有动画效果（也可使用 Ctrl+A 组合键进行全选）。右击鼠标或单击动画效果右侧的下拉箭头，在弹出的菜单中选择"效果选项"，弹出如图 15-5 所示的"擦除"对话框。

图 15-4　动画窗格

图 15-5　"擦除"对话框

（3）在"效果"选项卡的"增强"栏的"动画播放后"下拉列表框中选择"下次单击后隐藏"；如图 15-6 所示，在"计时"选项卡的"开始"下拉列表框中选择"上一动画之后"。单击"确定"按钮。

提示 1："下次单击后隐藏"表示下一个动画效果开始时，本对象就隐藏。"上一动画之后"表示上一个动画效果结束，本动画效果马上开始。

提示 2：如图 15-6 所示，该对话框还有"正文文本动画"选项卡，用于设置对象是整体展示动画还是分部分展示动画。若对象是图表，则会有一"图表动画"选项卡，可进行类似的设置。

（4）将四句诗句重叠到一起放置在幻灯片的左下方，如图 15-7 所示。放映幻灯片，观察动画效果。

图 15-6　"计时"标签

图 15-7　诗句位置

15.1.3　添加不同类型的动画效果

具体操作步骤如下：

（1）在第 2 张幻灯片中，插入素材中的图片"鹅.gif"，移动到幻灯片左侧位置，位于文字上方。

（2）选中"鹅"图片。在"动画"选项卡的"动画"工具组中，单击右下侧的"其他"

下三角按钮，可以展开所有可用的动画效果。

　　提示：如图 15-8 所示，动画效果分为"进入""强调""退出"和"动作路径"四种类型。其中"进入"是从无到有，"退出"是从有到无，其他两种类型则不会使对象出现或消失。

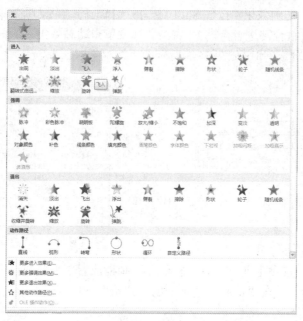

图 15-8　各类动画效果

　　（3）接下来要为"鹅"图片添加四种不同类型的动画效果。首先在"进入"类别中选择"飞入"。此时，动画窗格又增添了一个动画效果。在"动画"选项卡中，单击"效果选项"按钮，将方向改为"自左侧"。

　　（4）接下来为"鹅"图片添加第二个动画效果。保持图片选中状态，在"动画"选项卡的"高级动画"工具组中单击"添加动画"按钮，展开类似图 15-6 的下拉列表框。在"强调"类别中选择"跷跷板"。

　　提示：为同一个对象添加多个动画效果时，不能直接在"动画"选项卡的"动画"工具组中操作，否则会取消原来的动画效果。

　　（5）类似地，为图片添加"动作路径"类别中的"弧形"动画效果，效果选项默认向下。如图 15-9 所示，幻灯片中出现一条路径，绿色为起点，红色为终点。选择图片，为其添加"退出"类别中的"飞出"动画效果，效果选项改为"到右侧"。

图 15-9　动作路径

　　提示：动作路径的起点尽量不要移动，它是图片的原始位置。可以将路径宽度增加些，改变终点位置。

　　（6）放映幻灯片，诗句动画效果结束后，单击鼠标 4 次，观察图片动画效果。按 Esc 键回到普通视图。

15.1.4　合理安排多种动画效果

　　从如图 15-10 所示的动画窗格中可以看到，该幻灯片已包含 8 个动画效果。下面的步骤中，将重新安排各个动画效果的次序和开始方式，使得诗句和"鹅"图片的动画同时进行，图片的四种不同类型的动画效果分别对应四句古诗。具体操作步骤如下：

　　（1）在动画窗格中，选择图片的"飞入"效果，单击窗格下方的向上箭头，将其移动到第 2 个动画效果的位置。在"动画"选项卡的"计时"工具组中，设置其"与上一动画同时"开始，持续时间设为 4 秒，以配合诗句的动画时间。

　　提示：在改变动画效果次序时，可以直接拖动动画效果到指定的位置，来重新排序。

　　（2）将图片的"跷跷板"效果移动到第 4 个位置，设置其"与上一动画同时"开始，持续时间设为 4 秒。

　　（3）将图片的"向下弧线"效果移动到第 6 个位置，设置其"与上一动画同时"开始，持续时间设为 4 秒。

　　（4）设置图片的"飞出"效果"与上一动画同时"开始，持续时间设为 4 秒。调整次序后的动画窗格如图 15-11 所示，调整其宽度后，可以看到各动画效果的时间片分布。

　　图 15-10　动画窗格（1）

　　图 15-11　动画窗格（2）

　　提示：有兴趣的读者，可以在幻灯片中添加素材中的音频，并配合音频调节每组动画效果的持续时间。

15.1.5　创建交互式效果

　　具体操作步骤如下：

　　（1）选择第 3 张幻灯片。在"插入"选项卡的"插图"工具组中选择"形状"按钮。展开如图 15-12 所示的内容。在"标注"一栏中，选择"云形标注"。如图 15-13 所示，在幻灯片中插入 4 个"云形标注"，并在其中输入文字"正确"或"错误"。

　　（2）选择"正确"云形标注。在"动画"选项卡中为其设置"淡出"的进入动画效果。

在动画窗格右击或单击动画效果右侧的下拉箭头，在弹出的菜单中选择"计时"，显示如图 15-14
所示的"淡出"对话框。

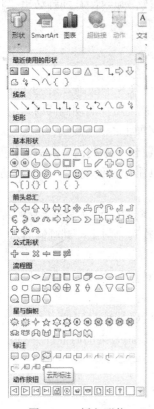

图 15-12　插入形状

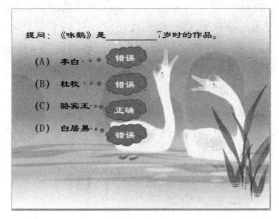

图 15-13　幻灯片内容

（3）单击"触发器"按钮，选择"单击下列对象时启动效果"单选按钮，并在右侧的下
拉列表框中选择"（A）李白"。单击"确定"按钮。同理，对其他三个云形标注做对应的设置。
完成后，动画窗格如图 15-15 所示。放映幻灯片，观察效果。

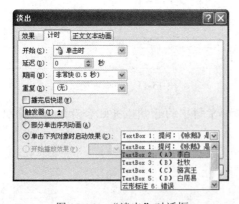

图 15-14　"淡出"对话框

图 15-15　动画窗格（3）

（4）单击"插入"选项卡的"形状"按钮，在展开内容的"动作按钮"一栏中选择"动
作按钮：第一张"。在幻灯片左下角放置一个动作按钮，自动弹出"动作设置"对话框，按默
认设置，单击"确定"按钮。放映幻灯片，观察效果。保存后退出。

15.2　编辑"电子相册"演示文稿

打开素材中的文件"电子相册.pptx"。对其进行编辑，最终效果如图 15-16 所示。

图 15-16　"电子相册"最终效果

15.2.1　设置幻灯片切换效果

幻灯片之间可设置切换效果。为统一风格，可将所有幻灯片设置同样的切换效果。具体操作步骤如下：

（1）在"切换"选项卡的"切换到此幻灯片"工具组中选择需要的切换效果，单击右下侧的"其他"下三角按钮，如图 15-17 所示，可以展开所有可用的切换效果。此处，选择"华丽型"分类下的"溶解"效果。

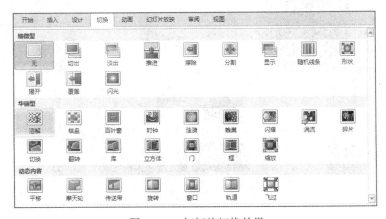

图 15-17　幻灯片切换效果

（2）在"切换"选项卡的"计时"工具组中设置持续时间为 0.5 秒，勾选"设置自动换片时间"复选框，并设置 2 秒，最后单击"全部应用"按钮。放映幻灯片，观察效果。

提示：若没有单击"全部应用"按钮，设置只对当前幻灯片有效。

15.2.2　排练计时和录制旁白

根据各个幻灯片重要程度不同，可给予不同的换片时间。若时间不容易确定，可以使用排练计时。同时，也可针对幻灯片添加旁白。具体操作步骤如下：

（1）选择"幻灯片放映"选项卡，在"排练计时"工具组中单击"排练计时"按钮。进入排练放映状态。左上方会出现录制时需要的工具，如图 15-18 所示。

图 15-18　录制工具

（2）根据需要，在合适的时间点单击"下一项"按钮或在幻灯片上单击，来切换幻灯片。放映结束后，弹出如图 15-19 所示的对话框。单击"是"按钮保存排练时间。此时，原先在幻灯片切换中设置的自动换片时间 2 秒，已被修改。

图 15-19　确认排练时间

（3）默认回到"幻灯片浏览"视图，如图 15-20 所示。每张幻灯片下方带有放映时间。双击某张幻灯片或单击下方状态栏中的视图按钮，可切换到普通视图。放映幻灯片，观察效果。

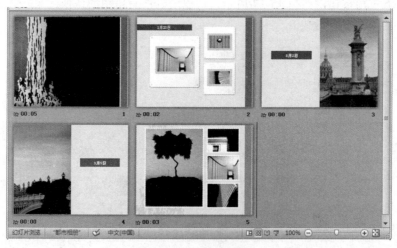

图 15-20　幻灯片浏览

（4）录制旁白的方法与排练计时较为类似。除了设置各幻灯片的放映时间、录制旁白外还可以将放映时激光笔的动态效果，以及录制的音频保留下来。读者可以自行操作，并放映幻灯片，观察效果。

提示 1：放映时，按住 Ctrl 键，拖动鼠标，可以显示激光笔效果。

提示 2：放映时，在幻灯片上右击，在弹出的快捷菜单中，将"指针选项"改为画笔类后，可以在幻灯片上留下笔迹。

15.2.3　设置幻灯片放映方式

具体操作步骤如下：

（1）在"幻灯片放映"选项卡中，单击"设置幻灯片放映"按钮，弹出如图 15-21 所示的"设置放映方式"对话框。

（2）"放映类型"保持默认选项"演讲者放映（全屏幕）"。"放映选项"勾选"循环放映，按 Esc 键终止"复选框。其他都保持默认，单击"确定"按钮。放映幻灯片，观察效果。

提示：若"换片方式"选择"手动"，则前面设置的"自动换片时间"、"排练时间"都无效。

（3）在"设置放映方式"对话框的"放映幻灯片"栏中，有一种方式为"自定义放映"，但是不可用，原因是还未创建自定义放映。在"幻灯片放映"选项卡中单击"自定义幻灯片放映"按钮，选择"自定义放映"。弹出如图 15-22 所示的"自定义放映"对话框。目前尚未创建任何自定义放映。

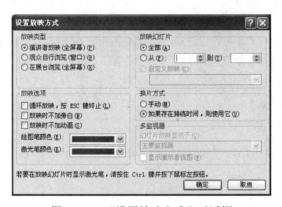

图 15-21　"设置放映方式"对话框

图 15-22　"自定义放映"对话框

（4）单击"新建"按钮，弹出如图 15-23 所示的"定义自定义放映"对话框。幻灯片放映名称设为"我的放映"。选择左边的幻灯片，单击"添加"按钮，将其添加到右边的放映类表中，单击"确定"按钮创建自定义放映。放映幻灯片，观察效果。保存文件。

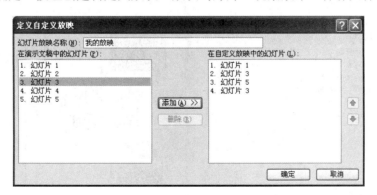

图 15-23　"定义自定义放映"对话框

提示：若仅仅让某些幻灯片在放映中不显示，可选择该幻灯片，在"幻灯片放映"选项卡中单击"隐藏幻灯片"按钮。

15.2.4 输出演示文稿

具体操作步骤如下：

（1）在"文件"选项卡中选择"保存并发送"命令，显示如图 15-24 所示的界面。在"文件类型"栏中，有多种选项可以选择。在此选择"创建视频"命令。

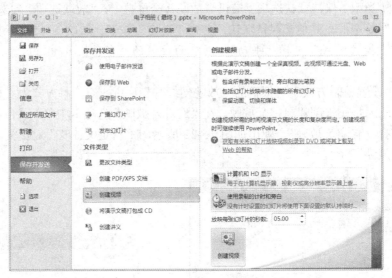

图 15-24 保存并发送

（2）选择"使用录制的计时和旁白"，确认选定上面步骤中已录制的计时和旁白。单击"创建视频"按钮。使用默认文件名"电子相册.wmv"，保存视频。

（3）若要以纸质形式将幻灯片进行输出，可在"文件"选项卡中选择"打印"命令，显示如图 15-25 所示的界面。进行必要的设置后，单击"打印"按钮。保存后退出。

图 15-25 打印演示文稿

15.3　综合实践（一）——制作"浪漫婚礼"演示文稿

人们在举行婚礼时，往往会在大屏幕上展示些照片等内容，使用 PowerPoint 演示文稿来实现，是较为方便可行的。

15.3.1　学习任务

创建一个演示文稿，用于在婚礼上展示。最终效果如图 15-26 所示。

图 15-26　"浪漫婚礼"最终效果

15.3.2　知识点（目标）

（1）在幻灯片中插入图片、文字、音乐等对象。
（2）设置图片文字的动画效果。
（3）设置幻灯片切换效果。
（4）设置演示文稿放映方式

15.3.3　操作思路及实施步骤

创建一个演示文稿，输入内容，插入图片，设置动画和切换等效果，便于自动播放。具体实施步骤如下：

（1）新建一个演示文稿。打开 PowerPoint 2010，自动创建一个包含一张空白标题幻灯片的演示文稿。保存演示文稿并命名为"浪漫婚礼.pptx"。

（2）在"设计"选项卡中，应用"夏至"主题模板。选择"插入"选项卡，单击"音频"按钮，插入素材中的"浪漫婚礼.mp3"。在"音频工具"选项卡的"播放"工具组中设置"跨幻灯片播放"，勾选"循环播放，直到停止"和"放映时隐藏"复选框。

（3）新建一张空白版式的幻灯片。在其左上方插入一个文本框，在其中输入"他"，并设置字体为宋体，字号 80，加粗。在"动画"选项卡中，设置文本框的进入动画效果为"缩放"，设置为"上一动画之后"开始。

（4）插入素材中的图片"男 1.jpg"。在"动画"选项卡中，设置图片进入动画效果为"淡出"，再给该图片添加一个"脉冲"的强调动画效果，一个"淡出"的退出动画效果，三个动画效果都设置为"上一动画之后"开始，持续时间为 1 秒。

（5）插入素材中的图片"男 2.jpg"和"男 3.jpg"。使用动画刷将第 1 张图片的动画效果应用到第 2、3 两张图片。在动画窗格删除最后一个动画效果，使其不要消失。设置完毕后，将三张图片重叠在一起放到幻灯片中央。

（6）参照步骤（3）、（4）、（5），建立女生幻灯片，文字内容为"她"，图片为素材中的"女 1.jpg"、"女 2.jpg"和"女 3.jpg"。

（7）新建一张空白版式的幻灯片。插入素材中的图片"男 3.jpg"和"女 3.jpg"，分别放置在幻灯片的左右两侧。设置左侧图片"动作路径"动画效果为"直线"，方向向右，设置为"上一动画之后"开始。设置右侧图片"动作路径"动画效果为"直线"，方向向左，设置为"与上一动画同时"开始。

（8）新建一张空白版式的幻灯片。插入素材中的图片"婚礼.jpg"，设置图片强调动画效果为"放大/缩小"，设置为"上一动画之后"开始。在"放大/缩小"的效果选项对话框中，勾选"自动翻转"复选框，并设置重复 2 次。

（9）在"切换"选项卡中为幻灯片选择切换效果为"华丽型"类别下的"涟漪"，并设置全部应用。

（10）选择"幻灯片放映"选项卡中的"排练计时"，为每张幻灯片分配合理的时间。

（11）设置幻灯片放映方式，选择放映类型为"在展台浏览（全屏幕）"。单击"确定"按钮。

（12）放映演示文稿，查看效果，保存后关闭。

15.3.4　任务总结

本任务制作的演示文稿涉及多个对象的动画效果，以及同个对象的多个动画效果。这些动画效果需要相互配合，以达到所需的要求。

15.4　综合实践（二）——制作"微课件"演示文稿

微课是记录教师在教学过程中围绕某个知识点或教学环节而开展的教与学活动全过程。而课件是教学活动中必不可少的一个元素，它可以用于教师上课，也可以用于学生自学。本节中把《C 语言程序设计》课程中的"冒泡排序法"内容单独设计成一个微课件。

15.4.1　学习任务

创建一个演示文稿，内容是关于《C 语言程序设计》课程中"冒泡排序法"这一知识点，最终效果如图 15-27 所示。

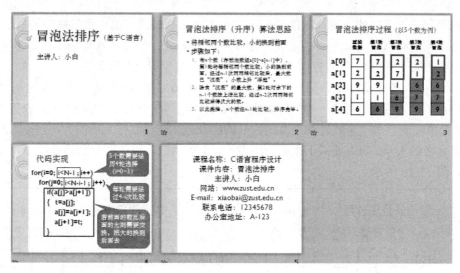

图 15-27　"微课件"最终效果

15.4.2　知识点（目标）

（1）组织幻灯片内容。

（2）在幻灯片中插入文字、表格、形状等。

（3）设置各种对象的动画效果。

15.4.3　操作思路及实施步骤

创建一个演示文稿，并添加内容，插入文本框、表格、形状等对象，设置动画效果，并使其相互配合。制作课件所需文本都存于素材文件"微课件素材.txt"中。具体实施步骤如下：

（1）新建一个演示文稿。打开 PowerPoint 2010，自动创建一个包含一张空白标题幻灯片的演示文稿。保存演示文稿并命名为"微课件.pptx"。

（2）在"设计"选项卡中，应用"夏至"主题模板。为幻灯片添加标题"冒泡法排序（基于 C 语言）"，副标题"主讲人：小白"。将标题中"冒泡法排序"这几个字的字号设置为 66，"（基于 C 语言）"和"主讲人：小白"的字号设置为 36。

（3）新建一张标题和内容版式的幻灯片。将素材中的冒泡法排序算法思路添加到幻灯片中。默认内容中的五段文字都是带项目符号的一级文本。选中后三段文字，在"开始"选项卡的"段落"工具组中单击"提高列表级别"按钮，将它们设置为二级文本；单击"编号"按钮，为其添加编号。

（4）在"动画"选项卡中为该幻灯片的内容设置进入动画效果为"擦除"。放映幻灯片，查看效果。打开动画窗格，在其中右击该动画，设置效果选项。在弹出的"擦除"对话框中，选择"正文文本动画"选项卡，将组合文本改为"按第二级段落"。再次放映幻灯片，查看效果。

（5）新建一张仅标题版式的幻灯片。将标题设置为"冒泡法排序过程（以 5 个数为例）"。将"（以 5 个数为例）"字号设置为 32。

（6）在该幻灯片中插入五个文本框，分别输入"原始数据"、"第 1 轮冒泡"、"第 2 轮冒泡"、"第 3 轮冒泡"、"第 4 轮冒泡"，字号设置为 24，并加粗。

（7）插入 6 个 5 行 1 列的表格。参考图 15-28，调整表格的大小，并输入内容。选中表格后，在"表格工具"的"设计"选项卡中，对表格进行修改。第一个表格保持默认无边框，其他表格设置所有框线为 4.5 磅的实线。设置所有表格的底纹为"无填充颜色"。选择个别单元格（如图 15-28 所示），设置底纹为"水绿色，强调文字颜色 1"。

（8）再插入 5 个文本框，分别输入 7、2、9、1、6，并调整位置，使它们正好处于第三个表格的各个单元格中。插入一个矩形，在"绘图工具"的"格式"选项卡中，设置"形状填充"为"无填充颜色"，"形状轮廓"为粗细 6 磅的红色。调整红框矩形的大小，使其刚好为表格两个单元格的大小。为方便接下来的动画设计，先将其放置在第四个表格前两个单元格的位置处，如图 15-29 所示。

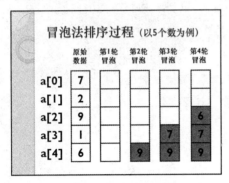
图 15-28　排序过程（1）

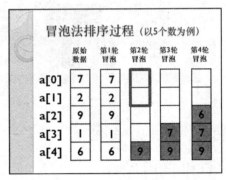
图 15-29　排序过程（2）

（9）依次设置动画，设置过程中，可以随时放映幻灯片，查看效果。拖动鼠标框选第 3 个表格（注：表格会连同 5 个数字文本框一起选中）。设置它们的进入动画效果为"切入"，方向"自左侧"。此时，6 个对象的动画效果同时进行。设置红框矩形的进入动画效果为"切入"，方向"自顶部"。

（10）设置将"7"和"2"两个数字文本框位置交换的动画效果。逐一为它们添加"直线"的动作路径动画效果，方向分别为"下"和"上"。调整路径的终点（为使路径保持垂直，可以同时按住 Shift 键），使两个文本框正好取代对方的位置。将这两个动作路径动画效果设置为同时进行。

（11）为红框矩形添加"直线"的动作路径动画效果，并调整路径的终点，使矩形恰好移动一个单元格的位置。再次为红框矩形添加"直线"的动作路径动画效果，调整路径的起点，让它与刚才路径的终点重合；调整现有路径的终点，使矩形恰好再移动一个单元格的位置。

（12）设置将"9"和"1"两个数字文本框位置交换的动画效果，方法同步骤（10）。

（13）参考步骤（11），设置动画效果使红框矩形再下移一个单元格的位置。

（14）将数字文本框"9"再次下移一个单元格位置，注意路径的起点和上次路径的终点需要重合。将数字文本框"6"上移一个单元格位置。

（15）为红框矩形添加"飞出"的退出动画效果。选中红框矩形，调整其位置，移动到第三个表格的两个单元格的位置处（步骤（8）中将其放置在第四个表格处是为了防止各个动作路径重叠，难以设置）。

（16）插入一个矩形，保持默认"形状填充"为"水绿色，强调文字颜色 1"。将其大小调整为一个单元格大小。设置进入动画效果为"淡出"，设置"上一动画之后"开始播放动画。右击该矩形，将其置于底层，并移动到第三个表格的最后一个单元格位置。此时幻灯片如图 15-30 所示。

（17）放映幻灯片可知，两两比较，大的数往下换，小的数往上换，最大的数"9"已沉到最底，无需再移动，剩下 4 个数进行第 2 轮冒泡。插入 4 个文本框，分别输入 2、7、1、6，并调整位置，使它们正好处于第四个表格的各个单元格中。类似地，参照步骤（8）至步骤（16），将剩下的 3 个表格设置完毕，如图 15-31 所示。

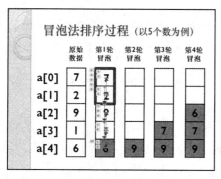
图 15-30　排序过程（3）

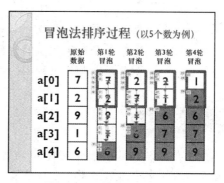
图 15-31　排序过程（4）

（18）新建一张标题和内容版式的幻灯片。添加标题为"代码实现"。文本内容为素材中的代码。取消代码的项目符号，并设置字号为 36，并加粗。

（19）插入一个矩形，在"绘图工具"的"格式"选项卡中，设置"形状填充"为"无填充颜色"，"形状轮廓"为粗细 6 磅的红色。插入三个圆角矩形标注（在"插入"选项卡的"插图"工具组中单击"形状"按钮，在弹出的下拉列表框中选择"圆角矩形标注"），分别添加素材中代码后的三句文字，并设置字号为 32，对其方式为左对齐。调整各对象的位置与大小到合适的布局，如图 15-32 所示。

（20）设置红框矩形的进入动画效果为"轮子"。设置三个标注的进入动画效果为"擦除"，方向"自左侧"。

（21）插入两个文本框，分别输入"i<N-1；"和"i<N-i-1；"。设置"形状填充"为"白色，背景 1"，"形状轮廓"为"黑色，文字 1"，字体颜色为红色，字号为 36，并加粗。调整它们的位置与大小到合适的布局，如图 15-33 所示。

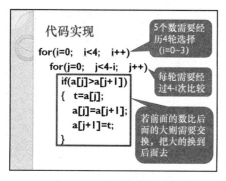
图 15-32　代码实现（1）

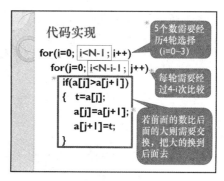
图 15-33　代码实现（2）

（22）通过框选或者配合 Shift 键同时选中步骤（21）中插入的两个文本框，并在其边框上右击，在弹出的快捷菜单中选择"组合"子菜单中的"组合"。为该组合设置进入动画效果为"劈裂"。

（23）新建一张空白版式的幻灯片。插入一个文本框，添加素材中最后的文字。设置字号为 40，对其方式为居中。设置文本框的进入动画效果为"字幕式"，并设置该动画的效果选项。设置为"上一动画之后"开始，设置为"直到下一次单击"时重复。

（24）放映演示文稿，查看效果，保存后关闭。

15.4.4　任务总结

本任务制作的演示文稿包含较多的动画效果。其中第三张幻灯片涉及多个对象的动作路径动画相互配合。除了各个对象本身的位置要设置正确，路径的位置和长短也需要进行调整。由于路径有时会有重叠，在制作过程中，需要认真仔细。

本章主要介绍 PowerPoint 2010 中动画效果的设置、幻灯片切换设置和幻灯片放映设置，其中动画效果又包含进入效果、强调效果、退出效果和动作路径，以及它们的开始方式、速度快慢、重复次数等效果设置。对于本章的操作，应熟练掌握。

问：一个对象只能设计一个动画效果吗？

答：不是。在一张幻灯片中，一个对象可以设置多个动画效果。选中对象后，选择"添加动画"即可。

问：演示文稿中的幻灯片是否一定按从头到尾的顺序放映？

答：不是。可以通过多种方法实现自定义的放映顺序，如定义"自定义放映"、设置动作按钮和超链接、隐藏某些幻灯片等。

习题十五

一、判断题

1．两个动画效果不可以同时进行，必须有先后次序。　　　　　　　　　　　　　　（　　）

2．幻灯片切换效果指的是幻灯片内部各个元素依次出现的动画效果。　　　　　　　（　　）

3．幻灯片中添加超链接，只能链接到本演示文稿的某张幻灯片。　　　　　　　　　（　　）

二、选择题

1．PowerPoint 中，下列说法错误的是（　　）。

　　A．可以动态显示文本和对象　　　　　　B．可以更改各动画出现的顺序

　　C．图表中的元素不可以设置动画效果　　D．可以设置幻灯片切换效果

2．在幻灯片放映过程中右击，选择"指针选项"中的荧光笔，在讲解过程中可以进行写和画，放映结束后（　　）。

　　A．对幻灯片内容进行了修改　　　　　　B．幻灯片内容没有改变

　　C．写和画的笔迹将留在幻灯片上　　　　D．用户可以选择是否保存写和画的笔迹

3．在演示文稿的放映过程中，随时可以使用（　　）来结束放映。

    A．Delete   B．Ctrl+A   C．Shift+D   D．Esc

三、操作题

1．制作歌曲《小毛驴》的 MTV。要求：歌词出现要配合音乐，所有内容在一张幻灯片中完成。最终效果如图 15-34 所示，也可参照素材中的文件"习题——小毛驴.ppsx"。

图 15-34　"小毛驴"效果图

2．制作"美食游记"演示文稿，要求三张幻灯片以上，插入美食图片及介绍文字，也可以配以音乐和视频（素材请自行在网络中搜索），设置幻灯片切换效果。为该演示文稿"录制旁白"，并使其自动循环全屏播放。最后保存并输出成 PowerPoint 放映形式（*.ppsx 文件）。

3．毕业生完成学业需要进行毕业答辩，设想一个毕业设计的主题，并根据主题内容，制作一个答辩使用的演示文稿。

第五篇 Outlook 与 VBA 应用

第 16 章 Outlook 2010 应用
第 17 章 VBA 应用

第 16 章　Outlook 2010 应用

- 掌握通过 Outlook 2010 建立个人和组织电子邮件管理平台的方法。
- 熟练掌握配置 Outlook 2010 的方法及其基本功能，包括邮件的制作、发送、接收，联系人管理等。
- 熟练使用 Outlook 2010 处理日常事务，如时间管理、日程管理等工作。
- 掌握邮件合并的使用方法。

Outlook 中的基本概念

（1）日历。

Outlook 中的日历功能可以有效地帮助用户把活动登记到日程，提醒用户掌控众多繁杂的事务，像是有贴身秘书一样，一切尽在掌握。

（2）任务。

任务是一项属于个人或工作小组的事务，并且在完成过程中要对其进行跟踪。利用任务功能，可以帮助用户有序安排好各种项目计划和大量的工作，让你时刻掌握工作进度。

（3）约会。

约会指的是有明确发生时刻的事项，约会只涉及你一个人在预订时间发生的活动，它就像闹钟一样，在设定的时间内提醒你去完成预先设定好的活动。

（4）会议。

会议是一种邀请别人参加会议或为会议预订资源的约会。但与约会不同，安排会议时涉及其他与会者，需要创建和发送会议要求，并为面对面会议预订资源。

（5）事件。

事件是一种持续 24 小时或更长时间的活动，如讲座。

（6）邮件合并。

邮件合并是 Word 中一个很有用的功能，用它可以制作特定格式的文档，而如名字、地址之类的选项却可以从其他的位置提取生成文档。这样可以节省很多的工作量。

16.1　Outlook 2010 的配置及其基本功能

Outlook 2010 是一款优秀的管理电子邮件的客户端。它又不仅仅是简单的 Email 客户端，它还可以帮助我们更好地管理时间和信息，跨越各种界限实现统一管理。它的功能和特性简单易用，包括日程安排、计划任务等，能够在很大程度上提高我们的工作效率。

16.1.1　Outlook 2010 的账户配置

1. 账户的初始配置

成功安装 Outlook 2010 后，选择"开始"→"所有程序"→Microsoft Office→Microsoft Outlook 2010 命令来启动 Outlook。第一次运行 Outlook 2010，软件将会弹出启动向导配置界面，如图 16-1 所示。单击"下一步"按钮，弹出"账户配置"界面，如图 16-2 所示。

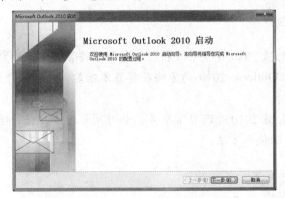

图 16-1　Outlook 2010 启动向导配置界面

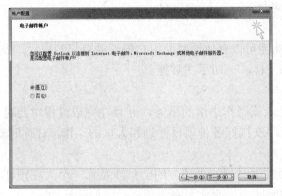

图 16-2　"账户配置"界面

如果选择"否"，则跳过账户配置；选择"是"，单击"下一步"按钮，弹出"添加新账户"界面，如图 16-3 所示。填写"您的姓名""电子邮件地址"以及"密码"和"重新键入密码"文本框，单击"下一步"按钮，出现正在配置界面，如图 16-4 所示。

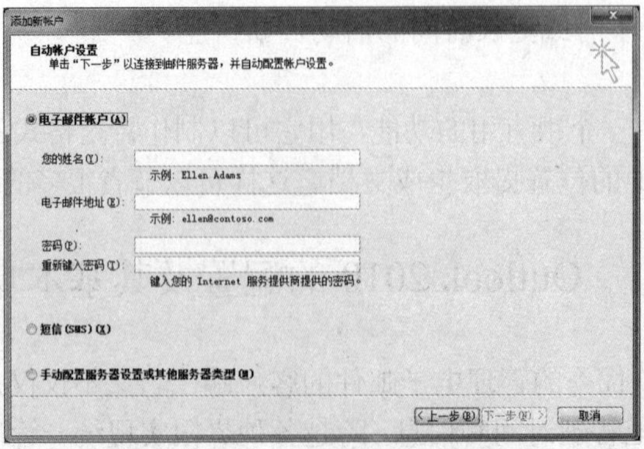

图 16-3　"添加新账户"界面

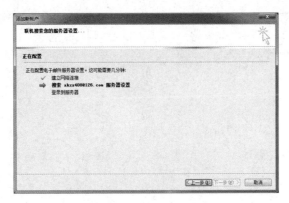

图 16-4　正在配置界面

　　等待片刻，直至出现账户配置成功界面，如图 16-5 所示。单击"完成"按钮，进入 Outlook 2010 界面，就可以对之前配置的邮箱进行管理了，如图 16-6 所示。设置成功后 Microsoft Outlook 会给邮箱发一封测试信息。

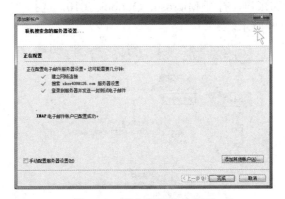

图 16-5　账户配置成功界面

图 16-6　Outlook 2010 界面

2. 添加账户

　　如果在首次运行 Outlook 2010 时，跳过了账户配置，可以选择没有账户直接进入 Outlook 2010，如图 16-7 所示。

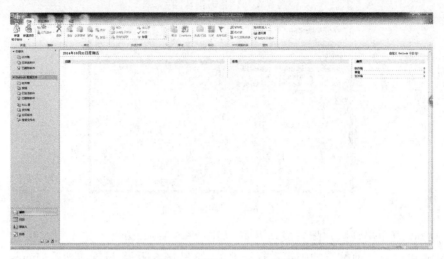

图 16-7　无账户 Outlook 界面

这时，可以手动添加账户，打开 Microsoft Outlook 2010，选择"文件"→"信息"→"添加账户"命令，如图 16-8 所示。

图 16-8　手动添加账户界面

单击"添加账户"按钮后，弹出"添加新账户"界面，这次选择"手动配置服务器设置或其他服务器类型"单选按钮，如图 16-9 所示。单击"下一步"按钮。在弹出的界面中选择"Internet 电子邮件"单选按钮，如图 16-10 所示。单击"下一步"按钮。

图 16-9　选择"手动配置服务器设置或其他服务器　　　图 16-10　选择"Internet 电子邮件"单选按钮
　　　　　类型"单选按钮

弹出 Internet 电子邮件设置界面，如图 16-11 所示。将界面中的信息填写完整，需要注意的是：一般在外面申请的邮箱账户类型都是 POP3 邮件接收服务器，所以 126 邮箱的接收邮件服务器是：pop3.126.com。发送邮件服务器一般都使用 smtp，所以 126 邮箱的发送邮件服务器是：smtp.126.com。电子邮件信息填写完毕后，还可以选择数据文件的位置，可以使用现有的或新建 Outlook 数据文件。上述信息确认无误后，单击"其他设置"按钮，弹出"其他设置"界面，单击"发送服务器"选项卡，如图 16-12 所示，勾选"我的发送服务器（SMTP）要求验证"复选框，选择"使用与接收邮件服务器相同的设置"单选按钮，然后单击"高级"选项卡，如图 16-13 所示，勾选"在服务器上保留邮件的副本"复选框，取消选择"14 天后删除服务器上的邮件副本"复选框。如果不勾选此项，在网页和服务器上就不保存你的邮件了，也就是仅在本地保存邮件而已。单击"确定"按钮，回到 Internet 电子邮件设置界面，单击"下一步"按钮，弹出"测试账户设置"界面，如图 16-14 所示，测试成功后单击"关闭"按钮。弹出完成界面，如图 16-15 所示，至此账户添加完毕。

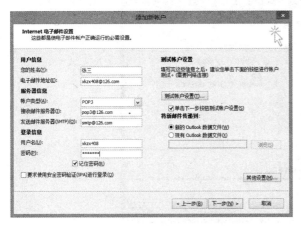

图 16-11　Internet 电子邮件设置

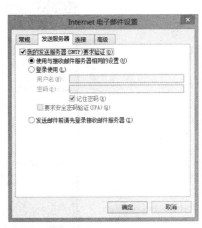

图 16-12　"发送服务器"选项卡

图 16-13　"高级"选项卡

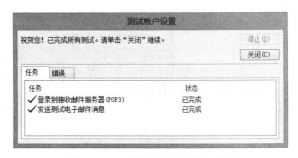

图 16-14　"测试账户设置"界面

3. 账户的修改和删除

对已经存在的账户可以进行修改和删除操作，选择"文件"→"信息"→"账户设置"命令，弹出"账户设置"界面，如图 16-16 所示。

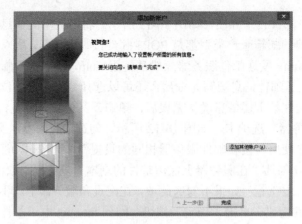

图 16-15　账户添加完成

图 16-16　"账户设置"界面

　　选中要执行操作的账户，选择"更改"命令，可以更改账户的用户信息、服务器信息以及登录信息，如图 16-17 所示。如果选择"删除"会弹出"是否确实要删除账户"的提示信息，选择"是"删除账户，选择"否"取消操作。

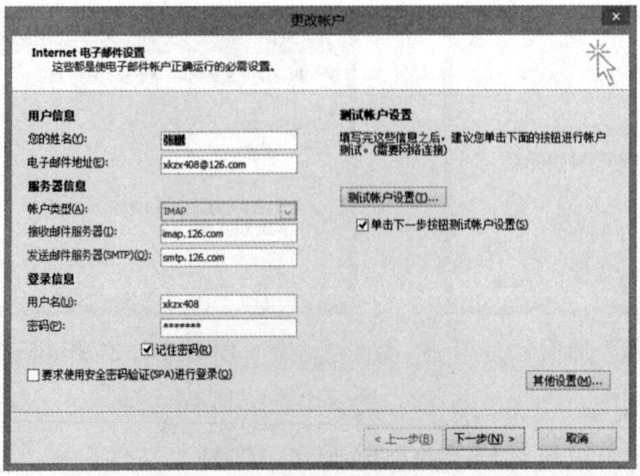

图 16-17　"更改账户"界面

4. 数据文件

数据文件的扩展名为.pst，里面包含了发送和接收的邮件、联系人等内容。账户配置成功后，会自动把数据文件存放在 "C:\Users\用户名\AppData\Local\Microsoft\Outlook" 目录下，并以电子邮件名为数据文件名，如 xkzx407@126.com.pst。

可以通过选择 "文件" → "信息" → "账户设置" 命令进行设置，在弹出的 "账户设置" 界面中选择 "数据文件" 选项卡，如图 16-18 所示。

从列表框中选择数据文件，然后单击 "设置" 可以查看其他信息，包括更改访问 Outlook 数据文件的密码，压缩 Outlook 数据文件的大小等，如图 16-19 所示；单击 "打开文件位置" 显示包含数据文件的文件夹。由于数据文件是由 Outlook 自动生成的，所以生成的文件位置不可改变。如果想更改数据文件的位置，可以在完全关闭 Outlook 2010 的状态下，将数据文件移动到目标位置，然后重新打开 Outlook 2010，这时会弹出找不到数据文件的提示信息，如图 16-20 所示。单击 "确定" 按钮，弹出 "创建/打开 Outlook 数据文件" 对话框，如图 16-21 所示。选择新位置的数据文件，单击 "打开" 按钮，进入 Outlook 2010 界面，数据文件成功移动到新位置。

图 16-18　"账户设置" 界面的 "数据文件" 选项卡

图 16-19　数据文件设置界面

图 16-20　找不到数据文件界面

图 16-21　"创建/打开 Outlook 数据文件" 对话框

16.1.2　Outlook 2010 的基本功能

1. 发送和接收邮件

收、发邮件是 Outlook 2010 最基本的功能，成功添加账户后，就可以制作、发送和接收邮件了。选择"开始"→"新建电子邮件"命令，正确填写收件人信息、主题和邮件内容，单击"发送"按钮就可以发送邮件了，如果还有附件的话，可以单击"附加文件"按钮插入附件，如图 16-22 所示。

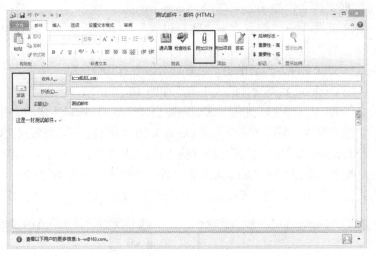

图 16-22　添加附件

打开 Outlook 2010 主界面后，单击"开始"选项卡，选中邮箱账户就可以接收读取邮件了，如果需要回复，可以单击"答复"按钮；如果转发，可以单击"转发"按钮，都会弹出发送邮件的界面，信息填写完整后就可以发送了。

2. 管理联系人

管理联系人的功能在 Outlook 2010 左下方的位置，单击"联系人"，如图 16-23 所示，打开管理联系人界面。单击左上角"新建联系人"按钮，弹出联系人界面，如图 16-24 所示，将联系人信息填写完毕后，单击左上角的"保存并关闭"按钮保存联系人，还可以为联系人添加头像，单击图 16-24 所示的头像位置，在弹出的对话框中选取一张图片即可。保存后的联系人名片会出现在联系人的工作区中，如图 16-25 所示，通过在名片上右击，还可以对名片进行相应的删除和修改操作。

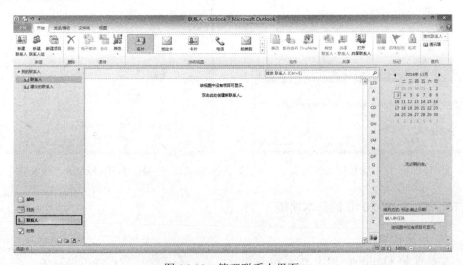

图 16-23　管理联系人界面

图 16-24　添加联系人界面

图 16-25　保存联系人后的界面

除了可以添加联系人外，还可以执行导出和导入联系人的操作，这为用户提供了很大的方便。

导出联系人的具体步骤如下：

（1）选择"文件"→"打开"→"导入"命令，导入和导出的功能都在一起，如图 16-26 所示。

（2）在打开的"导入和导出向导"界面中选择"导出到文件"选项，然后单击"下一步"按钮，如图 16-27 所示。

图 16-26　导入界面

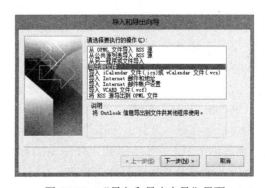

图 16-27　"导入和导出向导"界面

（3）这时打开了"导出到文件"界面，在界面中选择 Microsoft Excel 96-2003 选项，然后单击"下一步"按钮，如图 16-28 所示。导出文件类型选择 Microsoft Excel 96-2003 可以为进一步操作带来很大的方便。

（4）在弹出的界面中选择要导出的账户的联系人，如 Outlook 账户下的"建议的联系人"，如图 16-29 所示。单击"下一步"按钮。除了导出联系人外，还可以导出很多东西。

图 16-28　选择导出文件的类型　　　　　　图 16-29　选择要导出的联系人

（5）在弹出的界面单击"浏览"按钮，选择导出联系人的存放位置，并输入导出文件名，即可单击"下一步"按钮，如图 16-30 所示。

（6）选择要导出联系人的导出信息，默认为所有基本信息，设置好导出信息后，单击"完成"按钮，导出完毕，如图 16-31 所示。这时就可以看到刚才导出的联系人信息的文件了，可以直接打开进行查看或修改。

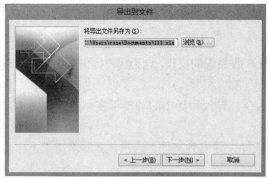
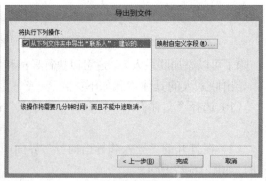

图 16-30　导出文件位置及文件名　　　　　　图 16-31　导出联系人的信息设置

由于导入和导出的功能在一起，并且步骤也差得不多，这里简要说明一下导入联系人的步骤：

（1）选择"文件"→"打开"→"导入"命令，打开"导入和导出向导"界面，导入时选择"从另一程序或文件导入"，单击"下一步"按钮，如图 16-32 所示。

（2）选择文件类型，要导入的文件类型必须与之前导出的类型一致，这里选择 Microsoft Excel 96-2003 选项，单击"下一步"按钮。

（3）选择导入文件，单击"浏览"按钮，选择刚导出的文件，根据需要在选项中选取一项，然后单击"下一步"按钮，如图 16-33 所示。

（4）选择要导入的目标文件夹，由于导出时选择的是"建议的联系人"，所以导入时也选择此项，然后单击"下一步"按钮。

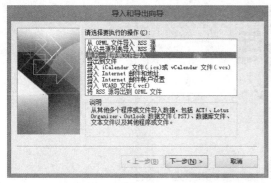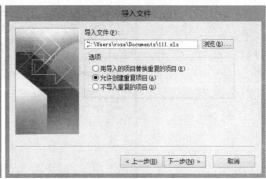

图 16-32　"导入和导出向导"界面　　　　图 16-33　"导入文件"界面

（5）最后，选择要导入的联系人的信息，因为导出时选择的是默认的全部信息，这里也用默认选择，单击"完成"按钮。

这时就可以在建议的联系人下面看到已经导入的信息了。

3. 邮箱签名

在给别人发邮件的时候，有的可能需要写上姓名、电话等发件人的信息，如果这样的邮件需要发很多时就显得很麻烦，Outlook 的签名功能可以很方便地解决这样的问题，步骤如下：

（1）选择"文件"→"选项"→"邮件"命令，弹出"Outlook 选项"对话框，如图 16-34 所示，单击"签名"按钮。

图 16-34　"Outlook 选项"对话框

（2）在弹出的"签名和信纸"对话框中单击"新建"按钮，输入姓名，选择默认签名的电子邮件账户，再在下面编辑签名，如图 16-35 所示，信息填写完毕，单击"确定"按钮，返回"Outlook 选项"对话框，然后再单击"确定"按钮。

图 16-35 "签名和信纸"对话框

此时，再单击"新建电子邮件"按钮时，就可以在邮件中看到已设置的签名了，如图 16-36 所示。

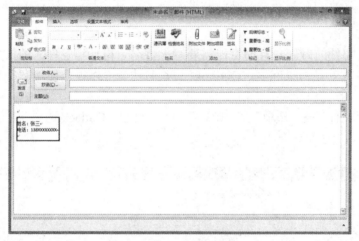

图 16-36 设置签名的邮件

4. 新建文件夹和新建搜索文件夹

当邮箱中收到的邮件非常多时，就需要对邮件进行分类，在 Outlook 中可以使用新建文件夹和新建搜索文件夹两种方法对邮件进行分类。

新建文件夹的方法如下：选择"文件夹"→"新建文件夹"命令，在弹出的对话框中输入文件夹名称，如"张三"，在下拉列表框中选择文件夹包含的项目，然后再选择放置文件夹的位置，如图 16-37 所示，单击"确定"按钮，在电子邮箱账户的下面就出现了新建的文件夹，如图 16-38 所示。

图 16-37 "新建文件夹"对话框

图 16-38 新建的文件夹

新建搜索文件夹的方法如下：选择"文件夹"→"新建搜索文件夹"命令，在弹出的对话框中选择搜索文件夹的类型，如选择"来自或发送给特定人员的邮件"，选择搜索邮件位置，如图 16-39 所示，单击右下角的"选择"按钮，在弹出的对话框中选择联系人并双击就可以将联系人添加到特定人员的名单中，如图 16-40 所示，选择完毕后单击"确定"按钮，返回到"新建搜索文件夹"对话框，再单击"确定"按钮，就可以在电子邮件账户的搜索文件夹中找到新建的搜索文件夹，如图 16-41 所示。

图 16-39　新建搜索文件夹

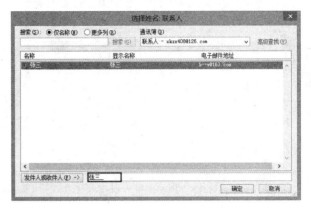

图 16-40　选择联系人

图 16-41　新建的搜索文件夹

5．创建规则

为了更加方便地管理邮件，可以创建规则，具体步骤如下：

（1）选择"文件"→"信息"→"管理规则和通知"命令，弹出"规则和通知"对话框，如图 16-42 所示。

（2）单击"新建规则"按钮，弹出"规则向导"对话框，如图 16-43 所示。

图 16-42　"规则和通知"对话框

图 16-43　"规则向导"对话框

（3）在"选择模板"列表框中选择"将某人发来的邮件移至文件夹"，在"编辑规则说明"列表框中选择"个人或公用组"，弹出"规则地址"对话框，如图 16-44 所示。

（4）在"通讯簿"下选择"联系人"，然后在下方就会出现之前创建的联系人，双击联系人就将它添加到最下面的"发件人"栏中了，如图 16-44 所示，单击"确定"按钮，返回"规则向导"对话框。

（5）单击选择"指定"，弹出"规则和通知"对话框，选中之前建立的"张三"文件夹，如图 16-45 所示，单击"确定"按钮，返回到"规则向导"对话框，单击"下一步"按钮。

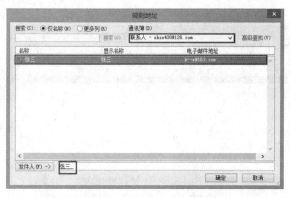

图 16-44   "规则地址"对话框   图 16-45   "规则和通知"对话框

（6）单击"完成"按钮，规则创建结束。

可以看出，在创建规则的过程中有很多选项，可以根据实际情况创建符合自己要求的各种规则。

6. 创建快速步骤

快速步骤是 Outlook 2010 中新增加的一个功能，类似在工具栏中添加工具按钮，可以根据需要创建多个快速步骤，创建步骤如下：在"开始"选项卡下找到快速步骤功能区，单击"新建"，弹出"编辑快速步骤"对话框，填写快速步骤名称"移至文件夹"，选择快速步骤要执行的操作"移至文件夹"，移动到文件夹选择"总是询问文件夹"，如图 16-46 所示，单击"完成"按钮。这时在快速步骤功能区就多了一个按钮"移至文件夹"，单击此按钮弹出"选择文件夹"对话框，如图 16-47所示，选中"张三"文件夹，单击"确定"按钮，就将当前邮件移动至"张三"文件夹了。

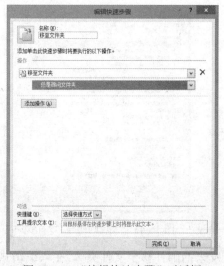

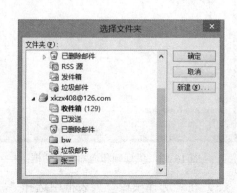

图 16-46   "编辑快速步骤"对话框   图 16-47   "选择文件夹"对话框

16.2　Outlook 的日常事务管理

Outlook 能够为繁忙的人士提供高效的事务管理，包括共享日历、事务提醒、会议安排等方面的解决方案。

16.2.1　定制个人的周计划

1．打开日历

首先打开 Microsoft Outlook 2010，选择"开始"→"日历"命令，这时就进入日历的界面了，单击工具栏中的"周"按钮，选择按周显示日历，如图 16-48 所示。

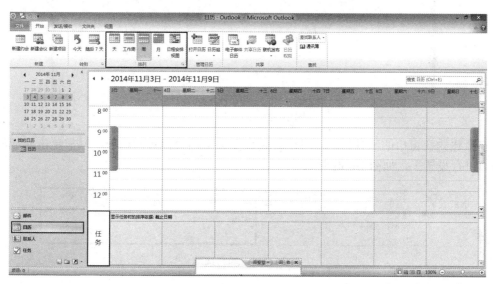

图 16-48　日历窗口

在日历的窗口中，工具栏的中间位置是日历排列功能区，可以选择工作区日历的显示方式，包括"天"、"工作周"、"周"、"月"以及"日历安排视图"。其中"周"和"工作周"的区别是一"周"为 6 天，一个"工作周"为 5 天。在左侧的任务窗格中还包含一个小的日历窗口，可以很方便地选择日期。在工作区的下面还有任务列表，可以在其中新建、查看和修改任务。

2．在日历中添加约会

新建约会的方法很多，可以在日历窗口中直接单击左上角的"新建约会"按钮，也可以在日历窗口工作区的任意位置单击鼠标。无论使用哪种方法都会打开"约会"窗口，接下来就可以进行各种设置了。

在"主题"栏中输入本次约会的主题，如课堂教学。

在"地点"栏中输入本次约会的地点，如综合楼 105。

在"开始时间"栏中输入约会的开始时间，如 2014 年 11 月 4 日（星期二），10:00。也可以单击右边的箭头，在下拉列表框中选择时间，下拉列表框中没有的时间，可以手动输入。

在"结束时间"栏中输入本次约会预期的结束时间。

如果本次约会要全天进行，直接选中"全天事件"复选框即可，此时就只能进行日期设置了。

接下来，只需要输入约会的大致内容就可以了，如图 16-49 所示，单击"保存并关闭"按钮，一个约会就新建完成了。

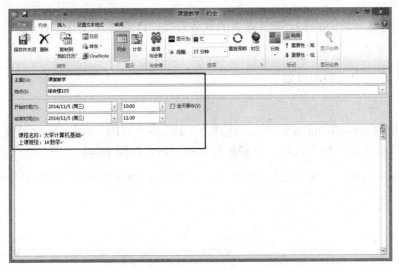

图 16-49　新建约会窗口

在新建约会窗口的工具栏中，可以看到很多关于约会提醒的选项，只需单击相应的按钮就可以进行设置了，如图 16-50 所示。

图 16-50　约会选项

在"显示为"栏中可以选择本次约会时本人的状态。

在"提醒"栏中可以设定 Outlook 提醒的时间。

如果想将本次约会更改为定期约会，可以单击"重复周期"按钮，在弹出的"约会周期"对话框中根据实际需要进行设置就可以了，如图 16-51 所示。

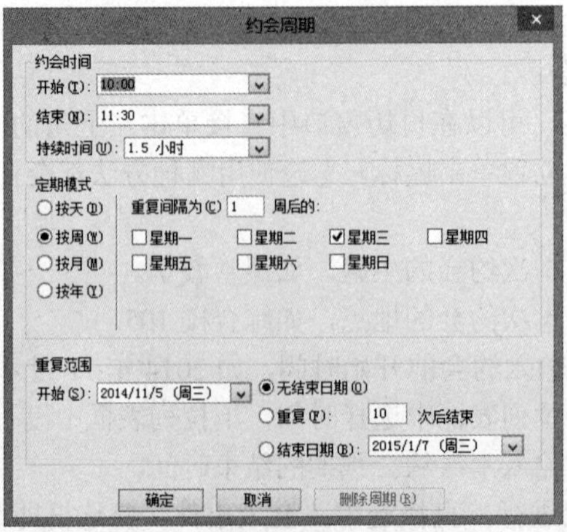

图 16-51　约会周期

还可以设置约会的重要性级别，如果是私人聚会，则单击"私密"。

3. 在日历中添加会议

选择"开始"→"新建项目"→"会议"或直接单击"新建会议"按钮，都会打开新建会议的界面，如图 16-52 所示。

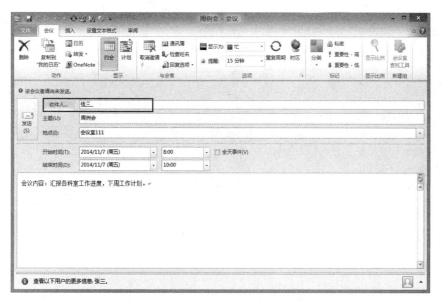

图 16-52　新建会议界面

按要求输入主题、地点、开始时间、结束时间和会议内容，与约会不同的是会议是需要邀请别人参加的，所以这里多了一个"收件人"按钮，单击"收件人"，弹出"选择与会者及资源：联系人"对话框，在对话框中双击联系人即可将其添加至会议中，如图 16-53 所示。选择完毕后单击"确定"按钮，返回新建会议界面，单击右上角的"关闭"按钮，弹出会议选项对话框，如图 16-54 所示，根据需要选择后单击"确定"按钮，会议就新建完成了。

如果想在 Outlook 2010 中安排会议室，还需要添加会议室才能实现。

图 16-53　选择联系人界面

图 16-54　会议选项

4. 在日历中添加事件

选择"开始"→"新建项目"→"全天事件"命令，弹出新建事件的界面，如图 16-55 所示。同样按要求输入主题、地点、开始时间、结束时间和会议内容，与新建约会的界面类似，不同的是，在事件中"全天事件"复选框默认是选中的，如果人为地去掉此选项，标题栏中的"事件"将变为"约会"。事件为全天事件，所以事件具体的时间安排应在事件内容中详细说明。事件的各个选项设置完毕后，单击"保存并关闭"按钮，事件就安排完了。效果如图 16-56 所示。

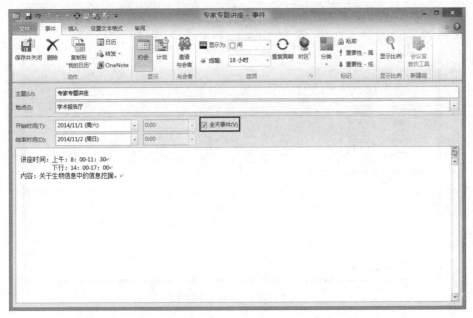

图 16-55　新建事件界面

图 16-56　"周计划"最终效果

16.2.2　安排考试任务

考试是一项属于工作小组的事务，并且在完成过程中要对其进行跟踪，可以利用任务功能将考试工作分成若干部分，下达至小组成员共同完成，具体步骤如下：

（1）打开 Outlook 2010 后，选择"开始"→"任务"命令，在左侧"我的任务"窗口中右击"任务"，在弹出的快捷菜单中选择"新建文件夹"，如图 16-57 所示。

（2）在弹出的"新建文件夹"的窗口中输入文件夹名称，选择文件夹包含项目和文件夹放置位置，如图 16-58 所示。单击"确定"按钮，这时在"任务"下面就多了个"考试安排"

文件夹，可以将所有关于考试安排的任务都放在此文件夹下。

图 16-57 新建任务文件夹

图 16-58 "新建文件夹"对话框

（3）单击"考试安排"文件夹，然后再单击窗口左上角的"新建任务"按钮，弹出"任务"窗口，输入主题，如"组织学生报名"，输入开始日期和截止日期，最后输入任务内容或注意事项，如图 16-59 所示。

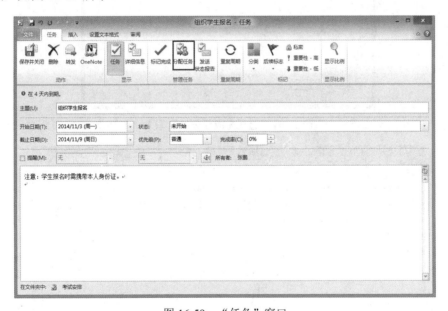

图 16-59 "任务"窗口

（4）单击工具栏中的"分配任务"按钮，此时"任务"窗口中多了一个"收件人"按钮，如图 16-60 所示，单击"收件人"按钮，弹出"选择任务收件人：联系人"对话框，如图 16-61 所示，在联系人列表中双击联系人就可将联系人添加到收件人中，可以选择多个联系人，选择完成任务的联系人后单击"确定"按钮，返回到"任务"窗口，单击左上角的"保存并关闭"按钮，完成任务的下达和分配。效果如图 16-62 所示。

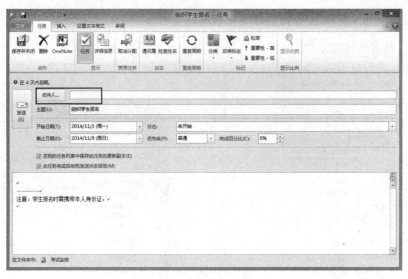

图 16-60 分配任务后的"任务"窗口

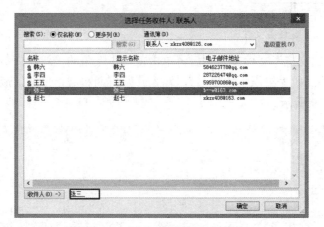

图 16-61 选择完成任务的联系人

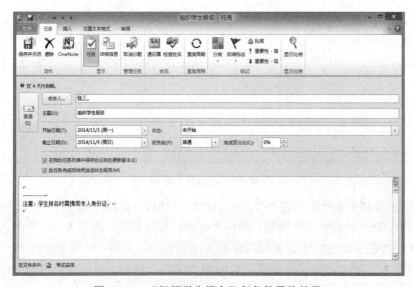

图 16-62 "组织学生报名"任务的最终效果

（5）重复上述步骤，将"安排考场"的任务分配给"李四"，"分配监考教师"的任务分配给"王五"，"打印准考证"的任务分配给"韩六"，"考试结束回收试卷"的任务分配给"赵七"，至此考试任务安排结束。效果如图 16-63 所示。

图 16-63　"考试安排"文件夹下的任务列表

16.3　邮件合并

我们已经进入无纸办公的时代，打印文件并由邮递员传递邮件到相关人员手中的做法已经过时了，可是当你不得不发送文件给许多不同的人时，你一定不想手写所有收信人的地址，这时，从 Word 打印文件自动匹配 Outlook 联系人就显得十分省时省力了。

16.3.1　邮件合并的功能

Word 中的邮件合并的功能十分强大，只要有数据源，就可以很方便地按一个记录一页的方式从 Word 中用邮件合并功能打印出来。Word 的邮件按数据源的形式可分为两大类：Excel 表格和 Outlook 联系人。

两类邮件合并的核心思想都是使用外部数据源的字段插入到已经创建好的 Word 模板中，在打印时 Word 就能很方便地按每个记录一页的方式打印出来。

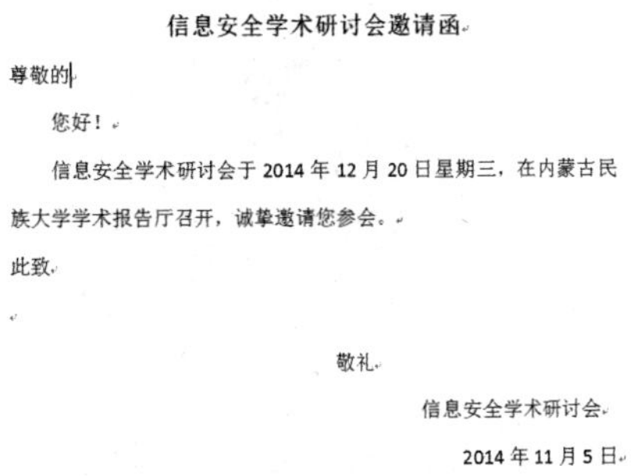

16.3.2　制作会议邀请函

1. 前期准备工作

制作会议邀请函，有两个步骤：首先用 Word 制作邀请函模板，如图 16-64 所示。

然后，在 Outlook 中创建联系人文件夹，在联系人文件夹中添加联系人，如图 16-65 所示。

2. 行邮件合并

具体步骤如下：

信息安全学术研讨会邀请函

尊敬的

您好！

信息安全学术研讨会于 2014 年 12 月 20 日星期三，在内蒙古民族大学学术报告厅召开，诚挚邀请您参会。

此致

敬礼

信息安全学术研讨会

2014 年 11 月 5 日

图 16-64　邀请函模板

图 16-65　Outlook 联系人

（1）用 Word 2010 打开之前做好的模板，选择"邮件"→"开始邮件合并"→"邮件合并分步向导"命令，如图 16-66 所示。

（2）在 Word 2010 的右侧出现工作窗格，在工作窗格中选择文档类型，如图 16-67 所示，单击"下一步"按钮。

图 16-66　打开邮件合并向导

图 16-67　选择文档类型

（3）选择开始文档，选择"使用当前文档"，如图 16-68 所示，单击"下一步"按钮。

（4）选择收件人，选择"从 Outlook 联系人中选择"，如图 16-69 所示，单击"选择'联系人'文件夹"，弹出"选择联系人"对话框，如图 16-70 所示。

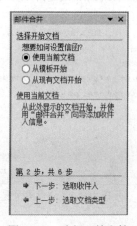

图 16-68　选择开始文档

图 16-69　选择收件人

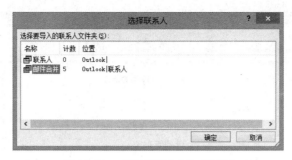

图 16-70　"选择联系人"对话框

（5）选中"邮件合并"后，单击"确定"，弹出"邮件合并收件人"对话框，如图 16-71 所示。

（6）选中联系人，单击"确定"按钮，然后再单击下一步"撰写信件"，这时就可以通过"插入合并域"按钮插入 Outlook 中联系人名片中的字段了，如图 16-72 所示，插入后的效果如图 16-73 所示，字段名出现在 Word 文档中了。

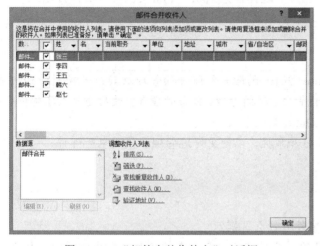

图 16-71　"邮件合并收件人"对话框　　　　图 16-72　插入合并域

（7）重复上述步骤，插入其他的合并域，当编辑完 Word 文档后，单击"预览信函"按钮，如图 16-74 所示。最后单击"完成合并"按钮，邮件合并结束，效果如图 16-75 所示。

信息安全学术研讨会邀请函

尊敬的《姓》

您好！

信息安全学术研讨会于 2014 年 12 月 20 日星期三，在内蒙古民族大学学术报告厅召开，诚挚邀请您参会。

此致

敬礼

信息安全学术研讨会

2014 年 11 月 5 日

图 16-73　插入联系人字段名后的效果　　　　图 16-74　预览信函

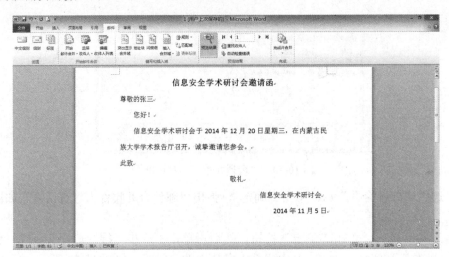

图 16-75　邮件合并效果图

这时就可以按记录逐个打印了，也可以选择合并生成一个新文档，以后再打印。

 **本章小结**

本章主要介绍了如何配置 Outlook 2010 的账户；账户的管理及其基本功能；如何使用 Outlook 2010 处理日常事务，包括日程管理、时间管理、任务管理等。最后还介绍了邮件合并，以及如何在 Word 打印文件自动匹配 Outlook 联系人。

对于本章的内容，读者应认真学习和掌握，以便更好地管理和使用电子邮件。

 **疑难解析（问与答）**

问：Outlook 中的约会、会议和事件有什么区别？

答：约会是有明确发生时刻的事项，是只涉及一个人在预订时间发生的活动。如果一个约会邀请了很多人来参加，就是会议。如果约会的持续时间超过了 24 小时，就是事件。

问：Outlook 在关闭的情况下，还会有提醒吗？

答：不会，Outlook 只有在打开的情况下才会有提醒。

习题十六

一、判断题

1．任务是一项属于工作小组的事务，并且在完成过程中要对其进行跟踪，可以利用任务功能将考试工作分成若干部分，下达至小组成员共同完成。　　　　　　　　　　　　　　　　　（　　）

2．电子邮件地址的一般格式为：用户名@地址名。　　　　　　　　　　　　　　　（　　）

3．如果要添加一个新的账号，应选择 Outlook Express 中的工具菜单。　　　　　　（　　）

4．邮件合并的功能十分强大，只要有数据源，就可以很方便地按一个记录一页的方式从 Wrod 中打印出来。　　　　　　　　　　　　　　　　　　　　　　　　　　　　　　　（　　）

5. 网页上看到所收到邮件主题行的开始位置有 "Re：" 字样时，表示该邮件是对方拒收的邮件。

（　　）

二、选择题

1. 在创建新任务项目时，不需要设置（　　）信息。

　　A. 任务主题　　　　　B. 任务优先级　　　　C. 任务持续时间　　　　D. 任务难度

2. 通过 "日历" 窗口中的（　　），用户可以轻松查看任意日期当天的活动。

　　A. 时间段　　　　　　B. 日程表　　　　　　C. 日期选择区　　　　D. 任务板

3. 使用 Outlook Express 的通讯簿，可以很好地管理邮件，下列说法正确的是（　　）。

　　A. 在通讯簿中可以建立联系人组

　　B. 两个联系人组中的信箱地址不能重复

　　C. 只能将已收到邮件的发件人地址加入到通讯簿中

　　D. 更改某人的信箱地址，其相应的联系人组中的地址不会自动更新

4. 当电子邮件在发送过程中有误时，则（　　）。

　　A. 电子邮件将自动把有误的邮件删除

　　B. 邮件将丢失

　　C. 电子邮件系统会将原邮件退回，并给出不能寄达的原因

　　D. 电子邮件系统会将原邮件退回，但不给出不能寄达的原因

5. 下列 4 项中，合法的电子邮件地址是（　　）。

　　A. zhang.sohu.com.cn　　　　　　　　　　B. sohu.com，zhang

　　C. sohu.com.cn@zhang　　　　　　　　　　D. zhang@sohu.com

三、操作题

1. 在日历中制作减肥周计划，最终效果如图 16-76 所示。

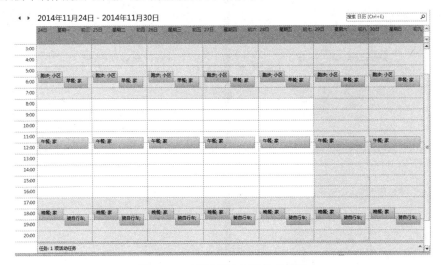

图 16-76　减肥周计划最终效果图

要求如下：

（1）在日历中添加约会，内容为用餐计划，如图 16-77 所示，依次添加一周的早餐、午餐和晚餐计划。

图 16-77 早餐计划

（2）在日历中添加约会，内容为运动计划，如图 16-78 所示，依次添加一周的早晚运动计划。

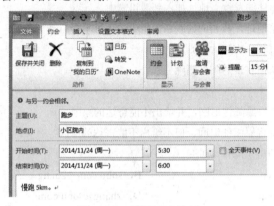

图 16-78 早晨运动计划

2. 邮寄会议材料，使用邮件合并制作信件封面地址，最终效果如图 16-79 所示。

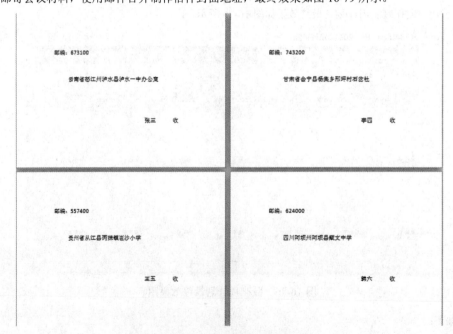

图 16-79 制作信件封面最终效果

（1）在 Word 中制作信件封面的文档，如图 16-80 所示。

图 16-80　制作信件封面

（2）在 Outlook 中制作联系人名片，如图 16-81 所示。

图 16-81　制作联系人名片

第 17 章　VBA 应用

本章学习目标

- 掌握宏的概念和基本操作，包括录制宏、执行宏和查看宏代码。
- 掌握使用 VBA 编辑宏的方法。
- 学会使用宏来解决学习中遇到的问题。
- 了解宏病毒的含义，学会预防宏病毒。

基本知识讲解

VBA 基础知识

VBA 是 Visual Basic For Application 的缩写，是一种面向对象的程序语言，它是 Visual Basic 程序设计语言的子集。

（1）标识符。

标识符是一种在程序中标识常量、变量、过程及函数等语言构成单位的一系列符号。一般以字母开头，由字母、数字或下划线组成，并且标识符的长度限制在 254 个字符之内。

（2）VBA 的数据类型。

VBA 中包含 12 种特定的数据类型和 1 种自定义数据类型，如表 17-1 所示。

表 17-1　VBA 中的数据类型

数据类型	类型标识符	存储空间
字符串型（String）	$	字符串长度 0～65400
字节型（Byte）	无	1
布尔型（Boolean）	无	2
整数型（Integer）	%	2
长整数型（Long）	&	4
单精度浮点型（Single）	!	4
双精度浮点型（Double）	#	7
日期型（Date）	无	7
货币型（Currency）	@	7
小数型（Decimal）	无	14
变体型（Variant）	无	可变
对象型（Object）	无	4
用户自定义（Type）	无	根据定义类型长度可变

（3）书写规则。

在编写 VBA 程序时，应严格按照正确的书写规则编写。具体要求如下：

1）VBA 不区分标识符字母的大小写，一律认为是小写字母。

2）一条语句可以多行书写，以空格加下划线来提示下行为续行。

3）一行可以写多条语句，各语句之间用冒号分开。

17.1　Office 2010 宏的基本操作

用户在制作工作表时，经常会遇到很多反复相同的操作。此时，为了简化操作过程，可以使用宏将其变为可自动执行的任务。

17.1.1　宏的概念

简单的说，宏是可以重复执行的一系列操作。也就是说，只要让宏运行，就可以自动重复执行一系列的操作。从更专业的角度来说，宏是保存在 Visual Basic 模块中的一组代码，正是这些代码驱动着操作的自动执行。当某种操作触发时，这些由代码组成的宏就会执行代码记录的操作。

17.1.2　第一个简单的宏

使用 Excel 2010 录制一个简单的宏，在录制之前，需要先启用"开发工具"选项卡。所有的 Office 2010 应用程序都使用功能区，功能区上有一个"开发工具"选项卡，在这里可以访问 Visual Basic 编辑器和其他开发人员工具。由于 Office 2010 在默认情况下不显示"开发工具"选项卡，因此录制宏之前，必须先启用它。

打开 Excel 2010，执行"文件"→"选项"命令，打开"Excel 选项"对话框，选中"自定义功能区"，开启"开发工具"选项卡，如图 17-1 所示。

图 17-1　"Excel 选项"对话框

单击"确定"按钮后，在功能区就多了一个"开发工具"选项卡，如图 17-2 所示，此时就可以录制宏了。

图 17-2　"开发工具"选项卡

1. 录制宏

下面就开始录制一个简单的设置单元格格式的宏。

打开 Excel 2010，单击"开发工具"选项卡中的"录制宏"按钮，弹出"录制新宏"对话框，如图 17-3 所示，输入宏名和快捷键，选择保存的位置。保存位置有三种选择，包括个人宏工作簿、新工作簿和当前工作簿，默认选择当前工作簿。单击"确定"按钮，开始录制宏。

单击单元格 A1，输入文本"菜鸟的第一个宏"，回车选择单元格 A2，修改 A 列单元格的列宽，单击 A1 单元格，单击"开始"选项卡，设置字体颜色为红色，底纹颜色为黄色，边框为单实线，然后单击"开发工具"选项卡中的"停止录制"按钮，"菜鸟的第一个宏"就录制完毕了。

单击"宏"按钮，弹出"宏"对话框，就可以看到我们刚刚录制成功的宏，如图 17-4 所示。

图 17-3　"录制新宏"对话框

图 17-4　"宏"对话框

单击"编辑"按钮，打开 Visual Basic 编辑器查看宏的代码，如图 17-5 所示。

```
(通用)

Sub 菜鸟的第一个宏()
' 菜鸟的第一个宏 宏
    ActiveCell.FormulaR1C1 = "菜鸟的第一个宏"
    Range("A2").Select
    Columns("A:A").ColumnWidth = 13.75
    Range("A1").Select
    With Selection.Font
        .Color = -16776961
        .TintAndShade = 0
    End With
    With Selection.Interior
        .Pattern = xlSolid
        .PatternColorIndex = xlAutomatic
        .Color = 65535
        .TintAndShade = 0
        .PatternTintAndShade = 0
    End With
    Selection.Borders(xlDiagonalDown).LineStyle = xlNone
    Selection.Borders(xlDiagonalUp).LineStyle = xlNone
    With Selection.Borders(xlEdgeLeft)
        .LineStyle = xlContinuous
        .ColorIndex = 0
        .TintAndShade = 0
        .Weight = xlThin
    End With
    With Selection.Borders(xlEdgeTop)
        .LineStyle = xlContinuous
        .ColorIndex = 0
```

图 17-5　宏代码

这就是在录制宏的过程中自动生成的宏代码，即 VBA 语言。我们就可以通过执行宏来完成宏中指定的代码了。

2. 执行宏

打开 Excel 2010，选中单元格 D4，单击"开发工具"选项卡中的"宏"按钮，在弹出的"宏"对话框中选择新建的"菜鸟的第一个宏"，单击"执行"按钮，结果如图 17-6 所示。

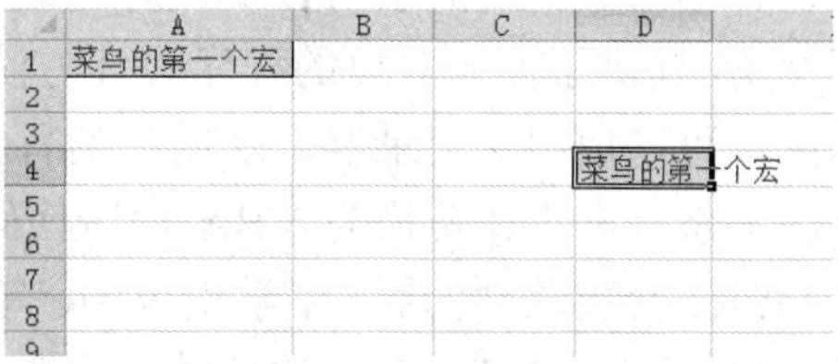

从执行结果可以看出，D2 单元格执行宏代码后，与 A1 单元格的格式设置相同，由此可知宏代码已经正常执行，录制好的宏可以在工作簿中多次执行。

图 17-6　执行宏的结果

3. 宏的保存位置

在录制宏时，宏的保存位置有三种：当前工作簿、新工作簿和个人宏工作簿。前两种比较容易理解，下面讲解个人宏工作簿。

个人宏工作簿是为宏而设计的一种特殊的具有自动隐藏特性的工作簿。第一次将宏创建到个人宏工作簿时，会创建名为"PERSONAL.XLSB"的新文件。如果该文件存在，则每当 Excel 启动时会自动将此文件打开并隐藏在活动工作簿后面。如果要让某个宏在多个工作簿都能使用，那么就应当创建个人宏工作簿，并将宏保存于其中。个人宏工作簿保存在 XLSTART 文件夹中。具体路径为：C:\Users\rose\AppData\Roaming\Microsoft\Excel\XLSTART。可以用单词"XLSTART"进行查询。

提示：如果存在个人宏工作簿，则每当 Excel 启动时会自动将此文件打开并隐藏。因为它存放在 XLSTART 文件夹内。

4. 录制宏的局限性

如果在操作过程中只是希望解决零散少量的重复性操作，录制宏可以很好地解决问题。但是宏记录器存在以下的局限性：

（1）录制宏无法实现选择和循环结构，即录制的宏无判断和循环能力。

（2）录制宏无人机交互能力，即用户无法进行输入，计算机也无法给出提示。

（3）录制宏无法显示对话框。

（4）录制宏无法显示自定义窗体。

由此可见，要想在宏中完成更繁杂的操作，单纯的使用录制宏是难以实现的，想成为 VBA 的高手就要学会在 Visual Basic 编辑器中编辑宏。

17.2　使用 VBA 编辑宏

Visual Basic for Applications（VBA）是 Visual Basic 的一种宏语言，是微软开发出来在其桌面应用程序中执行通用的自动化（OLE）任务的编程语言。主要用来扩展 Windows 的应用程序功能，特别是 Microsoft Office 软件。

17.2.1　VBA 简介

VBA 是 VB 的一个子集，尽管有些区别，VBA 和 VB 在结构上仍然十分相似。VBA 和 VB 最本质的区别在于 VBA 必须在 Office 下运行，而 VB 的应用程序在编译后可在系统下直接运行。事实上，如果你已经了解了 VB，会发现学习 VBA 非常快，相应的，学完 VBA 会给学习 VB 打下坚实的基础。而且，当学会在 Excel 中用 VBA 创建解决方案后，即已具备在 Word、Access、Outlook、FoxPro、PowerPoint 中用 VBA 创建解决方案的大部分知识。

　　VBA 是新一代标准宏语言，是基于 Visual Basic for Windows 发展而来的。它与传统的宏语言不同，传统的宏语言不具有高级语言的特征，没有面向对象的程序设计概念和方法。而 VBA 提供了面向对象的程序设计方法，提供了相当完整的程序设计语言。VBA 易于学习掌握，可以使用宏记录器记录用户的各种操作并将其转换为 VBA 程序代码。这样用户可以容易地将日常工作转换为 VBA 程序代码，使工作自动化。因此，对于在工作中需要经常使用 Office 套装软件的用户，学用 VBA 有助于使工作自动化，提高工作效率。另外，由于 VBA 可以直接应用 Office 套装软件的各项强大功能，所以使程序设计人员的程序设计和开发更加方便快捷。

17.2.2　高手制作课程表

　　编辑宏的方法有两种，如果是初学者或是对 VBA 语言不够熟练可以选择先录制宏，然后再根据实际情况对录制后自动生成的宏代码进行编辑修改。录制宏的方法在 17.1.2 节中已经介绍过了，这里不再重复。另一种方法就是直接使用 Visual Basic 编辑器像编写程序一样编写宏代码，后一种方法的难度是显而易见的。这里使用 Visual Basic 编辑器编写宏来完成课程表的制作。

　　1. 编写宏

　　打开 Word 2010，在 Word 选项中启用"开发工具"选项卡，方法与 Excel 2010 类似，这里不再重复。单击"开发工具"选项卡中的 Visual Basic 按钮，弹出"Visual Basic 编辑器"窗口，如图 17-7 所示。

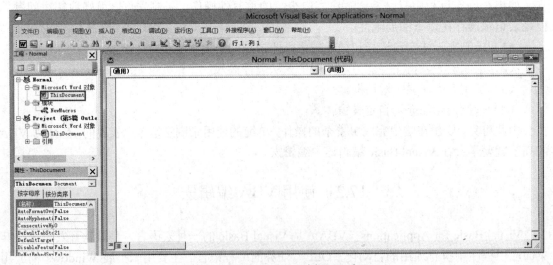

图 17-7　"Visual Basic 编辑器"窗口

　　在"Visual Basic 编辑器"窗口中，依次双击 Normal、"Microsoft Word 对象"和 ThisDocument，弹出"ThisDocument 代码"窗口，在代码窗口中输入制作课表的代码，如图 17-8 所示。

　　提示 1：在课程表中的星期一至星期五可以使用数组来实现，在 VBA 中用来定义数组的关键字为 Array。如：myweek = Array("星期一", "星期二", "星期三", "星期四", "星期五")。

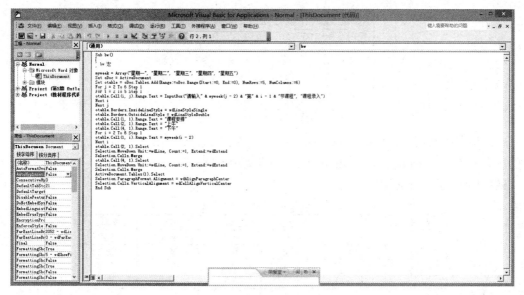

图 17-8　输入代码后的窗口

提示 2: 在 Word 中新建表格可以使用如下命令: Set otable=oDoc.Tables.Add(Range:=oDoc.Range(Start:=0, End:=0), NumRows:=5, NumColumns:=6)。执行此命令可以生成一个 5 行 6 列的表格。

提示 3: 在 Word 中建立表格后, 定位表格中的单元格可以使用如下的命令: otable.Cell(1,1).Range.Text。有了这个命令, 我们就可以对表格中的单元格输入文本了。

提示 4: 从键盘输入课程可以使用 Inputbox 函数来实现, 其一般格式如下: Inputbox(prompt [,title][,default][,xpos,ypos][,helpfile,context])。有了这个命令, 就可以对课程表中的课程使用循环进行录入了。

2. 执行宏

打开 Word 2010, 单击"开发工具"选项卡中的"宏"按钮, 弹出"宏"对话框, 如图 17-9 所示。

图 17-9　"宏"对话框

选中"制作课程表"这个宏, 单击"运行"按钮, 执行宏代码。弹出如图 17-10 所示的"课程录入"对话框。

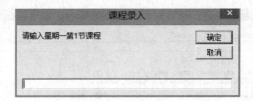

图 17-10 "课程录入"对话框

在对话框中根据提示依次录入星期一第 1 节课程，星期一第 2 节课程等，直至录入一周中的所有课程，在 Word 2010 中就生成了一个完整的课程表。

效果如图 17-11 所示。

课程安排	星期一	星期二	星期三	星期四	星期五
上午	语文	数学	语文	数学	数学
	数学	语文	体育	语文	语文
下午	自习	政治	自习	课活	英语
	绘画	自习	音乐	历史	自习

图 17-11 制作课程表的最终效果

17.3 宏的简单应用

17.3.1 按单元格内容生成文件夹

在日常工作中，面对大量种类繁多的文件，我们急需文件夹对其进行管理，但是如果手动新建各种文件夹会很麻烦并且容易重复操作。面对这样的情况，我们可以在 Excel 2010 中使用宏来解决问题，具体步骤如下：

（1）打开 Excel 2010，在工作表的第 1 列输入要生成的文件夹的名称，如图 17-12 所示。

图 17-12 在工作表中输入要新建的文件名

（2）单击"开发工具"选项卡中的 Visual Basic 按钮，在弹出的"Visual Basic 编辑器"窗口中输入实现"根据单元格内容生成文件夹"的宏代码，如图 17-13 所示。输入完毕后，关闭"Visual Basic 编辑器"窗口。

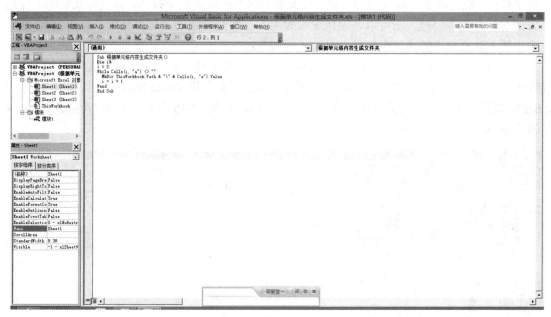

图 17-13　输入"根据单元格内容生成文件夹"的宏代码

（3）在 Excel 2010 主界面中，单击"开发工具"选项卡中的"宏"按钮，在弹出的"宏"对话框中，选择刚刚新建的宏，单击"执行"按钮。执行后，打开工作表所在的文件夹，在文件夹下就可以看到生成的以单元格内容命名的多个文件夹了。效果如图 17-14 所示。

图 17-14　根据单元格内容生成文件夹的效果图

提示 1：可以用 Cells(i, "a")的方式循环获取 A 列单元格中的内容，为以后为文件夹命名作准备，它的一般形式如下：Cells(row,col)。

提示 2：可以使用 MkDir 命令新建文件夹，它的一般形式如下：MkDir [-p]文件名。

提示 3：生成的文件夹路径可以使用 Excel 2010 中的 ThisWorkbook.Path 方法来获取。

17.3.2　按列内容不同插入分页符

在工作表中存放了大量的数据，如果想按某个关键字分类打印，可以先对工作表按这个关键字排序，然后再手动设置打印区域，按关键字的不同取值逐个打印，这使得我们的工作量大大增加。有没有一种方法可以一键快速设置呢？答案是肯定的，可以使用 Excel 2010 在工作表中插入分页符来解决这个问题，具体步骤如下：

（1）打开要插入分页符的工作表，如果没有"开发工具"选项卡，请在选项的自定义功能区中启用"开发工具"选项卡。单击"开发工具"选项卡中的 Visual Basic 按钮，弹出"Visual Basic 编辑器"窗口，输入实现插入分页符的宏代码，如图 17-15 所示，关闭"Visual Basic 编辑器"窗口。

图 17-15　输入实现插入分页符的宏代码

（2）在 Excel 2010 主界面下，单击"开发工具"选项卡中的"插入"按钮，再选择表单控件中的按钮控件，如图 17-16 所示，在工作表中创建按钮，如图 17-17 所示。

图 17-16　选择按钮控件

（3）设置按钮格式，对按钮命名。右击按钮控件，在弹出的快捷菜单中选择"编辑文字"命令，如图 17-18 所示。修改控件名为"插入分页符"。

图 17-17　插入按钮后的工作表

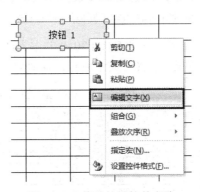

图 17-18　修改按钮控件名称

（4）为按钮控件指定宏代码，右击按钮控件，在弹出的快捷菜单中选择"指定宏"命令，弹出"指定宏"对话框，如图 17-19 所示，在对话框中选中刚刚编辑的宏，单击"确定"按钮，效果如图 17-20 所示。

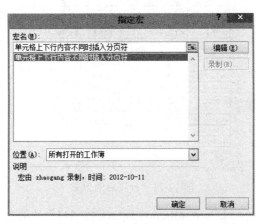

图 17-19　"指定宏"对话框

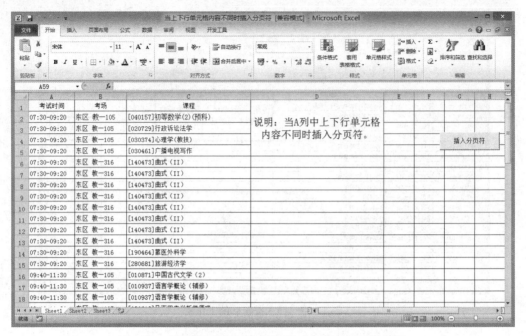

图 17-20　根据单元格内容不同插入分页符的设计效果图

（5）所有的准备工作都已完成，回到 Excel 2010 的主界面，单击“插入分页符”按钮，就得到了按关键字内容分页的效果，如图 17-21 所示，这时就可以打印了。

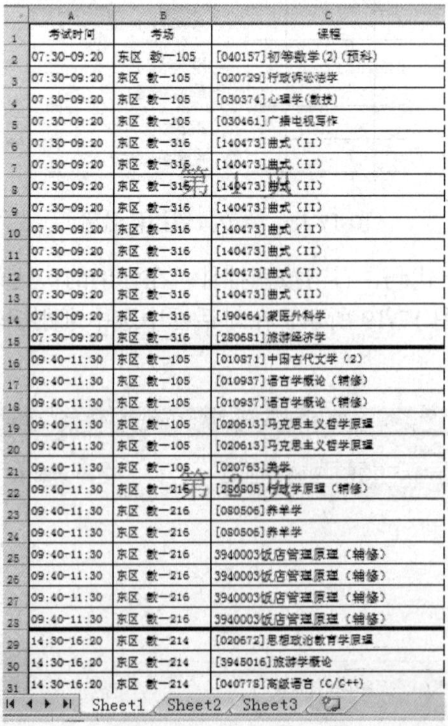

	A	B	C
1	考试时间	考场	课程
2	07:30-09:20	东区 教一105	[040157]初等数学(2)(预科)
3	07:30-09:20	东区 教一105	[020729]行政诉讼法学
4	07:30-09:20	东区 教一105	[030374]心理学(教技)
5	07:30-09:20	东区 教一105	[030461]广播电视写作
6	07:30-09:20	东区 教一316	[140473]曲式（II）
7	07:30-09:20	东区 教一316	[140473]曲式（II）
8	07:30-09:20	东区 教一316	[140473]曲式（II）
9	07:30-09:20	东区 教一316	[140473]曲式（II）
10	07:30-09:20	东区 教一316	[140473]曲式（II）
11	07:30-09:20	东区 教一316	[140473]曲式（II）
12	07:30-09:20	东区 教一316	[140473]曲式（II）
13	07:30-09:20	东区 教一316	[140473]曲式（II）
14	07:30-09:20	东区 教一316	[190464]蒙医外科学
15	07:30-09:20	东区 教一316	[280681]旅游经济学
16	09:40-11:30	东区 教一105	[010871]中国古代文学（2）
17	09:40-11:30	东区 教一105	[010937]语言学概论（辅修）
18	09:40-11:30	东区 教一105	[010937]语言学概论（辅修）
19	09:40-11:30	东区 教一105	[020613]马克思主义哲学原理
20	09:40-11:30	东区 教一105	[020613]马克思主义哲学原理
21	09:40-11:30	东区 教一105	[020763]美学
22	09:40-11:30	东区 教一216	[280805]行政学原理（辅修）
23	09:40-11:30	东区 教一216	[080506]养羊学
24	09:40-11:30	东区 教一216	[080506]养羊学
25	09:40-11:30	东区 教一216	3940003饭店管理原理（辅修）
26	09:40-11:30	东区 教一216	3940003饭店管理原理（辅修）
27	09:40-11:30	东区 教一216	3940003饭店管理原理（辅修）
28	09:40-11:30	东区 教一216	3940003饭店管理原理（辅修）
29	14:30-16:20	东区 教一214	[020672]思想政治教育学原理
30	14:30-16:20	东区 教一214	[3945016]旅游学概论
31	14:30-16:20	东区 教一214	[040775]高级语言（C/C++）

图 17-21　分页后的效果

提示 1: 可以使用 arr = [A1].CurrentRegion.values 把[A1]开始的当前区域的值赋给数组 arr，这样就可通过对比数组元素来确定是否插入分页符。

提示 2：可以使用 .HPageBreaks.Add Before:=Cells(i, 1) 在工作表中的第 i 行插入分页符。

17.4　宏安全性及宏病毒

17.4.1　宏安全性

VBA 的宏中可能包含一些潜在的病毒，为了保证 VBA 的安全，就要设置它的安全性。如果想要与他人共享宏，则可以通过数字签名来验证，以保证 VBA 宏的可靠来源。

那么如何设置 VBA 的安全性呢？具体步骤如下：

（1）执行"文件"→"选项"命令，弹出"Word 选项"对话框，选择"信任中心"选项卡，单击"信任中心设置"按钮，如图 17-22 所示。

图 17-22　"Word 选项"对话框

（2）在弹出的"信任中心"的对话框中选择"宏设置"选项卡，如图 17-23 所示。

图 17-23　"宏设置"选项卡

（3）在宏设置中，宏的安全性等级有四种：

1）禁用所有宏，并且不通知。

2）禁用所有宏，并发出通知。

3）禁用无数字签署的所有宏。

4）启用所有宏。

默认的情况下，设置为"禁用所有宏，并发出通知"。根据实际情况做出选择，单击"确定"按钮，然后重新启动程序才能使安全级别设置生效。

17.4.2 宏病毒

1. 宏病毒的定义

宏病毒是一种寄存在文档或模板的宏中的计算机病毒。一旦打开这样的文档，其中的宏就会被执行，于是宏病毒就会被激活，转移到计算机上，并驻留在 Normal 模板上。从此以后，所有自动保存的文档都会"感染"上这种宏病毒，而且如果其他用户打开了感染病毒的文档，宏病毒又会转移到他的计算机上。

2. 宏病毒的特点

（1）传播速度快。

宏病毒一般通过 Word 文档模板进行自我复制及传播，而文档是计算机中使用和交流最广的文件类型。对外来的文档文件基本上是直接浏览使用，这给宏病毒的传播带来了很大的便利。

（2）制作、变种方便。

以往的病毒是以二进制的计算机机器码形式出现，而宏病毒则是以人们容易阅读的源代码形式出现，所以编写和修改宏病毒比以往病毒更容易。

（3）破坏可能性极大。

鉴于宏病毒可以使用许多系统级底层调用，如直接使用 DOS 系统命令，调用 DLL 等。这些操作均可能对系统直接构成威胁，而 Word 在指令安全性、完整性上的检测能力很弱，破坏系统的指令很容易被执行。

（4）多平台交叉感染。

宏病毒冲破了以往病毒在单一平台上传播的局限，当 Word、Excel 这类著名应用软件在不同平台（如 Windows、Windows NT、OS/2 和 MACINTOSH 等）上运行时，会被宏病毒交叉感染。

3. 宏病毒的共性

（1）宏病毒专门感染数据文件，宏病毒会感染 doc 文档文件和 dot 模板文件。

（2）感染病毒文档无法使用"另存为"修改路径以保存到其他的硬盘或子目录中。

（3）宏病毒中一定含有对文档读写操作的宏指令。

（4）宏病毒在 doc 文档和 dot 模板中是以 bff（Binary File Format）格式存放的。

4. 宏病毒的传播途径

（1）硬盘包含病毒，处理文档文件时必将染毒。

（2）光盘上携带宏病毒。

（3）从 Internet 上下载染毒的文档文件。

（4）电子邮件中包含携带宏病毒的附件。

5. 宏病毒的预防

要想预防宏病毒，首先应提高自身的宏安全性等级。这时，当打开一个可能携带宏病毒的文档时，系统将自动显示宏警告信息。这样就可选择打开文档时是否要包含宏，如果希望文档包含要用到的宏，打开文档时就包含宏，如果不希望在文档中包含宏，或者不了解文档的确切来源，为了防止可能发生的病毒传染，打开文档过程中出现宏警告提示框时最好单击"取消宏"按钮，以取消宏在该文档中的使用。

6. 宏病毒的清除

如果你的文件和系统已不幸感染了宏病毒，那么就必须先想办法清除病毒。清除宏病毒最简单有效的办法就是使用杀毒软件。目前的杀毒软件在清除宏病毒方面都做得比较成熟，我们可以直接使用杀毒软件提供的工具清除宏病毒。但是如果目前计算机中没有杀毒软件，就需要我们进行手动清除了。手动清除宏病毒大体上可以采取两个步骤：

（1）打开染毒的文件，删除所有的宏，如果在宏的列表中有自己编写的宏，打开宏查看宏代码是否已经被篡改，如已经染毒，则删除宏。

（2）删除 Office 系列办公软件的公用模板，重新启动软件后，在使用模板时会自动生成干净的模板。

使用上述方法可以清除大部分的病毒，但是有些顽固的病毒在宏列表中是看不到的，对付这样的病毒我们就只能使用宏病毒的专杀软件了。

本章小结

本章主要介绍了宏的概念以及宏的基本操作，包括录制宏、执行宏和查看宏代码。了解了 VBA 的一些最基本的知识，以及如何使用 VBA 编写宏代码。读者应学会在日常学习生活中使用宏来解决实际问题，掌握宏的一些简单应用。最后介绍了宏病毒定义、特点、共性、传播方式以及预防和清除，为我们今后正确有效地使用宏提供了保证。

疑难解析（问与答）

问：使用宏可以判断和重复操作吗？

答：要想使用宏，可以有两种方式：一种是录制宏，另一种是使用 VBA 编辑宏。判断和重复操作在宏中是通过选择和循环结构来实现的。由于录制宏的局限性，它无法和计算机进行交互，也无法在录制的过程做重复操作，所以录制宏是不可以进行判断和重复操作的。如果想使用宏实现判断和重复操作就只能使用 VBA 编辑宏。

问：打开包含宏病毒的文件一定会染毒吗？

答：不一定。打开包含宏病毒的文件后，只有执行了宏病毒才会染毒。如果我们在宏安全性设置中设置的安全等级很高时，就不会自动执行宏病毒，就不会中毒。

习题十七

一、判断题

1. VBA 是 Visual Basic For Application 的缩写。　　　　　　　　　　　　　　　　（　　）

2. 宏是一个或多个操作的集合，功能是实现操作的自动化。　　　　　　　　　　　（　　）

3. 录制宏可以使编辑宏代码的过程变得更加简单，它可以录制任何类型的宏。　　（　　）

4. 在宏的安全性设置中，宏的安全性等级有四种：禁用所有宏，并且不通知；禁用所有宏，并发出通知；禁用无数字签署的所有宏和启用所有宏。　　　　　　　　　　　　　　　　　　（　　）

5. 预防宏病毒的方法是不打开包含宏的文件。　　　　　　　　　　　　　　　　　（　　）

二、选择题

1. VBA 中包含（　　）种特定的数据类型。

　　A. 10　　　　　　　　　B. 11　　　　　　　　　C. 12　　　　　　　　　D. 13

2. 在 Office 2010 中，默认的情况下不显示宏的菜单，如果想使用宏，必须在选项中启用（　　）选项卡。

　　A. 模块　　　　　　　　　　　　　　B. 引用

　　C. 开发工具　　　　　　　　　　　　D. 插入

3. 创建宏的编辑器是（　　）。

　　A. 图表设计器　　　　　　　　　　　B. 查询设计器

　　C. 窗体设计器　　　　　　　　　　　D. Visual Basic 编辑器

4. （　　）是为宏而设计的一种特殊的具有自动隐藏特性的工作簿。

　　A. 模块　　　　　　　　　　　　　　B. 新工作簿

　　C. 当前工作簿　　　　　　　　　　　D. 个人宏工作簿

5. 以下（　　）不是宏病毒的特点。

　　A. 传播速度快　　　　　　　　　　　B. 制作方便

　　C. 破坏可能性极大　　　　　　　　　D. 只能在 Windows 下传播

三、操作题

1. 使用录制宏的方式，设置"教师工资条"的标题行格式，"教师工资条"表格如图 17-24 所示。

学校教师工资条										
编号	姓名	部门	职务	基本工资		加班费	扣款	保险	实发工资	工资排名	工作表现
1	王叙	数学系	主任	5000		200	105	230	4865	2	
2	张强	数学系	教师	4200		150	85	120	4145	6	
3	李生	数学系	教师	4500		150	75	130	4445	4	
4	黄成	数学系	教师	4000		150	77	140	3933	8	
5	张海	计算机系	主任	5000		200	110	220	4870	1	
6	赵伯	计算机系	教师	4600		100	75	140	4485	3	
7	杨伟	计算机系	教师	4300		100	48	130	4222	5	
8	邓玉	计算机系	教师	4100		150	88	110	4052	7	

图 17-24　教师工资条原表

（1）选中"编号"标题，使用录制宏记录对"编号"的格式进行设置，字体为楷体，字号为 17，字形为加粗，水平垂直居中，如图 17-25 所示。

学校教师工资条										
编号	姓名	部门	职务	基本工资	加班费	扣款	保险	实发工资	工资排名	工作表现
1	王叙	数学系	主任	5000	200	105	230	4865	2	
2	张强	数学系	教师	4200	150	85	120	4145	6	
3	李生	数学系	教师	4500	150	75	130	4445	4	
4	黄成	数学系	教师	4000	150	77	140	3933	8	
5	张海	计算机系	主任	5000	200	110	220	4870	1	
6	赵伯	计算机系	教师	4600	100	75	140	4485	3	
7	杨伟	计算机系	教师	4300	100	48	130	4222	5	
8	邓玉	计算机系	教师	4100	150	88	110	4052	7	

图 17-25　录制宏设置"编号"标题的格式

（2）通过执行宏的方式来设置其他的标题，最终效果如图 17-26 所示。

学校教师工资条										
编号	姓名	部门	职务	基本工资	加班费	扣款	保险	实发工资	工资排名	工作表现
1	王叙	数学系	主任	5000	200	105	230	4865	2	
2	张强	数学系	教师	4200	150	85	120	4145	6	
3	李生	数学系	教师	4500	150	75	130	4445	4	
4	黄成	数学系	教师	4000	150	77	140	3933	8	
5	张海	计算机系	主任	5000	200	110	220	4870	1	
6	赵伯	计算机系	教师	4600	100	75	140	4485	3	
7	杨伟	计算机系	教师	4300	100	48	130	4222	5	
8	邓玉	计算机系	教师	4100	150	88	110	4052	7	

图 17-26　使用录制好的宏设置其他标题的格式

2. 将多个结构相同的工作表合并成一个工作表。

（1）制作三个结构相同的工作表，如图 17-27 所示。

图 17-27　制作三个结构相同的工作表

（2）新建合并工作表，新建宏，输入宏代码，执行宏得到结果如图 17-28 所示。

图 17-28　合并后的工作表

参考文献

[1] 王作鹏. Office 2010 办公应用从入门到精通[M]. 北京：人民邮电出版社，2013.

[2] 吴卿. 办公软件高级应用[M]. 杭州：浙江大学出版社，2009.

[3] 黄良永. 办公软件 Office 高级应用教程[M]. 北京：人民邮电出版社，2011.

[4] 李毓丽，李舟明. Office 2010 办公软件实训教程[M]. 北京：清华大学出版社，2014.

[5] 于双元. 全国计算机等级考试二级教程-MS Office 高级应用[M]. 北京：高等教育出版社，2013.

[6] 范泽剑，范泽宇. Office 2010 全解析[M]. 北京：机械工业出版社，2010.